全国二级建造师执业资格考试
考点采分及模拟试卷

建设工程法规及相关知识

刘平波　主编

JIANSHE GONGCHENG
FAGUI JI XIANGGUAN ZHISHI

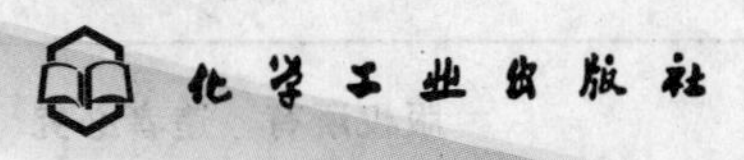

·北京·

本书严格按照《全国二级建造师执业资格考试大纲》的要求编写，按考试大纲要求对考点内容一一讲解。编者依据考试“点多、面广、题量大、分值小”的特点，在编写体例上独辟蹊径，全书内容分为上、下篇，上篇为“考点采分”，包括三章，分别为建设工程法律制度、合同法、建设工程纠纷的处理；下篇为“模拟试卷”，提供两套模拟试卷和参考答案及解析。

图书在版编目（CIP）数据

建设工程法规及相关知识/刘平波主编．—北京：化学工业出版社，2012.1
（全国二级建造师职业资格考试考点采分及模拟试卷）
ISBN 978-7-122-13022-8

Ⅰ．建…　Ⅱ．刘…　Ⅲ．建筑法-中国-建筑师-资格考试-自学参考资料　Ⅳ．D922.297

中国版本图书馆CIP数据核字（2011）第260220号

责任编辑：徐　娟　彭明兰　　　装帧设计：张　辉
责任校对：洪雅姝

出版发行：化学工业出版社（北京市东城区青年湖南街13号　邮政编码100011）
印　　装：大厂聚鑫印刷有限责任公司
787mm×1092mm　1/16　印张12½　字数314千字　2012年2月北京第1版第1次印刷

购书咨询：010-64518888（传真：010-64519686）　售后服务：010-64518899
网　　址：http：//www.cip.com.cn
凡购买本书，如有缺损质量问题，本社销售中心负责调换。

定　　价：38.00元

本书编写人员

主　　编：刘平波

参　　编：罗　娜　王　慧　张　祎　赵春娟

马可佳　李慧婷　荣　星　王　帅

单　超　陶红梅　孙　元　于　涛

刘艳君　宋砚秋　白雅君

前言

随着我国执业资格考试制度的日益完善，参加二级建造师执业资格考试的人数不断增多，考试难度不断增大。为了让更多的考生熟练掌握考试大纲要求的内容，顺利通过考试，我们编写了这本《建设工程法规及相关知识》。

本书的考点覆盖了考试大纲中的内容，方便考生在短时间内既能掌握考试大纲中要求掌握的重点内容，又能了解基本培训教材中的一般知识。

“考点采分”的特征如下。

(1) 知识考点化——将考点作为大纲要求知识的基本元素，逐个讲解，全面突破。

(2) 考点习题化——选择题贯穿于考点之中，让考生了解出题的要点，准确把握考试精髓。其中○代表为单选题，□代表为多选题。

(3) 考题分析——分析部分历年考试题目涉及的内容，帮助考生尽快熟悉考试形式、特点及方法，提高应试能力。

(4) 大纲考点化——将大纲分解成考点，对应相应习题，以点推题，全面提高考生应试技巧。

(5) 重点等级化——每个考点均附有重点等级，重点等级的星数表示考试大纲要求掌握的程度，星数越多，考点重要程度越高，考生应给予更多重视。对考生分配复习精力，提高应试合格率有较强的实用性。

由于本书涉及内容广泛，虽经全体编者反复修改，但由于时间和水平有限，书中难免有疏漏和不当之处，敬请指正。

编者

2012 年 1 月

目录

上篇　考点采分

上篇 考点采分

第一章 建设工程法律制度

第一节　建造师相关管理制度

考点 1：建造师制度框架体系

重点等级：☆☆☆

建造师执业资格制度的实施工作Ⅰ【○A. 由人力资源和社会保障部负责　○B. 由住房和城乡建设部负责　○C. 由各省建设厅负责　○D. 由人力资源和社会保障部与住房和城乡建设部共同负责】。建造师管理体制遵循Ⅱ【□A. 分级管理　□B. 分类管理　□C. 分条管理　□D. 分块管理　□E. 条块结合】的原则。住房和城乡建设部负责对全国注册建造师实行统一的监督管理，国务院各专业部门按照职责分工，负责对本专业注册建造师监督管理。各省建设厅和同级的各专业部门负责本省和本专业的二级注册建造师监督管理。建造师执业资格制度遵循Ⅲ【○A. “分级别、分专业”　○B. “分类别、分等级”　○C. “分层次、分专业”　○D. “分层次、分等级”】的原则。根据我国现行行政管理体制实际情况，结合现行的施工企业资质管理办法，将建造师划分为两个级别，每个级别划分若干个专业。其中，一级设置 10 个专业，二级设置 6 个专业。

参考答案　Ⅰ D　Ⅱ AE　Ⅲ D

考点 2：考试管理

重点等级：☆☆☆

我国建造师执业资格分为一级建造师和二级建造师两个级别。一级建造师执业资格考试实行“统一大纲、统一命题、统一组织”的考试制度，Ⅰ【○A. 由国家统一组织，人力资源和社会保障部负责具体组织实施　○B. 由国家统一组织，住房和城乡建设部负责具体组织实施　○C. 由国家统一组织，由各省建设厅负责具体组织实施　○D. 由国家统一组织，由人力资源和社会保障部与住房和城乡建设部共同负责具体组织实施】。一级建造师考试实行“三加一”考试制度，即三门综合科目：建设工程经济、建设工程项目管理、建设工程法规及相关知识。另一门专业管理与实务考试科目由考生根据工作需要选择 10 个专业的其中一个专业参加考试。

二级建造师执业资格实行Ⅱ【○A. 全国统一大纲、统一命题、统一培训　○B. 全国统一大纲、统一命题、统一组织考试　○C. 全国统一大纲，各省、自治区、直辖市组织命题考试　○D. 全国统一大纲，各省、自治区、直辖市组织培训】制度。同时，考生也可以选择参加二级建造师执业资格全国统一考试。全国统一考试由国家统一组织命题和考试。二级建造师考试实行“二加一”考试制度，即两门综合科目：建设工程施工管理、建设工程法规及相关知识。另一门专业管理与实务考试科目由考生根据工作需要选择Ⅲ【○A. 6 个　○B. 8 个　○C. 10 个　○D. 12 个】专业的其中一个专业参加考试。

参考答案　Ⅰ D　Ⅱ C　Ⅲ A

考点 3：注册管理

重点等级：☆☆☆☆☆

注册建造师是指通过考核认定或考试合格取得中华人民共和国建造师资格证书经过Ⅰ【○A. 登记　○B. 注册　○C. 备案　○D. 所在单位考核合格】，取得中华人民共和国注册建造师注册执业证书和执业印章，担任施工单位项目负责人及从事施工管理相关活动的专业技术人员。

建造师的注册分为Ⅱ【□A. 初始注册　□B. 年检注册　□C. 延续注册　□D. 变更注册　□E. 增项注册】几类。注册证书和执业印章是注册建造师的执业凭证，由注册建造师本人保管、使用。初始注册证书与执业印章有效期为Ⅲ【○A. 1 年　○B. 2 年　○C. 3 年　○D. 5 年】。延续注册的，注册证书与执业印章有效期也为 3 年。变更注册的，变更注册后的注册证书与执业印章仍延续原注册有效期。对于多专业注册的注册建造师，其中一个专业注册期满仍需以该专业继续执业和以其他专业执业的，应当及时办理续期注册。

经典试题

(单选题) 1. 某建筑公司的李某于 2010 年通过全国统考取得了二级建造师资格证书后，工作单位变动，李某通过新聘用单位进行的注册属于（　　）。

A. 初始注册　　B. 增项注册

C. 延续注册　　D. 变更注册

(多选题) 2. 我国建筑业专业技术人员执业资格的共同点有（　　）。

A. 只有注册以后才能执业

B. 一次注册终生有效

C. 均需接受继续教育

D. 不得同时注册于两家不同的单位

E. 均有各自的职业范围

参考答案　Ⅰ B(2011 年考试涉及)　Ⅱ ACDE(2010 年考试涉及)　Ⅲ C(2010 年、2006 年考试涉及)　1. A　2. ACDE

考点 4：执业管理

重点等级：☆☆

一级注册建造师可在全国范围内以一级注册建造师名义执业。通过二级建造师资格考核认定，或参加全国统考取得二级建造师资格证书并Ⅰ【○A. 按规定经过注册　○B. 按规定经过备案　○C. 受聘单位验证　○D. 主管部门审批】的人员，可在全国范围内以二级注册建造师名义执业。

建设工程施工活动中形成的有关工程施工管理文件，应当由注册建造师签字并加盖执业印章。施工单位签署质量合格的文件上，必须有注册建造师的签字盖章。注册建造师签章完整的工程施工管理文件方为有效。

注册建造师执业工程规模标准依据不同专业设置为多个工程类别，不同的工程类别又进一步细分为不同的项目。这些项目依据相应的、不同的计量单位分为大型、中型和小型工程。大中型工程项目施工负责人必须由本专业注册建造师担任，其中，大型工程项目负责人必须由本专业一级注册建造师担任。

经典试题

（单选题）1. 某建筑公司承包了一个办公楼工程项目的施工总包任务，由注册建造师赵某担任项目负责人，该工程配有担任工程技术、质量、安全等岗位的相关技术人员。该办公楼工程项目合同包含有多个专业工程，由于协作关系复杂，该办公楼工程项目施工形成的施工管理文件必须由（　　）才能生效。

A. 项目负责人注册建造师赵某签字盖章

B. 赵某和担任工程技术、质量、安全等岗位的相关技术人员签字盖章

C. 赵某授权分包企业的注册建造师签字盖章

D. 由赵某委托有关专业的工程技术人员签字盖章

参考答案　Ⅰ A　1. A

考点 5：继续教育管理

重点等级：☆☆

注册建造师在每一个注册有效期内应当达到国务院建设主管部门规定的继续教育要求。

注册建造师在每一注册有效期内应接受Ⅰ【○A. 100 学时　○B. 120 学时　○C. 150 学时　○D. 180 学时】继续教育。必修课 60 学时中，30 学时为公共课、30 学时为专业课；选修课 60 学时中，30 学时为公共课、30 学时为专业课。

注册两个及以上专业的建造师，除了接受公共课的继续教育外，每年应接受相应注册专业的专业课Ⅱ【○A. 各 20 学时　○B. 各 30 学时　○C. 共 40 学时　○D. 共 60 学时】的继续教育。

注册建造师继续教育证书可作为申请逾期初始注册、延续注册、增项注册和重新注册的证明。

参考答案　Ⅰ B　Ⅱ A

考点 6：信用档案管理

重点等级：☆☆

注册建造师及其聘用单位应当按照要求，向Ⅰ【○A. 注册机关　○B. 县级以上人民政府建设主管部门　○C. 省级以上人民政府建设主管部门　○D. 国家建设主管部门】注册机关提供真实、准确、完整的注册建造师信用档案信息。注册建造师信用档案应当包括注册建造师的基本情况、业绩、良好行为、不良行为等内容。违法违规行为、被投诉举报处理、行政处罚等情况应当作为注册建造师的不良行为记入其信用档案。

注册建造师信用档案信息按照有关规定Ⅱ【○A. 向社会公示　○B. 保密　○C. 告知建造师本人　○D. 告知聘用单位】。

参考答案　Ⅰ A　Ⅱ A

考点 7：监督管理

重点等级：☆

县级以上人民政府建设主管部门、其他有关部门应当依照有关法律、法规和本规定，对

注册建造师的Ⅰ【□A. 注册　□B. 执业　□C. 继续教育　□D. 信用档案　□E. 考试成绩】实施监督检查。

国务院建设主管部门应当将注册建造师注册信息告知省、自治区、直辖市人民政府建设主管部门。省、自治区、直辖市人民政府建设主管部门应当将注册建造师注册信息告知本行政区域内市、县、市辖区人民政府建设主管部门。

注册建造师违法从事相关活动的，违法行为发生地县级以上地方人民政府建设主管部门或者其他有关部门应当依法查处，并将违法事实、处理结果告知注册机关；依法应当撤销注册的，应当将违法事实、处理建议及有关材料报注册机关。

参考答案　Ⅰ ABC

第二节　法律体系和法的形式

考点1：法律体系

重点等级：☆☆☆☆☆

法律体系（也称为部门法体系），是指一国的全部现行法律规范，按照一定的标准和原则，划分为不同的Ⅰ【○A. 法律部门　○B. 法律等级　○C. 法律形式　○D. 法律规范】而形成的内部和谐一致、有机联系的整体。

我国的法律体系通常包括下列部门。

(1) 宪法。宪法是整个法律体系的基础，主要表现形式是《中华人民共和国宪法》。此外，宪法部门还包括主要国家机关组织法、Ⅱ【□A. 选举法　□B. 授权法　□C. 立法法　□D. 担保法　□E. 民族区域自治法】、特别行政区基本法、国籍法等附属的低层次的法律。

(2) 民法。民法是调整作为平等主体的公民之间、法人之间、公民和法人之间的财产关系和人身关系的法律，主要由《中华人民共和国民法通则》(下称《民法通则》) 和单行民事法律组成，单行法律主要包括Ⅲ【□A. 合同法　□B. 担保法　□C. 授权法　□D. 专利法　□E. 商标法】、著作权法、婚姻法等。

(3) 商法。商法是调整平等主体之间的商事关系或商事行为的法律，主要包括Ⅳ【□A. 公司法　□B. 证券法　□C. 保险法　□D. 税法　□E. 票据法】、企业破产法、海商法等。我国实行“民商合一”的原则，商法虽然是一个相对独立的法律部门，但民法的许多概念、规则和原则也通用于商法。

(4) 经济法。经济法是调整国家在经济管理中发生的经济关系的法律，包括Ⅴ【□A. 建筑法　□B. 招标投标法　□C. 反不正当竞争法　□D. 税法　□E. 安全生产法】等。

(5) 行政法。行政法是调整国家行政管理活动中各种社会关系的法律规范的总和，主要包括Ⅵ【□A. 行政处罚法　□B. 行政复议法　□C. 行政监察法　□D. 行政诉讼法　□E. 治安管理处罚法】等。

(6) 劳动法与社会保障法。劳动法是调整劳动关系的法律，主要是《中华人民共和国劳动法》；社会保障法是调整有关社会保障、社会福利的法律，包括安全生产法、消防法等。

(7) 自然资源与环境保护法。自然资源与环境保护法是关于保护环境和自然资源，防治污染和其他公害的法律。自然资源法主要包括土地管理法、节约能源法等；环境保护方面的法律主要包括环境保护法、环境影响评价法、噪声污染环境防治法等。

(8) 刑法。刑法是规定犯罪和刑罚的法律，主要是《中华人民共和国刑法》。一些单行法律、法规的有关条款也可能规定刑法规范。

(9) 诉讼法。诉讼法（又称诉讼程序法）是有关各种诉讼活动的法律，其作用在于从程序上保证实体法的正确实施。诉讼法主要包括Ⅶ【□A. 民事诉讼法　□B. 行政诉讼法　□C. 行政复议法　□D. 刑事诉讼法　□E. 治安管理处罚法】，仲裁法、律师法、法官法、检察官法等法律的内容也大体属于该法律部门。

经典试题

(单选题) 1. 在我国法律体系中，《建筑法》属于（　　）部门。

A. 民法　　B. 商法　　C. 经济法　　D. 诉讼法

参考答案　Ⅰ A　Ⅱ ABCE　Ⅲ ABDE　Ⅳ ABCE　Ⅴ ABCD(2009 年考试涉及)　Ⅵ ABCE　Ⅶ ABD　1. C(2009 年考试涉及)

考点 2：法的形式

重点等级：☆☆☆☆☆

根据《中华人民共和国宪法》和《中华人民共和国立法法》（以下简称《立法法》）及有关规定，我国法的形式主要包括以下内容。

(1) 宪法。当代中国法的渊源主要是以宪法为核心的各种制定法。Ⅰ【○A. 宪法　○B. 法律　○C. 行政法规　○D. 行政规章】是每一个民主国家最根本的法的渊源，其法律地位和效力是最高的。我国的宪法是由我国的最高权力机关全国人民代表大会制定和修改的，一切法律、行政法规和地方性法规都不得与宪法相抵触。

(2) 法律。法律包括广义的法律和狭义的法律。广义上的法律泛指《立法法》调整的各类法的规范性文件；狭义上的法律，仅指全国人大及其常委会制定的规范性文件。在这里，我们仅指狭义上的法律。法律的效力低于宪法，但高于其他的法。

(3) 行政法规。行政法规是最高国家行政机关即Ⅱ【○A. 全国人民代表大会　○B. 全国人民代表大会常务委员会　○C. 国务院　○D. 最高人民法院】制定的规范性文件，如《建设工程质量管理条例》、《建设工程勘察设计管理条例》、Ⅲ【○A.《中华人民共和国建筑法》　○B.《建设工程安全生产管理条例》　○C.《建筑业企业资质等级标准》　○D.《建造师执业资格制度暂行规定》】、《安全生产许可证条例》和《建设项目环境保护管理条例》等。行政法规的效力低于宪法和法律。

(4) 地方性法规。地方性法规是指省、自治区、直辖市以及省、自治区人民政府所在地的市和经国务院批准的较大的市的人民代表大会及其常委会，在其法定权限内制定的法律规范性文件，如《黑龙江省建筑市场管理条例》、《内蒙古自治区建筑市场管理条例》、《北京市招标投标条例》、《深圳经济特区建设工程施工招标投标条例》等。地方性法规具有地方性，只在本辖区内有效，其效力低于Ⅳ【□A. 法律　□B. 行政法规　□C. 同级地方性法规　□D. 上级地方性法规　□E. 最高人民法院司法解释规范性文件】。

(5) 行政规章。行政规章是由国家行政机关制定的法律规范性文件，包括部门规章和地方政府规章。部门规章是由国务院各部、委制定的法律规范性文件，如《工程建设项目施工招标投标办法》（2003 年 3 月 8 日国家发改委等 7 部委 30 号令）、《评标委员会和评标方法暂行规定》（2001 年 7 月 5 日国家发改委等 7 部委令第 12 号发布）、《建筑业企业资质管理规定》（2001 年 4 月 18 日建设部令第 87 号发布）等。部门规章的效力低于法律、行政法规。地方政府规章是由省、自治区、直辖市以及省、自治区人民政府所在地的市和国务院批准的较大的市的人民政府所制定的法律规范性文件。地方政府规章的效力低于法律、行政法规，低于同级或上级地方性法规。《中华人民共和国立法法》第85条规定：地方性法规、规章之间不一致时，由有关机关依照下列规定的权限作出裁决：①同一机关制定的新的一般规定与旧的特别规定不一致时，由制定机关裁决；②地方性法规与部门规章之间对同一事项的规定不一致，不能确定如何适用时，由国务院提出意见，国务院认为应当适用地方性法规的，应当决定在该地方适用地方性法规的规定；认为应当适用部门规章的，应当提请全国人民代表大会常务委员会裁决；③部门规章之间、部门规章与地方政府规章之间对同一事项的规定不一致时，由V【○A. 国务院　○B. 制定机关　○C. 全国人民代表大会常务委员会　○D. 最高人民法院】裁决。

（6）最高人民法院司法解释规范性文件。最高人民法院对于法律的系统性解释文件和对法律适用的说明，对法院审判有约束力，具有法律规范的性质，在司法实践中具有重要的地位和作用。在民事领域，最高人民法院制定的司法解释文件有很多，例如《关于贯彻执行〈中华人民共和国民法通则〉若干问题的意见（试行）》、《关于审理建设工程施工合同纠纷案件适用法律问题的解释》等。

（7）国际条约。国际条约是指我国作为国际法主体同外国缔结的双边、多边协议和其他具有条约、协定性质的文件，如《建筑业安全卫生公约》等。国际条约是我国法的一种形式，对所有国家机关、社会组织和公民都具有法律效力。此外，自治条例和单行条例、特别行政区法律等，也属于我国法的形式。

经典试题

（单选题）1. 下列不属于地方性法规的是（　　）。

A.《黑龙江省建筑市场管理条例》　B.《内蒙古自治区建筑市场管理条例》

C.《建设工程安全生产管理条例》　D.《北京市招标投标条例》

（单选题）2. 下列规范性文件中，效力最高的是（　　）。

A. 行政法规　B. 司法解释　C. 地方性法规　D. 行政规章

（多选题）3.《中华人民共和国立法法》规定，地方性法规、规章之间出现不一致时，应由有关机关依照相应规定做出裁决。下列不属于规定权限范围的有（　　）。

A. 部门规章之间、部门规章与地方政府规章之间对同一事项的规定不一致时，由国务院裁决

B. 同一机关制定的新的一般规定与旧的特别规定不一致时，由制定机关裁决

C. 地方性法规与部门规章之间对同一事项的规定不一致，不能确定如何适用时，由国务院提出意见

D. 部门规章之间、部门规章与地方政府规章之间对同一事项的规定不一致时，由地方政府提请全国人大常委会裁决

E. 地方性法规与部门规章之间对同一事项的规定不一致，不能确定如何适用时，由地方政府提请当地人大常委会裁决

（多选题）4. 下列关于法律的适用说法，错误的有（　　）。

A. 同一机关制定的新的一般规定与旧的特别规定不一致时，由人民法院裁决

B. 同一机关制定的新的一般规定与旧的特别规定不一致时，由制定机关裁决

C. 部门规章之间对同一事项的规定不一致时，由人民法院裁决

D. 部门规章之间对同一事项的规定不一致时，由国务院裁决

E. 部门规章之间对同一事项的规定不一致时，由全国人民代表大会裁决

参考答案　Ⅰ A　Ⅱ C(2011 年考试涉及)　Ⅲ B　Ⅳ ABCD　Ⅴ A　1. C　2. A(2010 年考试涉及)　3. DE　4. ACE

第三节　宪　法

考点 1：公民的基本权利　　重点等级：☆☆☆☆☆

我国宪法规定了公民享有的基本权利，包括以下内容。

1. 平等权

所谓平等权是指公民依法平等地享有权利，不受任何差别对待，要求国家给予同等保护的权利。我国宪法第 33 条规定："中华人民共和国公民在法律面前一律平等"。这种平等表现为以下几方面：Ⅰ【□A. 公民平等地享有宪法和法律规定的权利　□B. 公民平等地履行宪法和法律规定的义务　□C. 任何人的合法权利都平等地受到保护，对任何违法行为一律予以追究　□D. 不允许任何公民享有法律以外的特权，任何人不得强制任何公民承担法律以外的义务，不得使公民受到法律以外的处罚　□E. 平等权具有完全的绝对性】。

平等权是我国法律赋予公民的一项基本权利，是公民实现其他权利的基础。但是，平等权也是具有相对性的，并不排斥合理的差别。例如，我国法律对于老人、妇女、儿童的特殊保护就属于这种合理的差别。

2. 政治权利和自由

政治权利和自由是公民作为国家政治主体而依法享有的参加国家政治生活的权利和自由，包括享有选举权和被选举权和Ⅱ【□A. 言论自由　□B. 出版自由　□C. 宗教信仰自由　□D. 集会自由　□E. 结社自由】、游行和示威的自由。在行使言论、出版、集会、结社、游行和示威的权利时，既要注意符合法律规定的要件，又要注意不得损害国家的、社会的、集体的利益和其他公民的合法的权利和自由。

3. 宗教信仰自由

中华人民共和国公民有宗教信仰自由，表现为：公民有信教或者不信教的自由，有信仰这种宗教或者那种宗教的自由，有信仰同宗教中的这个教派或那个教派的自由，有过去信教现在不信教或者过去不信教现在信教的自由。但是，从事宗教活动必须遵守国家法律，尊重他人的合法权益，服从社会整体利益的要求。

4. 人身自由

人身自由包括狭义和广义两方面。狭义的人身自由主要指公民的身体不受非法侵犯。广义的人身自由还包括生命权、人格尊严不受侵犯、住宅不受侵犯、通信自由和通信秘密受法律保护等权利和自由。这几种人身自由权利中，与工程建设活动最密切相关的是Ⅲ【○A. 公民的身体不受非法侵犯　○B. 通信自由和通信秘密受法律保护　○C. 住宅不受侵犯　○D. 人身自由和人格尊严不受侵犯的权利】。

5. 社会经济权利

社会经济权利包括Ⅳ【□A. 财产权　□B. 财产权　□C. 休息权　□D. 监督权　□E. 获得赔偿权】。财产权指的是公民对其合法财产享有的不受侵犯的所有权。我国宪法规定："公民的合法的私有财产不受侵犯。"劳动权指的是有劳动能力的公民有从事劳动并取得相应报酬的权利。休息权指的是劳动者为保护身体健康，提高劳动效率而享有的休息和休养的权利。我国宪法规定："公民有休息的权利。"我国劳动法对此作出了细化的规定，具体包括以下内容。

(1) 国家实行劳动者每日工作时间不超过Ⅴ【○A. 6 小时　○B. 8 小时　○C. 10 小时　○D. 12 小时】、平均每周工作时间不超过Ⅵ【○A. 40 小时　○B. 44 小时　○C. 46 小时　○D. 50 小时】的工时制度。

(2) 用人单位应当保证劳动者每周至少休息一次。

(3) 用人单位在下列节日期间应当依法安排劳动者休假：①元旦；②春节；③国际劳动节；④国庆节；⑤法律、法规规定的其他休假节日。

6. 文化教育权利

(1) 受教育的权利。在这项权利所包含的内容中，与工程建设活动相关的权利包括：成年人有接受成年教育的权利；公民有从集体经济组织、国家企业事业组织和其他社会力量举办的教育机构接受教育的机会；就业前的公民有接受必要的劳动就业训练的权利和义务。

(2) 进行科学研究、文学艺术创作和其他文化活动的自由。

7. 监督权和获得赔偿权

(1) 监督权是指宪法赋予公民监督国家机关及其工作人员的活动的权利，其内容包括Ⅶ【□A. 批评建议权　□B. 检举控告权　□C. 申诉权　□D. 控诉权　□E. 监管权】。我国宪法规定："中华人民共和国公民对于任何国家机关和国家工作人员，有提出批评和建议的权利；对于任何国家机关和国家工作人员的违法失职行为，有向国家机关提出申诉、控告或者检举的权利，但不得捏造或者歪曲事实进行诬告陷害。"

(2) 获得赔偿权是指公民的合法权益因国家机关或者国家机关工作人员违法行使职权而受到侵害的，公民有要求赔偿的权利。

经典试题

(单选题) 1. 某建筑公司低价中标了两栋住宅工程，为了保本赶工期，该公司规定农民工节假日不休息，每天工作 12 小时，其做法违反了宪法规定的公民的（　　）。

A. 劳动权　　B. 休息权　　C. 平等权　　D. 人身自由

(单选题) 2. 农民工王某在建筑施工作业中，由于过度疲劳而从脚手架上跌落致死，其家属对处理结果不满，可以向有关机关主张的权利是（　　）。

A. 劳动权　　B. 财产权

C. 监督权和获得赔偿权　　D. 人身自由权

(多选题) 3. 根据我国宪法规定，公民的宪法权利包括（　　）。

A. 在法律面前一律平等

B. 有言论、出版、游行和示威的自由

C. 有宗教信仰的自由

D. 对任何国家机关和国家工作人员有批评和建议权

E. 有维护祖国的安全、荣誉和利益的权利

参考答案　Ⅰ ABCD　Ⅱ ABDE　Ⅲ D　Ⅳ ABC　Ⅴ B　Ⅵ B　Ⅶ ABC　1. B　2. C　3. ABCD(2009 年考试涉及)

考点 2：公民的基本义务

重点等级：☆

公民在享有权利的同时，也要履行相应的义务。我国宪法规定了公民要履行下列主要义

务：Ⅰ【□A. 维护国家统一和民族团结的义务　□B. 维护祖国的安全、荣誉和利益　□C. 保卫祖国、依法服兵役和参加民兵组织　□D. 依法纳税　□E. 审慎监督的义务】；遵守宪法和法律，保守国家秘密，爱护公共财产，遵守劳动纪律，遵守公共秩序，尊重社会公德；其他方面的基本义务，例如成年子女赡养扶助父母的义务。

参考答案　Ⅰ ABCD

第四节　民　　法

考点 1：民事法律关系　　重点等级：☆☆☆☆☆

1. 民事法律关系的构成

民事法律关系是由民法规范调整的以权利义务为内容的社会关系，包括人身关系和财产关系。法律关系都是由法律关系主体、法律关系客体和法律关系内容三个要素构成。

(1) 民事法律关系主体。民事法律关系主体（简称民事主体），是指民事法律关系中享受权利，承担义务的当事人和参与者，包括Ⅰ【□A. 自然人　□B. 法人　□C. 其他组织　□D. 代理人　□E. 被代理人】。

1) 自然人。自然人是依自然规律出生而取得民事主体资格的人。自然人包括公民、外国人和无国籍的人。自然人作为民事主体的一种，能否通过自己的行为取得民事权利、承担民事义务，取决于其是否具有民事行为能力。所谓民事行为能力是指民事主体通过自己的行为取得民事权利、承担民事义务的资格。民事行为能力分为完全民事行为能力、限制民事行为能力、无民事行为能力三种。①完全民事行为能力：Ⅱ【□A. 16 周岁以上的公民是成年人，具有完全民事行为能力，可以独立进行民事活动　□B. 18 周岁以上的公民是成年人，具有部分民事行为能力，可以独立进行民事活动　□C. 18 周岁以上的公民是成年人，具有完全民事行为能力，可以独立进行民事活动　□D. 16 周岁以上不满 18 周岁的公民，以自己的劳动收入为主要生活来源的　□E. 16 周岁以上不满 20 周岁的公民，以自己的劳动收入为主要生活来源的】。②限制民事行为能力：A. 10 周岁以上的未成年人是限制民事行为能力人。B. 不能完全辨认自己行为的精神病人是限制民事行为能力人。这种人可以进行与他的精神健康状况相适应的民事活动；其他民事活动由他的法定代理人代理，或者征得他的法定代理人的同意。③无民事行为能力：a. 不满 10 周岁的未成年人是无民事行为能力人。b. 不能辨认自己行为的精神病人是无民事行为能力人。

2) 法人。法人Ⅲ【□A. 是具有民事权利能力的组织　□B. 是具有民事行为能力的组织　□C. 是自然人和企事业单位的总称　□D. 能够独立享有民事权利的组织　□E. 能够独立承担民事义务的组织】。根据《民法通则》第 37 条的规定，法人应当具备 4 个条件：①依法成立；②有必要的财产和经费；③有自己的名称、组织机构和场所；④能够独立承担民事责任。

3) 其他组织。根据《中华人民共和国合同法》（以下简称《合同法》）及相关法律的规定，法人以外的其他组织也可以成为民事法律关系的主体，称为非法人组织。

(2) 民事法律关系客体。民事法律关系客体，是指民事法律关系之间权利和义务所指向的对象。法律关系客体的种类包括以下几种。

1) 财。财一般指资金及各种有价证券。在建设法律关系中，表现为财的客体主要是建设资金，如基本建设贷款合同的标的，即一定数量的货币。

2）物。物是指法律关系主体支配的、在生产上和生活上所需要的客观实体。例如：施工中使用的各种建筑材料、施工机械就都属于物的范围。

3）行为。作为法律关系客体的行为是指Ⅳ【○A. 义务人　○B. 行为人　○C. 能力人　○D. 权利人】所要完成的能满足权利人要求的结果。这种结果表现为两种：物化的结果与非物化的结果。物化的结果指的是义务人的行为凝结于一定的物体，产生一定的物化产品。

4）智力成果。智力成果是指通过某种物体或大脑记载下来并加以流传的思维成果。例如，文学作品就是这种智力成果。智力成果属于非物质财富，也称为精神产品。

(3) 民事法律关系内容。民事法律关系内容是指Ⅴ【○A. 民事权利和民事义务　○B. 民事权力和民事义务　○C. 民事权利和民事责任　○D. 民事权力和民事责任】。这种法律权利和法律义务的来源可以分为法定的权利、义务和约定的权利、义务。

2. 民事法律关系的变更

构成法律关系的三个要素如果发生变化，就会导致这个特定的法律关系发生变化，所以，法律关系的变更分为Ⅵ【○A. 主体　○B. 客体　○C. 内容　○D. 主体、客体或内容】变更。

(1) 主体变更。主体变更由两种表现形式：

1）主体数目发生变化。主体数目发生变化表现为主体的数目增加或者减少。

2）主体的改变。主体改变也称为合同转让、Ⅶ【○A. 合同变更　○B. 合同转移　○C. 合同转让　○D. 合同失效】，由另一个新主体代替了原主体享有权利、承担义务。

(2) 客体变更。客体变更也有以下两种表现形式。

1）客体范围的变更。客体范围的变更表现为客体的规模、数量发生了变化。

2）客体性质的变更。客体性质的变更表现为原有的客体已经不复存在，而由新的客体代替了原来的客体。

(3) 内容变更。内容变更也有以下两种表现形式。

1）权利增加。一方的权利增加，也就意味着另一方义务的增加。

2）权利减少。一方的权利减少，也就意味着另一方义务的减少。

3. 民事法律关系的终止

民事法律关系的Ⅷ【○A. 中止　○B. 终止　○C. 中断　○D. 暂停】是指民事法律关系主体之间的权利义务不复存在，彼此丧失了约束力。法律关系的终止可以分为自然终止、协议终止和违约终止。

(1) 自然终止。民事法律关系自然终止是指某类民事法律关系所规范的权利义务顺利得到履行，取得了各自的利益，从而使该法律关系达到完结。

(2) 协议终止。民事法律关系协议终止是指民事法律关系主体之间协商解除某类建设法律关系规范的权利义务，致使该法律关系归于消灭。协议终止有以下两种表现形式。

1）即时协商。Ⅸ【○A. 自然终止　○B. 即时协商的协议终止　○C. 约定终止条件的协议终止　○D. 违约终止】指的是当事人双方就终止法律关系事宜即时协商，达成了一致意见后终止了他们之间的法律关系。

2）约定终止条件。这种协议终止指的是双方当事人在签订合同的时候就约定了终止的条件，当具备这个条件时，不需要与另一方当事人协商，一方当事人即可终止其法律关系。

(3) 违约终止。民事法律关系违约终止是指民事法律关系主体一方违约，或Ⅹ【○A. 不可抗力　○B. 意外事故　○C. 自然灾害　○D. 人为事故】发生不可抗力，致使某类民事法律关系规范的权利不能实现。

经典试题

（单选题）1. 工程建设法律关系的构成要素不包括（ ）。
A. 主体 B. 客体 C. 内容 D. 时间

（多选题）2. 下列各选项中，属于民事法律关系客体的是（ ）。
A. 建设工程施工合同中的工程价款 B. 建设工程施工合同中的建筑物
C. 建材买卖合同中的建筑材料 D. 建设工程勘察合同中的勘察行为
E. 建设工程设计合同中的施工图纸

参考答案 Ⅰ ABC（2008 年考试涉及） Ⅱ CD Ⅲ ABDE Ⅳ A Ⅴ A Ⅵ D Ⅶ C Ⅷ B Ⅸ B Ⅹ A 1. D 2. ABCE（2009 年考试涉及）

考点 2：民事法律行为的成立要件

重点等级：☆☆☆

1. 民事法律行为的概念

民事法律行为是指公民或者法人设立、变更、终止民事权利和民事义务的合法行为。

2. 要式法律行为和不要式法律行为

（1）要式法律行为。要式法律行为指法律规定应当采用特定形式的民事法律行为。《民法通则》第 56 条规定："民事法律行为可以采取书面形式、口头形式或者其他形式。法律规定是特定形式的，应当依照法律规定。"

（2）不要式法律行为。不要式法律行为指法律没有规定特定形式，采用书面、口头或其他任何形式均可成立的民事法律行为。《合同法》第 197 条规定："借款合同采用书面形式，但自然人之间借款另有约定的除外。"这个条款规定了自然人之间的借款属于不要式法律行为，有没有书面形式的合同均可。而非自然人之间的借款则属于要式法律行为，必须采用书面形式。

3. 民事法律行为的成立要件

根据《民法通则》第 55 条、第 56 条的规定，民事法律行为应当具备下列条件：Ⅰ【□A. 法律行为主体具有相应的民事权利能力和行为能力 □B. 行为人意思表示真实 □C. 行为内容合法 □D. 行为形式合法 □E. 行为方式符合行为人意愿】。

（1）民事权利能力是法律确认的自然人享有民事权利、承担民事义务的资格。自然人只有具备了民事权利能力，才能参加民事活动。《民法通则》第 9 条规定："公民从出生时起到死亡时止，具有民事权利能力，依法享有民事权利，承担民事义务。"具有民事权利能力是自然人获得参与民事活动的资格，但能不能运用这一资格，还受自然人的理智、认识能力等主观条件制约。有民事权利能力者，不一定具有民事行为能力。

（2）意思表示真实指的是行为人内心的效果意思与表示意思一致。也即不存在认识错误、欺诈、胁迫等外在因素而使得表示意思与效果意思不一致。但是，意思表示不真实的行为也不是必然的无效行为，因其导致意思不真实的原因不同，可能会发生无效或者被撤销的法律后果。

（3）根据《民法通则》的规定，行为内容合法表现为不违反Ⅱ【□A. 法律 □B. 社会公共利益 □C. 社会公德 □D. 生活习惯 □E. 个人利益】。行为内容合法首先不得与法律、行政法规的强制性或禁止性规范相抵触。其次，行为内容合法还包括行为人实施的民事行为不得违背社会公德，不得损害社会公共利益。

(4) 民事法律行为的形式也就是行为人进行意思表示的形式。凡属要式的民事法律行为，必须采用法律规定的特定形式才为合法，而不要式民事法律行为，则当事人在法律允许范围选择口头形式、书面形式或其他形式作为民事法律行为的形式皆为合法。

经典试题

(单选题) 1. 关于民事法律行为分类，以下说法错误的是（ ）。

A. 民事法律行为可分为要式法律行为和不要式法律行为

B. 订立建设工程合同应当采取要式法律行为

C. 建设单位向商业银行的借贷行为属于不要式法律行为

D. 自然人之间的借贷行为属于不要式法律行为

参考答案　Ⅰ ABCD　Ⅱ ABC　1. C(2009 年考试涉及)

考点 3：代理

重点等级：☆☆☆☆☆

1. 代理的含义

代理是代理人于代理权限内，以被代理人的名义向第三人为意思表示或受领意思表示，该意思表示直接对本人生效的民事法律行为。公民、法人可以通过Ⅰ【○A. 代理人　○B. 被代理人　○C. 代理关系的第三人　○D. 委托人】实施民事法律行为。代理人在代理权限内，以被代理人名义实施民事法律行为，被代理人对代理人的代理行为，承担民事责任。代理涉及三方当事人，分别是被代理人、代理人和代理关系的第三人。

2. 代理的种类

(1) 委托代理。委托代理是代理人根据被代理人授权而进行的代理。民事法律行为的委托代理，可以用书面形式，也可以用口头形式。法律规定用书面形式的，应当用书面形式。书面委托代理的授权委托书应当载明下列事项：①代理人的姓名或者名称；②代理事项、权限和期间；③委托人签名或者盖章。

(2) 法定代理。法定代理是根据法律的直接规定而产生的代理。Ⅱ【○A. 法定代理　○B. 指定代理　○C. 委托代理　○D. 指定代理和法定代理】主要是为了维护限制民事行为能力人或者无民事行为能力人的合法权益而设计的。法定代理不同于委托代理，属于全权代理，法定代理人原则上应代理被代理人的有关财产方面的一切民事法律行为和其他允许代理的行为。

(3) 指定代理。指定代理是根据Ⅲ【○A. 被代理人的指定　○B. 法律的直接规定　○C. 主管机关或人民法院的指定　○D. 主管机关和人民法院的指定】而产生的代理。指定代理在本质上也属于法定代理。其与法定代理的区别在于前者的代理无需指定，而后者则需要有指定的过程。

3. 代理人与被代理人的责任承担

(1) 授权不明确的责任承担。委托书授权不明的，Ⅳ【○A. 被代理人独自承担责任　○B. 代理人独自承担责任　○C. 被代理人和代理人按照约定各自承担赔偿责任　○D. 被代理人应当向第三人承担民事责任，代理人负连带责任】。

(2) 无权代理的责任承担。没有代理权、超越代理权或者代理权终止后的行为，只有经过被代理人的追认，被代理人才承担民事责任。未经追认的行为，由行为人承担民事责任。

本人知道他人以本人名义实施民事行为而不作否认表示的，视为同意。第三人知道行为人没有代理权、超越代理权或者代理权已终止还与行为人实施民事行为给他人造成损害的，由第三人和行为人负连带责任。

(3) 代理人不履行职责的责任承担。代理人不履行职责而给被代理人造成损害的，应当承担民事责任。代理人和第三人串通，损害被代理人的利益的，由代理人和第三人负连带责任。

(4) 代理事项违法的责任承担。代理人知道被委托代理的事项违法仍然进行代理活动的，或者被代理人知道代理人的代理行为违法不表示反对的，由被代理人和代理人负连带责任。

(5) 转托他人代理的责任承担。委托代理人为被代理人的利益需要转托他人代理的，应当事先取得被代理人的同意。事先没有取得被代理人同意的，应当在事后及时告诉被代理人，如果被代理人不同意，由代理人对自己所转托的人的行为负民事责任，但在紧急情况下，为了保护被代理人的利益而转托他人代理的除外。

4. 代理的终止

(1) 委托代理的终止。有下列情形之一的，委托代理终止：Ⅴ【□A. 代理期间届满或者代理事务完成　□B. 被代理人取消委托或者代理人辞去委托　□C. 代理人丧失民事行为能力　□D. 代理人死亡　□E. 被代理人死亡】；作为被代理人或者代理人的法人终止。

(2) 法定代理或指定代理的终止。有下列情形之一的，法定代理或者指定代理终止：Ⅵ【□A. 被代理人取得或者恢复民事行为能力　□B. 代理期间届满或者代理事务完成　□C. 被代理人或者代理人死亡　□D. 代理人丧失民事行为能力　□E. 指定代理的人民法院或者指定单位取消指定】；由其他原因引起的被代理人和代理人之间的监护关系消灭。

经典试题

(单选题) 1. 施工企业委托律师代理诉讼属于（　　）。

A. 法定代理　　B. 指定代理　　C. 约定代理　　D. 委托代理

(单选题) 2. 下列行为不属于“只有经过被代理人的追认，被代理人才承担民事责任”的是（　　）。

A. 没有代理权的行为　　B. 超越代理权的行为

C. 代理权终止后的行为　　D. 代理授权不明确的行为

(多选题) 3. 某工程项目经理委托李某采购水泥。如果在签订合同的过程中李某与水泥厂串通，损害了项目经理的利益，则下列说法正确的有（　　）。

A. 项目经理可要求水泥厂承担责任

B. 项目经理可要求李某承担责任

C. 项目经理既可以要求李某承担责任，也可以要求水泥厂承担责任

D. 项目经理只能要求李某承担责任，而不能要求水泥厂承担责任

E. 项目经理只能由于自己委托人不恰当而自己承担这份损失

参考答案　Ⅰ A　Ⅱ D　Ⅲ C　Ⅳ D　Ⅴ ABCD　Ⅵ ACDE　1. D　2. D　3. ABC

考点 4：债权、知识产权

重点等级：☆☆☆☆☆

1. 债权

(1) 债的概念。根据《民法通则》的规定，债是Ⅰ【○A. 按照合同约定　○B. 按照法律规定　○C. 按照合同约定和法律的规定　○D. 按照合同的约定或者依照法律的规定】，

在当事人之间产生的Ⅱ【○A. 相对的 ○B. 绝对的 ○C. 特定的 ○D. 不特定的】权利和义务关系。

(2) 债的发生根据。根据我国《民法通则》以及相关的法律规范的规定，能够引起债的发生的法律事实，即债的发生根据，主要有以下几点。

1) 合同。合同是指民事主体之间关于设立、变更和终止民事关系的协议。Ⅲ【○A. 合同 ○B. 扶养 ○C. 不当得利 ○D. 无因管理】是引起债权债务关系发生的最主要、最普遍的根据。当事人之间通过订立合同设立的以债权债务为内容的民事法律关系，称为合同之债。

2) 侵权行为。侵权行为是指行为人不法侵害他人的财产权或人身权的行为。因侵权行为而产生的债，在我国习惯上也称之为“致人损害之债”。

3) 不当得利。Ⅳ【○A. 合同 ○B. 侵权行为 ○C. 不当得利 ○D. 无因管理】是指没有法律或合同根据，有损于他人而取得的利益。它可能表现为得利人财产的增加，致使他人不应减少的财产减少了；也可能表现为得利人应支付的费用没有支付，致使他人应当增加的财产没有增加。不当得利一旦发生，不当得利人负有返还的义务。因而，这是一种债权债务关系。

4) 无因管理。无因管理是指既未受人之托，也不负有法律规定的义务，而是自觉为他人管理事务的行为。无因管理行为一经发生，便会在管理人和其事务被管理人之间产生债权债务关系，其事务被管理者负有赔偿管理者在管理过程中所支付的Ⅴ【○A. 合理费用及直接损失 ○B. 合理费用及间接损失 ○C. 一切费用及直接损失 ○D. 一切费用及间接损失】的义务。

5) 债的其他发生根据。债的发生根据除前述几种外，遗赠、扶养、发现埋藏物等，也是债的发生根据。

(3) 债的消灭。债因一定的法律事实的出现而使既存的债权债务关系在客观上不复存在，叫做债的消灭。债因以下事实而消灭：①债因履行而消灭。②债因抵销而消灭。抵销是指同类已到履行期限的对等债务，因当事人相互抵充其债务而同时消灭。用抵销方法消灭债务应符合下列的条件：必须是对等债务；必须是同一种类的给付之债，同类的对等之债都已到履行期限。③债因提存而消灭。Ⅵ【○A. 抵消 ○B. 提存 ○C. 混同 ○D. 免除】是指债权人无正当理由拒绝接受履行或其下落不明，或数人就同一债权主张权利，债权人一时无法确定，致使债务人一时难以履行债务，经公证机关证明或人民法院的裁决，债务人可以将履行的标的物提交有关部门保存的行为。④债因混同而消灭。混同是指某一具体之债的债权人和债务人合为一体。如两个相互订有合同的企业合并，则产生混同的法律效果。⑤债因免除而消灭。免除是指债权人放弃债权，从而免除债务人所承担的义务。债务人的债务一经债权人解除，债的关系自行解除。⑥债因当事人死亡而解除。

2. 知识产权

(1) 知识产权概述。知识产权是指民事主体对智力成果依法享有的专有权利。知识产权具有如下特征：Ⅶ【□A. 具有人身权和财产权的双重性质 □B. 专有性 □C. 地域性 □D. 独立性 □E. 时间性】。

(2) 著作权。著作权又称版权，是指文学、艺术和科学作品的作者及其相关主体依法对作品所享有的人身权利和财产权利。著作权主要受《中华人民共和国著作权法》(以下简称《著作权法》) 的调整。

1) 著作权的保护对象。著作权法保护的对象是作品，即文学、艺术和科学领域内具有独创性并能以某种有形形式复制的智力成果。根据《著作权法》及其实施条例的规定，在工程建设领域较为常见的，除文字作品外，还主要包括：①美术作品；②建筑作品；③图形作品；④模型作品。

2）著作权的内容。根据《著作权法》第 10 条的规定，著作权包括人身权和财产权。①人身权。著作人身权包括Ⅷ【□A. 发表权　□B. 署名权　□C. 修改权　□D. 转让权　□E. 保护作品完整权】。②财产权。a. Ⅸ【○A. 使用权　○B. 许可使用权　○C. 发表权　○D. 获得报酬权】是指以复制、发行、出租、展览、放映、广播、信息网络传播、摄制、改编、翻译、汇编以及其他方式使用作品的权利。b. 许可使用权是指著作权人可以许可他人使用著作财产权，并依法获得报酬的权利。c. 转让权是指著作权人可以全部或者部分转让著作财产权，并依法获得报酬的权利。d. 获得报酬权是指著作权人依法享有的因作品的使用或转让而获得报酬的权利。

3）著作权的侵权及保护。著作权的侵权行为是指既未取得著作权人同意，又无法律根据，违法使用他人作品或行使著作权人专有权的行为，包括但不限于：未经著作权人许可发表其作品；歪曲、篡改、剽窃他人作品；使用他人作品，应当支付报酬而未支付等。

（3）专利权

1）专利权的主体。专利权主体即专利权人，是指依法享有专利权并承担相应义务的人。根据《中华人民共和国专利法》（以下简称《专利法》）及其实施细则，专利权主体主要包括以下几种：①发明人或设计人：发明人或设计人，是指对发明创造的实质性特点作出创造性贡献的人。在完成发明创造过程中，只负责组织工作的人、为物质技术条件的利用提供方便的人或者从事其他辅助工作的人，不是发明人或者设计人。②发明人或者设计人的单位：对于职务发明创造，专利权的主体是发明人或者设计人所在的单位。根据《专利法》第 6 条第 1 款的规定，执行本单位的任务或者主要是利用本单位的物质技术条件所完成的发明创造为Ⅹ【○A. 职务　○B. 单位　○C. 集体　○D. 部门】发明创造。职务发明创造申请专利的权利属于该单位；申请被批准后，该单位为专利权人。但是，根据《专利法》第 6 条第 3 款的规定，利用本单位的物质技术条件所完成的发明创造，单位与发明人或者设计人订有合同，对申请专利的权利和专利权的归属作出约定的，从其约定。

2）受让人。受让人是指依法通过合同或其他合法方式而取得专利权的单位或个人。

3）专利权的客体。专利权的客体即专利权的保护对象，是指依法应授予专利的发明创造。根据《专利法》及其实施细则的规定，包括发明、实用新型和外观设计。发明专利权的期限是 20 年，实用新型和外观设计专利权的期限是Ⅺ【○A. 10 年　○B. 20 年　○C. 30 年　○D. 35 年】，均自申请日起计算。专利权期限届满后，专利权终止。

4）专利权的侵权及保护。根据《专利法》及其实施细则的有关规定，专利权的侵权行为主要表现为：①未经专利权人许可，实施其专利；②假冒他人专利；③以非专利产品冒充专利产品；④侵夺发明人或者设计人的非职务发明创造专利申请权和其他相关合法权益。

发生专利权侵权行为的，行为人应当依法承担相应的民事责任、行政责任或刑事责任。

（4）商标权。根据《中华人民共和国商标法》（以下简称《商标法》）第 3 条第 1 款的规定，经商标局核准注册的商标为注册商标，商标注册人享有商标专用权，受法律保护。根据《商标法》第 52 条的规定，有下列行为之一的，均属侵犯注册商标专用权：①未经商标注册人的许可，在同一种商品或者类似商品上使用与其注册商标相同或者近似的商标的；②销售侵犯注册商标专用权的商品的；③伪造、擅自制造他人注册商标标识或者销售伪造、擅自制造的注册商标标识的；④未经商标注册人同意，更换其注册商标并将该更换商标的商品又投入市场的；⑤给他人的注册商标专用权造成其他损害的。

发生侵犯注册商标专用权的，行为人应当依法承担相应的民事责任、行政责任或刑事责任。

经典试题

（单选题）1. 商业秘密、商标权、著作权等属于（　　）。

A. 物权　　B. 债权　　C. 知识产权　　D. 专利权

（单选题）2. 建筑作品（工程设计图纸及其说明）属于（　　）的客体。

A. 物权　　B. 著作权　　C. 财产权　　D. 专利权

（单选题）3. 根据《专利法》及其实施细则的相关规定，专利权不包括（　　）。

A. 发明　　B. 实用新型　　C. 外观设计　　D. 技术秘密

（单选题）4. 根据《专利法》及其实施细则的有关规定，下列不属于专利权的侵权行为的是（　　）。

A. 未经专利权人许可，实施其专利　　B. 假冒他人专利

C. 以非专利产品冒充专利产品　　D. 购买他人专利

（单选题）5. 不当得利是指没有法律或合同根据，有损于他人而获得的利益。下列情况能发生不当得利的是（　　）。

A. 施工单位向建筑工人支付工资

B. 施工单位计算错误，多付给王某 5 天的工钱

C. 施工单位为建筑工人办理工伤社会保险

D. 施工单位向建筑工人发放降温费

（单选题）6. 孙某与李某均为某建筑工地分包商技术负责人。李某的现场办公用房由于使用电炉而着火，孙某为防止李某现场办公用房的火蔓延而去扑火，结果被烧伤，花去医疗费 1500 元。则下列叙述正确的是（　　）。

A. 孙某、李某之间构成无因管理之债　　B. 孙某、李某之间构成不当得利之债

C. 孙某、李某之间没有形成债的关系　　D. 孙某、李某之间构成合同之债

（单选题）7. 孙某经过长期研究，发明了高黏度建筑涂料胶粉。2002 年 6 月 5 日，孙某委托某专利事务所申请专利，6 月 15 日该专利事务所向国家专利局申请了专利，8 月 15 日专利局将其专利公告，2004 年 5 月 15 日授予孙某专利权。则该专利权届满的期限是（　　）。

A. 2022 年 6 月 5 日　　B. 2022 年 6 月 15 日

C. 2022 年 8 月 15 日　　D. 2024 年 5 月 15 日

（单选题）8. 没有法定或者约定义务，为避免他人利益受损失进行管理或者服务而发生的债称为（　　）之债。

A. 合同　　B. 侵权　　C. 不当得利　　D. 无因管理

（单选题）9. 订立合同的两个公司合并，使其之间即存的债权债务归于消灭，该种事实是债权债务的（　　）。

A. 抵销　　B. 提存　　C. 混同　　D. 免除

参考答案　Ⅰ D　Ⅱ C　Ⅲ A(2009 年考试涉及)　Ⅳ C　Ⅴ A　Ⅵ B　Ⅶ ABCE　Ⅷ ABCE　Ⅸ A　Ⅹ A　Ⅺ B　1. C　2. B　3. D　4. D　5. B　6. A　7. C　8. D(2010 年考试涉及)　9. C(2011 年考试涉及)

考点 5：诉讼时效

重点等级：☆☆☆☆☆

诉讼时效是指权利人在法定期间内，不行使权利即丧失请求人民法院保护的权利。

1. 超过诉讼时效期间的法律后果

（1）胜诉权消灭。胜诉权就是向人民法院请求保护民事权利的权利，胜诉权的存在，可以使得当事人的民事权利得到保护。而超过了诉讼时效期间，法律消灭了当事人的Ⅰ【○A. 起诉权　○B. 胜诉权　○C. 申诉权　○D. 请求权】，就意味着当事人的民事权利已经得不到法律的保护了。

（2）实体权利不消灭。《民法通则》第138条规定："超过诉讼时效期间，当事人自愿履行的，不受诉讼时效限制。"实体权利并不因超过了诉讼时效而消灭，如果债务人在超过了诉讼时效的前提下自愿履行，债权人依然可以受领。债务人履行义务后，不得要求返还。

2. 诉讼时效期间的种类

根据我国《民法通则》及有关法律的规定，诉讼时效期间通常可划分为4类。

（1）普通诉讼时效。向人民法院请求保护民事权利的期间。普通诉讼时效期间通常为Ⅱ【○A. 1年　○B. 2年　○C. 3年　○D. 4年】。普通诉讼时效是相对于不普通的诉讼时效而言的，去除短期诉讼时效和特殊诉讼时效，余下的就都是普通诉讼时效了。

（2）短期诉讼时效。下列诉讼时效期间为Ⅲ【○A. 1年　○B. 2年　○C. 3年　○D. 4年】：身体受到伤害要求赔偿的；延付或拒付租金的；出售质量不合格的商品未声明的；寄存财物被丢失或损毁的。

（3）特殊诉讼时效。特殊诉讼时效不是由民法规定的，而是由特别法规定的诉讼时效。例如，《合同法》第129条规定涉外合同诉讼时效期间为4年。《海商法》第257条规定，就海上货物运输向承运人要求赔偿的请求权，时效期间为1年。

（4）权利的最长保护期限。诉讼时效期间从知道或应当知道权利被侵害时起计算。但是，从权利被侵害之日起超过Ⅳ【○A. 5年　○B. 10年　○C. 20年　○D. 30年】的，人民法院不予保护。

3. 诉讼时效的中止和中断

（1）诉讼时效中止。《民法通则》第139条规定，在诉讼时效期间的最后Ⅴ【○A. 2个月　○B. 3个月　○C. 6个月　○D. 9个月】内，因不可抗力或者其他障碍不能行使请求权的，诉讼时效中止。从中止时效的原因消除之日起，诉讼时效期间Ⅵ【○A. 不再　○B. 重新　○C. 继续　○D. 单独】计算。中止诉讼时效的法定事由必须是发生在诉讼时效期间的最后6个月才能导致诉讼时效中止，法定事由如果发生在诉讼时效期间的最后6个月之前，只有该事件持续到最后6个月内才产生中止时效的效果。

（2）诉讼时效中断。《民法通则》第140条规定，诉讼时效因提起诉讼、当事人一方提出要求或者同意履行义务而中断。从中断时起，诉讼时效期间重新计算。

重新计算的时间点可以依照下列不同的情形确定：①因提起诉讼而中断的情形；②因提出要求而中断的情形；③同意履行义务而中断的情形。

经典试题

（单选题）1. 下列不属于请求的相对人的是（　　）。

A. 义务人　　B. 义务人的代理人

C. 权利的代理人　　D. 主债务的保证人

（单选题）2. 根据施工合同，甲建设单位应于2009年9月30日支付乙建筑公司工程款。2010年6月1日，乙单位向甲单位提出支付请求，则就该项款额的诉讼时效（　　）。

A. 中断　　B. 中止　　C. 终止　　D. 届满

（单选题）3. 甲公司租用乙公司脚手架，合同约定每月底支付当月租金，但甲公司到期后拒付，乙公司的诉讼时效期间为从应付之日起算（　　）年。

A. 1　　B. 2　　C. 4　　D. 20

参考答案　Ⅰ A　Ⅱ B　Ⅲ A　Ⅳ C　Ⅴ C　Ⅵ C　1. C　2. A（2010 年考试涉及）　3. A（2011 年考试涉及）

第五节　物权法

考点 1：抵押权

重点等级：☆☆☆☆☆

1. 以在建工程作为抵押物

《物权法》规定了以在建工程作为抵押物。同时规定，以正在建造的建筑物抵押的，应当办理抵押登记。抵押权自Ⅰ【〇A. 合同签订　〇B. 备案　〇C. 交付　〇D. 登记】时设立。

2. 抵押财产的确定

经当事人书面协议，企业、个体工商户、农业生产经营者可以将现有的以及将有的生产设备、原材料、半成品、产品抵押，债务人不履行到期债务或者发生当事人约定的实现抵押权的情形，债权人有权就实现抵押权时的动产优先受偿。抵押财产自下列情形之一发生时确定：①债务履行期届满，债权未实现；②抵押人被宣告破产或者被撤销；③当事人约定的实现抵押权的情形；④严重影响债权实现的其他情形。

3. 抵押权对第三人的效力

（1）对买受人的效力。《物权法》规定，依照本法规定抵押的，不得对抗正常经营活动中已支付合理价款并取得抵押财产的买受人。

（2）对承租人的效力。订立抵押合同前抵押财产已出租的，原租赁关系不受该抵押权的影响。抵押权设立后抵押财产出租的，该租赁关系不得对抗已登记的抵押权。

4. 抵押权的放弃与顺位的变更

抵押权人可以放弃抵押权或者抵押权的顺位。抵押权人与抵押人可以协议变更抵押权顺位以及被担保的债权数额等内容，但抵押权的变更，未经其他抵押权人书面同意，不得对其他抵押权人产生不利影响。债务人以自己的财产设定抵押，抵押权人放弃该抵押权、抵押权顺位或者变更抵押权的，Ⅱ【〇A. 其他担保人在抵押权人丧失优先受偿权益的范围内免除担保责任，但其他担保人承诺仍然提供担保的除外　〇B. 其他担保人在任何情况下均免除责任　〇C. 抵押权人可以要求其他抵押人继续承担担保责任　〇D. 担保人在任何情况下均免除担保责任】。

经典试题

（单选题）1. 下列关于抵押物的说法，正确的是（　　）。

A. 可以以正在建造的建筑物抵押，抵押权自登记时设立

B. 可以以正在建造的建筑物抵押，抵押权自建筑物竣工验收时设立

C. 可以以正在建造的建筑物抵押，抵押权自签订抵押合同时设立

D. 不可以以正在建造的建筑物抵押

（单选题）2. 根据《物权法》规定，下面关于抵押权的表述中，错误的是（　　）。

A. 在建工程可以作为抵押物

B. 即使抵押物财产出租早于抵押，该租赁关系也不得对抗已经登记的抵押物

C. 建设用地使用权抵押后，该土地上新增的建筑物不属于抵押财产

D. 抵押权人应当在主债权诉讼时效期间行使抵押权

（多选题）3. 根据《物权法》的相关规定，将（　　）作为抵押物的，其抵押权自登记时设立。

A. 交通运输工程　　B. 正在施工的建筑物

C. 生产设备、原材料　　D. 正在加工的工程模板

E. 建设用地使用权

（多选题）4. 下列抵押财产中，抵押权自登记时成立的有（　　）。

A. 建筑物　　B. 建设用地使用权

C. 生产设备、材料　　D. 在建工程

E. 在建船舶

参考答案　Ⅰ D(2010 年考试涉及)　Ⅱ A　1. A　2. B(2009 年考试涉及)　3. BD(2010 年考试涉及)　4. BD(2011 年考试涉及)

考点 2：质权

重点等级：☆☆☆☆

质押是指债务人或者第三人将其动产或权力移交债权人占有，将该动产作为债权的担保。债务人不履行债务时，债权人有权以该动产折价或者以拍卖、变卖该动产的价款优先受偿的担保方式。债权人就是质权人，将动产或权利用于质押担保的债务人或者第三人就是出质人。移交的动产或权利就是质物。

质押分为Ⅰ【○A. 动产质押和权利质押　○B. 不动产质押和权利质押　○C. 动产质押和不动产权利质押　○D. 不动产质押和不动产权利质押】。《物权法》在动产质押部分作出了不同于《担保法》的进一步规定。

1. 质权人的权利和义务

(1) 质权人的权利。质权人可以放弃质权。债务人以自己的财产出质，质权人放弃该质权的，其他担保人在质权人丧失优先受偿权益的范围内免除担保责任，但其他担保人承诺仍然提供担保的除外。

(2) 质权人的义务

1) 质权人不得擅自使用、处分质押财产。质权人在质权存续期间，未经出质人同意，擅自使用、处分质押财产，给出质人造成损害的，应当承担赔偿责任。

2) 质权人不得擅自转质。质权人在质权存续期间，未经出质人同意转质，造成质押财产毁损、灭失的，应当向出质人承担Ⅱ【○A. 民事责任　○B. 刑事责任　○C. 担保责任　○D. 赔偿责任】。

2. 出质人的权利

出质人可以请求质权人在债务履行期届满后及时行使质权；质权人不行使的，Ⅲ【○A. 出质人可以请求人民法院没收质押财产　○B. 出质人可以请求行政部门处理质押财产　○C. 由质权人自行处理　○D. 出质人可以请求人民法院拍卖、变卖质押财产】。出质人请求质权人及时行使质权，因质权人怠于行使权利造成损害的，由质权人承担赔偿责任。

经典试题

（单选题）1. 下面关于质权人的权利说法，正确的是（ ）。

A. 质权人在质权存续期间，可以处分质物

B. 质权人在质权存续期间，可以使用质物

C. 即使经出质人同意，质权人在质权存续期间也不可以转让质物

D. 质权人在质权存续期间，未经出质人同意转质，造成质押财产毁损的，应当向出质人承担赔偿责任

（单选题）2. 根据《物权法》不适合用于质押财产的是的（ ）。

A. 汇票　　B. 仓单　　C. 建设用地　　D. 应收账款

参考答案　Ⅰ A　Ⅱ D　Ⅲ D　1. D　2. C(2011 年考试涉及)

考点 3：留置权　　重点等级：☆

1. 留置财产

债务人不履行到期债务，债权人可以留置已经合法占有的债务人的动产，并有权就该动产优先受偿。这里的债权人为留置权人，占有的动产为留置财产。债权人留置的动产，应当与债权属于同一法律关系，但企业之间留置的除外。

2. 留置权人的权利

（1）收取留置财产的孳息。留置权人有权Ⅰ【○A. 收取　○B. 使用　○C. 处分　○D. 转让】留置财产的孳息。收取的孳息应当先充抵收取孳息的费用。

（2）留置权人的优先受偿权。同一动产上已设立抵押权或者质权，该动产又被留置的，留置权人优先受偿。

3. 留置权的实现

留置权人与债务人应当约定留置财产后的债务履行期间；没有约定或者约定不明确的，留置权人应当给债务人两个月以上履行债务的期间，但鲜活易腐等不易保管的动产除外。债务人逾期未履行的，留置权人可以与债务人协议以留置财产折价，也可以就拍卖、变卖留置财产所得的价款优先受偿。留置财产折价或者变卖的，应当参照市场价格。

参考答案　Ⅰ A

考点 4：物权的设立、变更、转让和消灭　　重点等级：☆☆☆☆

1. 不动产物权的设立、变更、转让和消灭

（1）不动产物权的设立、变更、转让和消灭行为的生效。不动产物权的设立、变更、转让和消灭一经依法登记，发生效力；未经登记，不发生效力，但法律另有规定的除外。依法属于国家所有的自然资源，所有权可以不登记。不动产物权的设立、变更、转让和消灭，依照法律规定应当登记的，自Ⅰ【○A. 颁发不动产证书时　○B. 事实行为发生时　○C. 办理物权登记时　○D. 记载于不动产登记簿时】发生效力。

（2）不动产登记与合同效力的关系。不动产登记表示的是不动产物权的设立、变更、转让和消灭行为的生效。而合同的生效表示的是合同当事人就合同的内容达成了一致意见并符

合合同生效的要件而使合同对当事人产生了约束力。合同生效与不动产登记是两个不同的事件。合同生效后，当事人可能进行了不动产登记而使得不动产物权的设立、变更、转让和消灭行为生效。也可能没有进行不动产登记而使得不动产物权的设立、变更、转让和消灭行为不生效。此时，当事人需要为未能履行合同约定的义务而承担违约责任。

《物权法》的规定进一步明确了两者之间的关系：当事人之间订立有关设立、变更、转让和消灭不动产物权的合同，除法律另有规定或者合同另有约定外，自Ⅱ【○A. 合同成立时　○B. 事实行为发生时　○C. 办理物权登记时　○D. 记载于不动产登记簿时】生效；未办理物权登记的，不影响合同效力。

（3）预告登记。正是由于合同的效力与不动产登记行为，即与不动产物权的设立、变更、转让和消灭行为的生效不存在必然的联系，可能导致当事人即使签订了合同也无法实现物权，《物权法》规定了预登记制度来保障当事人的权利的实现。

《物权法》第20条规定，当事人签订买卖房屋或者其他不动产物权的协议，为保障将来实现物权，按照约定可以向登记机构申请预告登记。预告登记后，未经预告登记的权利人同意，处分该不动产的，不发生物权效力。

预告登记后，债权消灭或者自能够进行不动产登记之日起Ⅲ【○A. 1个月　○B. 2个月　○C. 3个月　○D. 6个月】内未申请登记的，预告登记失效。

2. 动产交付

（1）动产物权设立和转让行为的生效。动产物权的设立和转让，自Ⅳ【○A. 买卖合同生效　○B. 转移登记　○C. 交付　○D. 买方占有】时发生效力，但法律另有规定的除外。由于这种交付经常是一种私下的行为，不容易为外界所知晓，所以，当事人可能利用这一点规避自己应当履行的义务。为了保护善意第三人的合法权益，《物权法》规定，船舶、航空器和机动车等物权的设立、变更、转让和消灭，未经登记，不得对抗善意第三人。

（2）动产物权生效的特殊情形。除了交付动产之外，《物权法》还规定了其他几种特殊的动产物权生效的情形：①动产物权设立和转让前，权利人已经依法占有该动产的，物权自法律行为生效时发生效力。②动产物权设立和转让前，第三人依法占有该动产的，负有交付义务的人可以通过转让请求第三人返还原物的权利代替交付。③动产物权转让时，双方又约定由出让人继续占有该动产的，物权自该约定生效时发生效力。

参考答案　ⅠD　ⅡA　ⅢC　ⅣC（2009年考试涉及）

考点5：建设用地使用权

重点等级：☆☆☆

1. 建设用地使用权的设立

（1）建设用地使用权的设立范围。建设用地使用权人依法对国家所有的土地享有占有、使用和收益的权利，有权利用该土地建造建筑物、构筑物及其附属设施。建设用地使用权可以在土地的地表、地上或者地下分别设立。新设立的建设用地使用权，不得损害已设立的用益物权。

（2）建设用地使用权的设立方式。设立建设用地使用权，可以采取Ⅰ【□A. 出租　□B. 出让　□C. 划拨　□D. 抵押　□E. 转让】等方式。

2. 建设用地使用权人的权利和义务

（1）权利。①对建设用地上的物享有所有权。②建设用地使用权的转让、互换、出资、赠与、抵押权。③获得补偿的权利。④住宅用地期满续期的权利。

(2) 义务。①履约的义务。采取招标、拍卖、协议等出让方式设立建设用地使用权的，当事人应当采取书面形式订立建设用地使用权出让合同。建设用地使用权人负有履约的义务。②支付出让金的义务。建设用地使用权人应当依照法律规定以及合同约定支付出让金等费用。③不得改变土地用途的义务。建设用地使用权人应当合理利用土地，不得改变土地用途；需要改变土地用途的，应当依法经有关行政主管部门批准。④登记的义务。设立登记的义务：设立建设用地使用权的，应当向登记机构申请建设用地使用权登记。建设用地使用权自登记时设立。登记机构应当向建设用地使用权人发放建设用地使用权证书。变更登记的义务：建设用地使用权Ⅱ【□A. 转让　□B. 互换　□C. 出资　□D. 赠与　□E. 抵押】的，应当向登记机构申请变更登记。注销登记的义务：建设用地使用权消灭的，出让人应当及时办理注销登记。登记机构应当收回建设用地使用权证书。

经典试题

(单选题) 1. 下列行为中，不必将建筑物及其占用范围内的建设用地使用权一并处分的是(　　)。

A. 转让　　B. 抵押　　C. 出资入股　　D. 投保火灾险

参考答案　Ⅰ BC(2009 年考试涉及)　Ⅱ ABCD　1. D(2011 年考试涉及)

考点 6：物权的保护

重点等级：☆

物权受到侵害的，权利人可以通过和解、调解、仲裁、诉讼等途径解决。物权的保护应当采取如下方式：

(1) 因物权的归属、内容发生争议的，利害关系人可以请求确认权利。

(2) 无权占有不动产或者动产的，权利人可以请求返还原物。

(3) 妨害物权或者可能妨害物权的，权利人可以请求Ⅰ【○A. 排除妨害、消除危险　○B. 消除危险、恢复原状　○C. 恢复原状、赔偿损失　○D. 排除妨害、赔偿损失】排除妨害或者消除危险。

(4) 造成不动产或者动产毁损的，权利人可以请求修理、重作、更换或者恢复原状。

(5) 侵害物权，造成权利人损害的，权利人可以请求损害赔偿，也可以请求承担其他民事责任。

参考答案　Ⅰ A

第六节　建筑法

考点 1：施工许可制度

重点等级：☆☆☆☆☆

《建筑法》第 7 条规定："建筑工程开工前，Ⅰ【○A. 施工单位　○B. 建设单位　○C. 监理单位　○D. 设计单位】应当按照国家有关规定向工程所在地县级以上人民政府建设行政主管部门申请领取Ⅱ【○A. 建设用地规划许可证　○B. 建设工程规划许可证　○C. 施工许可证　○D. 安全生产许可证】。"

1. 申请施工许可证的条件

（1）已经办理该建筑工程用地批准手续。根据《中华人民共和国土地管理法》（以下简称《土地管理法》）的有关规定，任何单位和个人进行建设，需要使用土地的，必须依法申请使用土地。其中需要使用国有建设用地的，应当向有批准权的土地行政主管部门申请，经其审查，报本级人民政府批准。如果没有办理用地批准手续，意味着将没有合法的土地使用权，自然是无法开工的，因此，不能颁发施工许可证。

（2）在城市规划区的建筑工程，已经取得规划许可证。《中华人民共和国城乡规划法》对于建设用地规划许可证作出了规定：①以划拨方式提供国有土地使用权的建设项目用地规划许可证；②以出让方式提供国有土地使用权的建设项目用地规划许可证。

（3）需要拆迁的，其拆迁进度符合施工要求

（4）已经确定建筑施工企业。只有确定了建筑施工企业，才具有了开工的可能。如果建筑施工企业尚未确定，显然就是没有满足开工的条件，自然不能颁发给施工许可证。

（5）有满足施工需要的施工图纸及技术资料

（6）有保证工程质量和安全的具体措施。《建设工程安全生产管理条例》第10条第1款也规定："建设单位在领取施工许可证时，应当提供建设工程有关安全施工措施的资料"；第42条第1款规定："建设行政主管部门在审核发放施工许可证时，应当对建设工程是否有安全措施进行审查，对没有安全施工措施的，不得颁发施工许可证。"

（7）建设资金已经落实。建筑活动需要较多的资金投入，建设单位在建筑工程施工过程中必须拥有足够的建设资金。这是预防拖欠工程款，保证施工顺利进行的基本经济保障。对此，《建筑工程施工许可管理办法》第4条进一步具体规定如下。

1）建设工期不足一年的，到位资金原则上不得少于工程合同价的Ⅲ【○A. 10%　○B. 20%　○C. 30%　○D. 50%】，建设工期超过1年的，到位资金原则上不得少于工程合同价的30%。

2）建设单位应当提供银行出具的到位资金证明，有条件的可以实行银行付款保函或者其他第三方担保。

（8）法律、行政法规规定的其他条件。建筑工程申请领取施工许可证，除了应当具备以上七项条件外，还应当具备其他法律、行政法规规定的有关建筑工程开工的条件。根据《中华人民共和国消防法》（以下简称《消防法》），对于按规定需要进行消防设计的建筑工程，Ⅳ【○A. 建设单位　○B. 设计单位　○C. 施工单位　○D. 监理单位】应当将其消防设计图纸报送公安消防机构审核；未经审核或者经审核不合格的，建设行政主管部门不得发给施工许可证，工程不得施工。

2. 未取得施工许可证擅自开工的后果

《建筑法》第64条规定："违反本法规定，未取得施工许可证或者开工报告未经批准擅自施工的，责令改正，对不符合开工条件的责令停止施工，可以处以罚款。"2001年7月4日施行的修改后的《建筑工程施工许可管理办法》第10条规定："对于未取得施工许可证或者为规避办理施工许可证将工程项目分解后擅自施工的，由有管辖权的发证机关责令改正，对于不符合开工条件的责令停止施工，并对Ⅴ【○A. 对施工单位　○B. 对建设单位和施工单位　○C. 对建设单位　○D. 对建设单位或施工单位】分别处以罚款。"

对这两条规定进行分析，我们可以对未取得施工许可证擅自开工的建设项目得出下面的结论：①都将被责令改正，也就是要去申请施工许可证；②对于不符合开工条件的，都要停工；③对于符合开工条件的，《建筑法》与《建筑工程施工许可管理办法》都没有作出明确规定，我们可以根据存在的条款推断就不需要停工，也不可以对建设单位或者施工单位处以罚款。

3. 不需要申请施工许可证的工程类型

在我国并不是所有的工程在开工前都需要办理施工许可证，有六类工程不需要办理。①国务院建设行政主管部门确定的限额以下的小型工程。根据2001年7月4日建设部发布的《建筑工程施工许可管理办法》第2条，所谓的限额以下的小型工程指的是：Ⅵ【○A. 工程投资额在3万元以下或者建筑面积在30平方米以下　○B. 工程投资额在30万元以下或者建筑面积在300平方米以下　○C. 工程投资额在300万元以下或者建筑面积在3000平方米以下　○D. 工程投资额在3000万元以下或者建筑面积在30000平方米以下】，不需要申请施工许可证。②作为文物保护的建筑工程。③抢险救灾工程。④临时性建筑。⑤军用房屋建筑。⑥按照国务院规定的权限和程序批准开工报告的建筑工程。

4. 施工许可证的管理

（1）施工许可证废止的条件。《建筑法》第9条规定："建设单位应当自领取施工许可证之日起Ⅶ【○A. 1个月　○B. 3个月　○C. 半年　○D. 1年】内开工。因故不能按期开工的，应当向发证机关申请延期；延期以两次为限，每次不超过Ⅷ【○A. 1个月　○B. 3个月　○C. 半年　○D. 1年】。既不开工又不申请延期或者超过延期时限的，施工许可证自行废止。"

（2）重新核验施工许可证的条件。在建的建筑工程因故中止施工的，建设单位应当自中止施工之日起Ⅸ【○A. 7日　○B. 10日　○C. 15日　○D. 1个月】内，向发证机关报告，并按照规定做好建筑工程的维护管理工作。建筑工程恢复施工时，应当向发证机关报告；中止施工满Ⅹ【○A. 1个月　B○. 3个月　○C. 半年　○D. 1年】的工程恢复施工前，建设单位应当报发证机关核验施工许可证。

（3）重新办理开工报告的条件。按照国务院规定办理开工报告的工程是施工许可制度的特殊情况。对于这类工程的管理，《建筑法》第11条规定："按照国务院有关规定批准开工报告的建筑工程，因故不能按期开工或者中止施工的，应当及时向批准机关报告情况。因故不能按期开工超过Ⅺ【○A. 1个月　○B. 3个月　○C. 6个月　○D. 1年】的，应当重新办理开工报告的批准手续。"

经典试题

（单选题）1. 根据《建筑工程施工许可管理办法》，下列关于领取施工许可证应当具备的条件表述不准确的是（　　）。

A. 建设资金已经落实　　B. 已办理了该建筑工程用地批准手续
C. 已经确定施工企业　　D. 施工图设计文件已按约定完成

（单选题）2. 某房地产开发公司拟在某市旧城区开发住宅小区工程项目，建设工程合同价格为15000万元，工期为18个月。按照国家有关规定，该开发公司应当向工程所在地的区政府建设局申请领取施工许可证。申请领取施工许可证的时间最迟应当在（　　）。

A. 确定施工单位前　　B. 住宅小区工程开工前
C. 确定监理单位前　　D. 住宅小区工程竣工验收前

（单选题）3. 某开发公司拟建设一栋写字楼，施工合同价为20000万元。根据《建筑工程施工许可管理办法》规定，该公司申领施工许可证时的到位建设资金至少要达到（　　）万元。

A. 5000　　B. 6000　　C. 12000　　D. 15000

（单选题）4. 某工程项目建设工期为三年，为保证施工顺利进行，开工前的到位资金原则上不得少于工程合同价的（　　）。

A. 20%　　B. 30%　　C. 50%　　D. 80%

（单选题）5. 某建设工程预计建设工期 13 个月，按照法律规定，建设单位的到位资金原则上不少于工程合同价的（　　）。

A. 20%　　B. 30%　　C. 40%　　D. 50%

（单选题）6. 某建设工程施工合同约定，合同工期为 18 个月合同价款为 2000 万元，根据法律规定。建设单位在申请领取施工许可证时，原则上最少到位资金为（　　）。

A. 100 万元　　B. 200 万元　　C. 600 万元　　D. 1000 万元

（多选题）7. 根据《建设工程施工许可管理办法》，下列工程项目无需申请施工许可证的是（　　）。

A. 北京故宫修缮工程　　B. 长江汛期抢险工程

C. 工地上的工人宿舍　　D. 某私人投资工程

E. 部队导弹发射塔

参考答案　Ⅰ B　Ⅱ C(2009 年考试涉及)　Ⅲ D(2005 年考试涉及)　Ⅳ A　Ⅴ B　Ⅵ B　Ⅶ B　Ⅷ D　Ⅸ D　Ⅹ C　Ⅺ C　1. D(2006 年考试涉及)　2. B　3. B　4. B(2009 年考试涉及)　5. B(2010 年考试涉及)　6. C(2011 年考试涉及)　7. ABCE(2009 年考试涉及)

考点 2：企业资质等级许可制度

重点等级：☆☆☆☆☆

1. 建设工程企业的必备条件

从事建筑活动的建筑施工企业、勘察单位、设计单位和工程监理单位，按照其拥有的注册资本、专业技术人员、技术装备和已完成的建筑工程业绩等资质条件，划分为不同的资质等级，经资质审查合格，取得相应等级的资质证书后，方可在其资质等级许可的范围内从事建筑活动。

2. 建设工程企业的资质管理

（1）建筑业企业资质管理。建筑业企业是指从事土木工程、建筑工程、线路管道设备安装工程、装修工程的新建、扩建、改建等活动的企业。建筑业企业资质分为Ⅰ【○A. 工程总承包，施工总承包和专业承包　○B. 工程总承包，专业分包和劳务分包　○C. 施工总承包，专业分包和劳务分包　○D. 施工总承包，专业承包和劳务分包】三个序列。施工总承包资质、专业承包资质、劳务分包资质序列按照Ⅱ【○A. 投资规模和建设周期　○B. 工程性质和技术特点　○C. 工程规模和建设周期　○D. 投资规模和工程性质】分别划分为若干资质类别。各资质类别按照规定的条件划分为若干资质等级。①施工总承包企业可以承揽的业务范围：取得施工总承包资质的企业（以下简称施工总承包企业），可以承接施工总承包工程。施工总承包企业可以对所承接的施工总承包工程内各专业工程全部自行施工，也可以将专业工程或劳务作业依法分包给具有相应资质的专业承包企业或劳务分包企业。②专业承包企业可以承揽的业务范围：取得专业承包资质的企业（以下简称专业承包企业），可以承接施工总承包企业分包的专业工程和建设单位依法发包的专业工程。专业承包企业可以对所承接的专业工程全部自行施工，也可以将劳务作业依法分包给具有相应资质的劳务分包企业。③劳务分包企业可以承揽的业务范围：取得劳务分包资质的企业（以下简称劳务分包企业），可以承接施工总承包企业或专业承包企业分包的劳务作业。

（2）建设工程勘察设计资质管理。①工程勘察资质的分类及可以承揽的业务范围：工程勘察资质分为工程勘察综合资质、工程勘察专业资质、工程勘察劳务资质。Ⅲ【○A. 工程

勘察综合资质　○B. 工程勘察专业资质　○C. 工程勘察专项资质　○D. 工程勘察劳务资质】只设甲级；工程勘察专业资质设甲级、乙级，根据工程性质和技术特点，部分专业可以设丙级，工程勘察劳务资质不分等级。取得工程勘察综合资质的企业，可以承接各专业（Ⅳ【○A. 海洋工程勘察　○B. 岩土工程治理　○C. 工程钻探　○D. 工程凿井】除外）、各等级工程勘察业务；取得工程勘察专业资质的企业，可以承接相应等级相应专业的工程勘察业务，取得工程勘察劳务资质的企业，可以承接岩土工程治理、工程钻探、凿井等工程勘察劳务业务。②工程设计资质的分类及可以承揽的业务范围：工程设计资质分为Ⅴ【□A. 工程设计综合资质　□B. 工程设计行业资质　□C. 工程设计专业资质　□D. 工程设计专项资质　□E. 工程设计劳务资质】。工程设计综合资质只设甲级；Ⅵ【□A. 工程设计综合资质　□B. 工程设计行业资质　□C. 工程设计专业资质　□D. 工程设计专项资质　□E. 工程设计劳务资质】设甲级、乙级。根据工程性质和技术特点，个别行业、专业、专项资质可以设丙级，建筑工程专业资质可以设丁级。

取得工程设计综合资质的企业，可以承接各行业、各等级的建设工程设计业务；取得工程设计行业资质的企业，可以承接相应行业相应等级的工程设计业务及本行业范围内同级别的相应专业、专项（设计施工一体化资质除外）工程设计业务；取得工程设计专业资质的企业，可以承接本专业相应等级的专业工程设计业务及同级别的相应专项工程设计业务（设计施工一体化资质除外）；取得工程设计专项资质的企业，可以承接本专项相应等级的专项工程设计业务。

（3）工程监理企业资质管理。工程监理企业资质分为综合资质、专业资质和事务所资质。其中，专业资质按照工程性质和技术特点划分为若干工程类别。综合资质、事务所资质不分级别。专业资质分为甲级、乙级；其中，Ⅶ【□A. 房屋建筑专业资质　□B. 水利水电专业资质　□C. 公路和市政公用专业资质　□D. 环保专业资质　□E. 石油化工专业资质】可设立丙级。

经典试题

（单选题）1. 下列不属于工程勘察资质的是（　　）。

A. 工程勘察综合资质　　B. 工程勘察专业资质

C. 工程勘察专项资质　　D. 工程勘察劳务资质

参考答案　Ⅰ D（2010 年考试涉及）　Ⅱ B　Ⅲ A　Ⅳ A　Ⅴ ABCD　Ⅵ BCD　Ⅶ ABC　1. C

考点 3：专业人员执业资格制度　　重点等级：☆

1. 建筑业专业人员执业资格制度的含义

Ⅰ【○A. 建筑业专业人员执业资格制度　○B. 建造师的注册管理制度　○C. 建设工程企业资质等级许可制度　○D. 建造师的执业管理制度】指的是我国的建筑业专业人员在各自的专业范围内参加全国或行业组织的统一考试，获得相应的执业资格证书，经注册后在资格许可范围内执业的制度。建筑业专业人员执业资格制度是我国强化市场准入制度、提高项目管理水平的重要举措。

2. 目前我国主要的建筑业专业技术人员执业资格种类

我国目前有多种建筑业专业职业资格，其中主要有：①注册建筑师；②注册结构工程师；③注册造价工程师；④注册土木（岩土）工程师；⑤注册房地产估价师；⑥注册监理工程师；⑦注册建造师。

3. 建筑业专业技术人员执业资格的共同点

（1）均需要参加统一考试

（2）均需要注册

（3）均有各自的执业范围

（4）均须接受继续教育

参考答案　Ⅰ A

考点 4：工程发包制度

重点等级：☆☆☆☆

1. 建设工程发包方式

建设工程的发包方式主要有两种：招标发包和直接发包。

2. 提倡实行工程总承包

《建筑法》第 24 条第 1 款规定，“提倡对建筑工程实行总承包”。《建筑法》第 24 条第 2 款规定，“建筑工程的发包单位可以将建筑工程的勘察、设计、施工、设备采购一并发包给一个工程总承包单位，也可以将建筑工程勘察、设计、施工、设备采购的一项或者多项发包给一个工程总承包单位”。

3. 禁止将建设工程肢解发包和违法采购

（1）禁止发包单位将建设工程肢解发包。肢解发包指的是建设单位将应当由一个承包单位完成的建设工程分解成若干部分发包给不同的承包单位的行为。肢解发包的弊端在于：Ⅰ【□A. 肢解发包可能导致发包人变相规避招标　□B. 肢解发包会不利于投资和进度目标的控制　□C. 肢解发包也会增加发包的成本　□D. 肢解发包增加了发包人管理的成本　□E. 肢解发包会导致工程承包单位违法采购】。由于肢解发包存在上面这些弊端，所以《建筑法》规定，“禁止将建筑工程肢解发包”，“不得将应当由一个承包单位完成的建筑工程肢解成若干部分发包给几个承包单位”。

（2）禁止违法采购

1）小规模材料设备的采购。工程建设项目不符合《工程建设项目招标范围和规模标准规定》（原国家计委令第 3 号）规定的范围和标准的小规模的建筑材料、建筑构配件和设备的采购主要有三种形式：①由建设单位负责采购；②由承包商负责采购；③由双方约定的供应商供应。

按照合同约定，建筑材料、建筑构配件和设备由工程承包单位采购的，发包单位不得指定承包单位购入用于工程的建筑材料、建筑构配件和设备或者指定生产厂、供应商。

2）大规模材料设备的采购。工程建设项目符合《工程建设项目招标范围和规模标准规定》（原国家计委令第 3 号）规定的范围和标准的，必须Ⅱ【○A. 由双方约定的供应商供应　○B. 通过招标选择货物供应单位　○C. 由建设单位负责采购　○D. 由承包商负责采购】。

经典试题

（单选题）1. 关于建筑工程的发包、承包方式，以下说法错误的是（　）。

A. 建筑工程的发包方式分为招标发包和直接发包

B. 未经发包发式方同意且无合同约定，承包方不得对专业工程进行分包

C. 联合体各成员对承包合同的履行承担连带责任

D. 发包方有权将单位工程的地基与基础、主体结构、屋面等工程分别发包给符合资质的施工单位

（单选题）2. 关于建筑工程发承包制度的说法，正确的是（　）。
A. 总承包合同可以采用书面形式或口头形式
B. 发包人可以将一个单位工程的主体分解成若干部分发包
C. 建筑工程只能招标发包，不能直接发包
D. 国家提倡对建筑工程实行总承包

（多选题）3. 某体育馆施工实行工程总承包，发包单位可以将工程的（　　）一并发包。
A. 代建　　B. 施工　　C. 监理
D. 设计　　E. 设备采购

参考答案　Ⅰ ABCD　Ⅱ B　1. D(2009 年考试涉及)　2. D(2011 年考试涉及)　3. BDE(2011 年考试涉及)

考点 5：工程承包制度

重点等级：☆☆☆☆☆

1. 资质管理

承包建筑工程的单位应当持有依法取得的资质证书，Ⅰ【○A. 可以超越本企业资质等级许可的业务范围　○B. 可以另一个建筑施工企业的名义　○C. 只能在本企业资质等级许可的业务范围内　○D. 可允许其他单位或者个人使用本企业的资质证书】承揽工程。禁止建筑施工企业超越本企业资质等级许可的业务范围或者以任何形式用其他建筑施工企业的名义承揽工程。禁止建筑施工企业以任何形式允许其他单位或者个人使用本企业的资质证书、营业执照，以本企业的名义承揽工程。

2. 联合承包

（1）联合体中各成员单位的责任承担。①内部责任。组成联合体的成员单位投标之前必须要签订共同投标协议，明确约定各方拟承担的工作和责任，并将共同投标协议连同投标文件一并提交招标人。依据《工程建设项目施工招标投标办法》，联合体投标未附联合体各方共同投标协议的，由评标委员会初审后按废标处理。②外部责任。《建筑法》第 27 条同时规定："共同承包的各方对承包合同的履行承担连带责任。"

（2）联合体资质的认定。联合体作为投标人也要符合资质管理的规定，因此，也必须要对联合体确定资质等级。《建筑法》第 27 条对如何认定联合体资质作出了原则性规定：两个以上不同资质等级的单位实行联合共同承包的，应当Ⅱ【○A. 按照资质等级较低的单位的业务许可范围承揽工程　○B. 按照资质等级较高的单位的业务许可范围承揽工程　○C. 按照重新评定的资质业务许可范围承揽工程　○D. 按照联合承包各方的各自的资质范围承揽工程】。

3. 转包

转包指的是承包单位承包建设工程后，不履行合同约定的责任和义务，将其承包的全部建设工程转给他人或者将其承包的全部建设工程肢解以后以分包的名义分别转给其他单位承包的行为。Ⅲ【○A. 建筑企业集团公司可以允许所属法人公司以其名义承揽工程　○B. 建筑企业可以在其资质等级之上承揽工程　○C. 联合体共同承包的，按照资质等级高的单位的业务许可范围承揽工程　○D. 施工企业不允许将承包的全部建筑工程转包给他人】，禁止承包单位将其承包的全部建筑工程肢解以后以分包的名义分别转包给他人。

《最高人民法院关于审理建设工程施工合同纠纷案件适用法律问题的解释》第 4 条规定：

“承包人非法转包、违法分包建设工程或者没有资质的实际施工人借用有资质的建筑施工企业名义与他人签订建设工程施工合同的行为无效。人民法院可以根据民法通则的规定，收缴当事人已经取得的非法所得。”这里的违法所得，依照相关司法解释，应理解为Ⅳ【○A. 扣除成本后的管理费和工程保修费　○B. 扣除成本后的税金、管理费和工程保修费　○C. 扣除成本后的税金和管理费　○D. 扣除成本后的管理费】。

4. 法律责任

（1）超越资质承揽工程的法律责任。发包单位将工程发包给不具有相应资质条件的承包单位的，或者违反本法规定将建筑工程肢解发包的，责令改正，处以罚款。超越本单位资质等级承揽工程的，责令Ⅴ【○A. 吊销营业执照　○B. 停止违法行为　○C. 改正　○D. 取缔】，处以罚款，可以责令停业整顿，降低资质等级；情节严重的，吊销资质证书；有违法所得的，予以没收。未取得资质证书承揽工程的，予以取缔，并处罚款；有违法所得的，予以没收。以欺骗手段取得资质证书的，吊销资质证书，处以罚款；构成犯罪的，依法追究刑事责任。

（2）转让、出借资质证书的法律责任。建筑施工企业转让、出借资质证书或者以其他方式允许他人以本企业的名义承揽工程的，责令改正，没收违法所得，并处罚款，可以责令停业整顿，降低资质等级；情节严重的，吊销资质证书。对因该项承揽工程不符合规定的质量标准造成的损失，建筑施工企业与使用本企业名义的单位或者个人承担连带赔偿责任。

（3）发承包中行贿、受贿的法律责任。在工程发包与承包中索贿、受贿、行贿，构成犯罪的，依法追究刑事责任；不构成犯罪的，分别处以罚款，没收贿赂的财物，对直接负责的主管人员和其他直接责任人员给予处分。对在工程承包中行贿的承包单位，除依照前款规定处罚外，可以责令停业整顿，降低资质等级或者吊销资质证书。

经典试题

（单选题）1. 甲、乙两家建筑公司联合投标一项工程，按招标公告规定的截止日期2011年5月10日送达了投标书，随后于5月11日签订了联合投标协议，则评标委员会初审该联合体的投标书时应（　　）。

A. 通知甲公司补充联合投标协议　　B. 通知乙公司补充联合投标协议

C. 通知甲和乙两家公司补充联合投标协议　　D. 按废标处理

参考答案　Ⅰ C（2010年考试涉及）　Ⅱ A　Ⅲ D（2009年考试涉及）　Ⅳ D　Ⅴ B　1. D

考点6：工程分包制度

重点等级：☆☆☆

1. 分包的含义

分包是指总承包单位将其所承包的工程中的专业工程或者劳务作业发包给其他承包单位完成的活动。分包分为Ⅰ【□A. 专业工程分包　□B. 综合工程分包　□C. 专项工程分包　□D. 劳务作业分包　□E. 行业工程分包】。专业工程分包是指总承包单位将其所承包工程中的专业工程发包给具有相应资质的其他承包单位完成的活动。劳务作业分包是指施工总承包企业或者专业承包企业将其承包工程中的劳务作业发包给劳务分包企业完成的活动。《建筑法》第29条规定：“建筑工程总承包单位可以将承包工程中的部分工程发包给具有相应资质条件的分包单位”。

2. 违法分包

《建筑法》明确规定：禁止总承包单位将工程分包给不具备相应资质条件的单位，也禁止分包单位将其承包的工程再分包。依据《建筑法》、《建设工程质量管理条例》更进一步将违法分包的情形界定为：Ⅱ【□A. 总承包单位将建设工程分包给不具备相应资质条件的单位的　□B. 建设工程总承包合同中未有约定，又未经建设单位认可，承包单位将其承包的部分建设工程交由其他单位完成的　□C. 发包单位将建设工程肢解发包给具有相应资质条件的单位的　□D. 施工总承包单位将建设工程主体结构的施工分包给其他单位的　□E. 分包单位将其承包的建设工程再分包的】。

3. 总承包单位与分包单位的连带责任

《建筑法》第29条第2款规定："建筑工程总承包单位按照总承包合同的约定对建设单位负责；分包单位按照分包合同的约定对总承包单位负责。总承包单位和分包单位就分包工程对建设单位承担连带责任。"

经典试题

(单选题) 1. 下列建设工程分包的说法中，属于承包人合法分包的是（　　）。

A. 未经建设单位许可将承包工程中的劳务进行分包

B. 将专业工程分包给不具备资质的承包人

C. 将劳务作业分包给不具备资质的承包人

D. 未经建设单位许可将承包工程中的专业工程分包给他人

参考答案　Ⅰ AD　Ⅱ ABDE　1. A(2011年考试涉及)

考点7：工程监理制度

重点等级：☆☆☆☆☆

1. 工程监理的含义

建设工程监理是指工程监理单位接受建设单位的委托，代表建设单位进行项目管理的过程。

2. 实行强制监理的建设工程范围

(1) 国家重点建设项目。国家重点建设项目是指依据《国家重点建设项目管理办法》所确定的对国民经济和社会发展有重大影响的骨干项目。

(2) 大中型公用事业工程。大中型公用事业工程是指项目总投资额在Ⅰ【○A. 1000万元　○B. 2000万元　○C. 2500万元　○D. 3000万元】以上的下列工程项目：①供水、供电、供气、供热等市政工程项目；②科技、教育、文化等项目；③体育、旅游、商业等项目；④卫生、社会福利等项目；⑤其他公用事业项目。

(3) 成片开发建设的住宅小区工程。建筑面积在Ⅱ【○A. 2万平方米　○B. 3万平方米　○C. 4万平方米　○D. 5万平方米】以上的住宅建设工程必须实行监理；5万平方米以下的住宅建设工程，可以实行监理，具体范围和规模标准由省、自治区、直辖市人民政府建设行政主管部门规定。

(4) 利用外国政府或者国际组织贷款、援助资金的工程。①使用世界银行、亚洲开发银行等国际组织贷款资金的项目；②使用国外政府及其机构贷款资金的项目；③使用国际组织或者国外政府援助资金的项目。

(5) 国家规定必须实行监理的其他工程

1) 项目总投资额在Ⅲ【○A. 1000万元　○B. 1500万元　○C. 2000万元　○D. 3000万元】以上关系社会公共利益、公众安全的下列基础设施项目：①煤炭、石油、化工、天然气、电力、新能源等项目；②铁路、公路、管道、水运、民航以及其他交通运输业等项目；③邮政、电信枢纽、通信、信息网络等项目；④防洪、灌溉、排涝、发电、引（供）水、滩涂治理、水资源保护、水土保持等水利建设项目；⑤道路、桥梁、地铁和轻轨交通、污水排放及处理、垃圾处理、地下管道、公共停车场等城市基础设施项目；⑥生态环境保护项目；⑦其他基础设施项目。

2）学校、影剧院、体育场馆项目。

3. 工程监理的内容和权限

（1）工程监理的内容。工程监理的内容包括三控制、三管理、一协调：①进度控制；②质量控制；③Ⅳ【○A. 成本　○B. 概算　○C. 预算　○D. 安全】控制；④安全管理；⑤合同管理；⑥信息管理；⑦沟通协调。但是由于监理单位是接受建设单位的委托代表建设单位进行项目管理的，其权限将取决于建设单位的授权。因此，其监理的内容也将不尽相同。因此，《建筑法》第 33 条规定："实施建筑工程监理前，建设单位应当将委托的工程监理单位、监理的内容及监理权限，书面通知被监理的建筑施工企业。"

（2）工程监理的权限。《建筑法》第 32 条第 2 款、第 3 款分别规定了工程监理人员的监理权限和义务：①工程监理人员认为工程施工不符合工程设计要求、施工技术标准和合同约定的，有权要求建筑施工企业改正；②工程监理人员发现工程设计不符合建筑工程质量标准或者合同约定的质量要求的，应当报告建设单位要求设计单位改正。

4. 工程监理任务的承接

（1）不能超越资质许可范围承揽工程。工程监理单位应当在其Ⅴ【○A. 法律允许　○B. 合同规定　○C. 企业经营业务　○D. 资质等级许可】的监理范围内，承担工程监理业务。

（2）不得转让工程监理业务。建设工程委托监理合同通常是建立在信赖关系的基础上，具有较强的人身性。工程监理单位接受委托后。应当自行完成工程监理工作，不得转让监理业务。不得转让不仅仅指不得转包，也包括不得分包。

5. 履行监理合同

监理单位必须要按照委托监理合同的约定去履行监理义务，对应当监督检查的项目不检查或者不按照规定检查，给建设单位造成损失的，应当承担Ⅵ【○A. 相应　○B. 全部　○C. 主要　○D. 次要】的赔偿责任。同时，在监理的过程中还要注意：

（1）独立监理。工程监理单位只有保持独立性，才有可能做到客观公正。工程监理单位与被监理工程的承包单位以及建筑材料、建筑构配件和设备应单位不得有隶属关系或者其他利害关系。

（2）公正监理。若没有公正，监理制度就失去了意义。工程监理单位应当根据建设单位的委托，客观、公正地执行监理任务。工程监理单位与承包单位串通；为承包单位谋取非法利益，给建设单位造成损失的，应当与承包单位承担连带赔偿责任。

参考答案　Ⅰ D　Ⅱ D　Ⅲ D　Ⅳ A(2008 年考试涉及)　Ⅴ D　Ⅵ A

第七节　招标投标法

考点 1：招标投标活动原则及适用范围

重点等级：☆☆☆☆☆

1. 招标投标活动所应遵循的基本原则

《招标投标法》第 5 条规定："招标投标活动应当遵循Ⅰ【○A. 公开、公平、公正和诚

实信用　○B. 自愿　○C. 最低价中标　○D. 等价有偿】的原则。”

（1）公开原则。招标投标活动应当遵循公开原则，这是为了保证招标活动的广泛性、竞争性和透明性。公开原则，首先要求招标信息公开。其次，公开原则还要求Ⅱ【○A. 评标方式公开　○B. 投标单位公开　○C. 招标单位公开　○D. 招标投标过程公开】。

（2）Ⅲ【○A. 公平原则　○B. 公开原则　○C. 公正原则　○D. 诚实信用原则】要求给予所有投标人平等的机会，使其享有同等的权利，履行同等的义务，招标人不得以任何理由排斥或者歧视任何投标人。

（3）公正原则。

（4）诚实信用原则。

2. 必须招标的项目范围和规模标准

（1）必须招标的工程建设项目范围。根据《招标投标法》第3条规定，在中华人民共和国境内进行下列工程建设项目包括项目的勘察、设计、施工、监理以及与工程建设有关的重要设备、材料等的采购，必须进行招标：①大型基础设施、公用事业等关系社会公共利益、公众安全的项目；②全部或者部分使用国有资金投资或者国家融资的项目；③使用国际组织或者外国政府贷款、援助资金的项目。

（2）必须招标项目的规模标准。《工程建设项目招标范围和规模标准规定》规定的上述各类工程建设项目，包括项目的勘察、设计、施工、监理以及与工程建设有关的重要设备、材料等的采购，达到下列标准之一的，必须进行招标：①施工单项合同估算价在200万元人民币以上的；②重要设备、材料等货物的采购，单项合同估算价在100万元人民币以上的；③勘察、设计、监理等服务的采购，单项合同估算价在Ⅳ【○A. 50万元　○B. 100万元　○C. 150万元　○D. 200万元】人民币以上的；④单项合同估算价低于第①、②、③项规定的标准。但项目总投资额在3000万元人民币以上的。

3. 可以不进行招标的工程建设项目

（1）可以不进行招标的施工项目。依据《招标投标法》第66条和2003年3月8日国家发改委、建设部等7部委令第30号发布的《工程建设项目施工招标投标办法》第12条的规定，需要审批的工程建设项目，有下列情形之一的，由审批部门批准，可以不进行施工招标。

Ⅴ【□A. 涉及国家安全、国家秘密或者抢险救灾而不适宜招标的　□B. 属于利用扶贫资金实行以工代赈需要使用农民工的　□C. 施工主要技术采用特定的专利或者专有技术的　□D. 施工企业自建自用的工程，且该施工企业资质等级符合工程要求的　□E. 勘察、设计、监理等服务的采购，单项合同估算价在50万元人民币以上的】；在建工程追加的附属小型工程或者主体加层工程，原中标人仍具备承包能力的；法律、行政法规规定的其他情形。不需要审批但依法必须招标的工程建设项目，有前款规定情形之一的，可以不进行施工招标。

（2）可以不进行招标的勘查、设计项目。《建设工程勘察设计管理条例》第16条规定，下列建设工程的勘察、设计，经有关主管部门批准，可以直接发包：①采用特定的专利或者专有技术的；②建筑艺术造型有特殊要求的；③国务院规定的其他建设工程的勘察、设计。

4. 法律责任

（1）规避招标的法律责任。依法必须进行招标的项目而不招标的，将必须进行招标的项目化整为零或者以其他任何方式规避招标的，有关行政监督部门责令限期改正，可以处项目合同金额Ⅵ【○A. 2‰～5‰　○B. 35‰～5‰　○C. 5‰～10‰　○D. 10‰～15‰】的罚款；对全部或者部分使用国有资金的项目，项目审批部门可以暂停项目执行或者暂停资金拨付；对单位直接负责的主管人员和其他直接责任人员依法给予处分。

行为影响中标结果的，中标无效。

（2）影响公平竞争的法律责任。①招标人以不合理的条件限制或者排斥潜在投标人的，对潜在投标人实行歧视待遇的，强制要求投标人组成联合体共同投标的，或者限制投标人之间竞争的，责令改正，可以处Ⅶ【○A. 1万元以上2万元以下　○B. 1万元以上3万元以下　○C. 1万元以上5万元以下　○D. 1万元以上10万元以下】的罚款。②依法必须进行招标的项目的招标人向他人透露已获取招标文件的潜在投标人的名称、数量或者可能影响公平竞争的有关招标投标的其他情况的，或者泄露标底的，给予警告，可以并处Ⅷ【○A. 5000元以上2万元以下　○B. 1万元以上3万元以下　○C. 1万元以上5万元以下　○D. 1万元以上10万元以下】的罚款；对单位直接负责的主管人员和其他直接责任人员依法给予处分；构成犯罪的。依法追究刑事责任。

前款所列行为影响中标结果的，中标无效。

经典试题

（单选题）1. 按照《招标投标法》及相关规定，必须进行施工招标的工程项目是（　　）。

A. 施工企业在其施工资质许可范围内自建自用的工程

B. 属于利用扶贫资金实行以工代赈需要使用农民工的工程

C. 施工主要技术采用特定的专利或者专有技术工程

D. 经济适用房工程

参考答案　Ⅰ A　Ⅱ D　Ⅲ A(2005年考试涉及)　Ⅳ A(2010年考试涉及)　Ⅴ ABCD　Ⅵ C　Ⅶ C　Ⅷ D　1. D(2009年考试涉及)

考点2：投标的要求

重点等级：☆☆☆☆☆

1. 投标人的资格要求

投标人应当具备承担招标项目的能力；国家有关规定对投标人资格条件或者招标文件对投标人资格条件有规定的，投标人应当具备规定的资格条件。

2. 投标文件

（1）投标文件的编制。根据《招标投标法》第27条的规定，投标人应当按照招标文件的要求编制投标文件。投标文件应当对招标文件的实质性要求做出响应。招标项目属于建设施工的，投标文件的内容应当包括拟派出的项目负责人与主要技术人员的简历、业绩和拟用于完成招标项目的机械设备等。

《工程建设项目施工招标投标办法》第37条规定，招标人可以在招标文件中要求投标人提交投标保证金。投标保证金可以是Ⅰ【□A. 银行保函　□B. 银行承兑汇票　□C. 企业连带责任保证　□D. 现金　□E. 实物】或现金支票。投标保证金一般不得超过投标总价的Ⅱ【○A. 1%　○B. 2%　○C. 3%　○D. 5%】，但最高不得超过Ⅲ【○A. 30万元　○B. 50万元　○C. 60万元　○D. 80万元】人民币。投标保证金有效期应当超出投标有效期Ⅳ【○A. 15天　○B. 20天　○C. 30天　○D. 45天】。投标人应当按照招标文件要求的方式和金额，将投标保证金随投标文件提交给招标人。投标人不按招标文件要求提交投标保证金的，该投标文件将被拒绝，作废标处理。

（2）投标文件的提交。投标人应当在招标文件要求提交投标文件的截止时间前，将投标文件送达投标地点；在截止时间后送达的投标文件，招标人应当拒收。招标人收到投标文件后，应当签收保存，不得开启。投标人少于Ⅴ【○A. 2 个　○B. 3 个　○C. 4 个　○D. 5 个】的，招标人应当依法重新招标。

（3）投标文件的补充、修改、替代或撤回。投标人在招标文件要求投标文件的截止时间前，Ⅵ【○A. 可以补充修改或者撤回已经提交的投标的文件，并书面通知招标人　○B. 不得补充、修改、替代或者撤回已经提交的投标文件　○C. 须经过招标人的同意才可以补充、修改、替代已经提交的投标文件　○D. 撤回已经提交的投标文件的，其投标保证金将被没收】。补充、修改的内容为投标文件的组成部分。

在提交投标文件截止时间后到招标文件规定的投标有效期终止之前，投标人不得补充、修改、替代或者撤回其投标文件。投标人补充、修改、替代投标文件的，招标人不予接受；投标人撤回投标文件的，其投标保证金将被没收。

参考答案　Ⅰ ABD(2009 年考试涉及)　Ⅱ B　Ⅲ D　Ⅳ C　Ⅴ B　Ⅵ A(2010 年考试涉及)

考点 3：联合体投标

重点等级：☆☆☆☆☆

1. 联合体投标的含义

联合体投标指的是某承包单位为了承揽不适于自己单独承包的工程项目而与其他单位联合，以一个投标人的身份去投标的建设行为。《招标投标法》第 31 条规定，Ⅰ【○A. 两个以上　○B. 三个以上　○C. 四个以上　○D. 五个以上】法人或者其他组织可以组成一个联合体，以一个投标人的身份共同投标。

2. 联合体各方资质条件

根据《招标投标法》第 31 条的规定。对联合体各方资质条件要求如下：①联合体各方均应当具备承担招标项目的相应能力；②国家有关规定或者招标文件对投标人资格条件有规定的，联合体各方均应当具备规定的相应资格条件；③投标联合体Ⅱ【○A. 可以牵头人的名义提交投标保证金　○B. 必须由相同专业的不同单位组成　○C. 各方应在中标后签订共同投标协议　○D. 是各方合并后组建的投标实体】，按照资质等级较低的单位确定资质等级。

3. 共同投标协议

联合体各方应当签订共同投标协议。明确约定各方拟承担的工作和责任，并将共同投标协议连同投标文件一并提交招标人。共同投标协议约定了组成联合体各成员单位在联合体中所承担的各自的工作范围，这个范围的确定也为建设单位判断该成员单位是否具备“相应的资格条件”提供了依据。共同投标协议也约定了组成联合体各成员单位在联合体中所承担的各自的责任，这也为将来可能引发的纠纷的解决提供了必要的依据。所以，共同投标协议对于联合体投标这种投标的形式是非常必要的，也正是基于此，《工程建设项目施工招标投标办法》第 50 条将没有附有联合体各方共同投标协议的联合体投标确定为废标。

4. 联合体各方的责任

（1）履行共同投标协议中约定的责任。共同投标协议中约定了联合体中各方应该承担的责任，各成员单位必须要按照该协议的约定认真履行自己义务，否则将对对方承担违约责任。同时，共同投标协议中约定的责任承担也是各成员单位最终的责任承担方式。

（2）就中标项目承担连带责任。如果联合体中的一个成员单位没能按照合同约定履行义务，招标人可以要求联合体中任何一个成员单位承担不超过总债务的任何比例的债务。Ⅲ【○A. 该单位拒绝支付，并应申明该债务不应该由本单位支付的理由　○B. 该单位不得拒绝，在承担后有权向其他成员单位追偿其按照共同投标协议不应当承担的债务　○C. 该单位拒绝支付，且不需提出任何理由　○D. 该单位不得拒绝，应替未履行义务的单位承担本该由其承担的债务】。该成员单位承担了被要求的责任后，有权向其他成员单位追偿其按照共同投标协议不应当承担的债务。

（3）不得重复投标。联合体各方签订共同投标协议后，不得再以自己名义单独投标，也不得组成新的联合体或参加其他联合体在同一项目中投标。

（4）不得随意改变联合体的构成。联合体参加资格预审并获通过的，其组成的任何变化都必须在提交投标文件截止之日前征得招标人的同意。如果变化后的联合体削弱了竞争，含有事先未经过资格预审或者资格预审不合格的法人或者其他组织，或者使联合体的资质降到资格预审文件中规定的最低标准以下，招标人有权拒绝。

（5）必须有代表联合体的牵头人。联合体各方必须指定牵头人，授权其代表所有联合体成员负责投标和合同实施阶段的Ⅳ【○A. 对外联系工作　○B. 合同谈判工作　○C. 签约、审批工作　○D. 主办、协调工作】工作，并应当向招标人提交由所有联合体成员法定代表人签署的授权书。

联合体投标的，应当以联合体各方或者联合体中牵头人的名义提交投标保证金。以联合体中牵头人名义提交的投标保证金，对Ⅴ【○A. 联合体各成员　○B. 联合体的牵头人　○C. 支付保证金的成员　○D. 未支付保证金的成员】具有约束力。

经典试题

（单选题）1. 甲、乙两家建筑公司联合投标某一建筑工程，甲公司由于自身原因没有履行共同投标协议中应承担的义务。则其违约责任的承担方式是（　　）。

A. 甲公司向乙公司承担违约责任　　B. 乙公司承担一部分连带责任

C. 甲公司与乙公司协商承担违约责任　　D. 甲乙两家公司共同承担违约责任

（单选题）2. 甲、乙、丙、丁四家公司组成联合体进行投标，则下列联合体成员的行为中正确的是（　）。

A. 该联合体成员甲公司又以自己名义单独对该项目进行投标

B. 该联合体成员签订共同投标协议

C. 该联合体成员乙公司和丙公司又组成一个新联合体对该项目进行投标

D. 甲、乙、丙、丁四家公司设立一个新公司作为该联合体投标的牵头人

参考答案　ⅠA　ⅡB（2009 年考试涉及）　ⅢB　ⅣD　ⅤA　1. A　2. B（2011 年考试涉及）

考点 4：禁止投标人实施的不正当竞争行为的规定　　重点等级：☆☆☆☆

1. 禁止投标人实施的不正当行为的种类

根据《招标投标法》第 32 条、第 33 条的规定，投标人不得实施以下不正当竞争行为。

（1）投标人相互串通投标报价。《工程建设项目施工招标投标办法》第 46 条规定，下列行为均属于投标人串通投标报价：Ⅰ【□A. 相互约定抬高或者降低投标报价　□B. 约定在招标项目中分别以高、中、低价位报价　□C. 相互探听对方投标标价　□D. 先进行内部竞价，内定中标人后再参加投标　□E. 投标人之间其他串通投标报价行为】。

（2）投标人与招标人串通投标。《工程建设项目施工招标投标办法》第 47 条规定，下列行为均属于招标人与投标人串通投标：Ⅱ【□A. 招标人在开标前开启投标文件，并将投票情况告知其他投标情况告知其他投标人　□B. 投标人之间相互约定，在招标项目中分别以高、中、低价位报价　□C. 投标人在投标时递交虚假业绩证明　□D. 投标人与招标人商定，在投票时压低标价，中标后再给投标人额外补偿　□E. 投标人无进行内部竞价，内定中标人后再参加投标】；招标人向投标人泄露标底；其他串通投标行为。

（3）以行贿的手段谋取中标。《招标投标法》第 32 条第 3 款规定："禁止投标人以向招标人或者评标委员会成员行贿的手段谋取中标。"

（4）以低于成本的报价竞标。《招标投标法》第 33 条规定，"投标人不得以低于成本的报价竞标"。《工程建设项目货物招标投标办法》第 44 条规定："最低投标价不得低于成本。"则在《招标投标法》与《反不正当竞争法》中建立起了一个桥梁，进一步确认了低于成本竞标的违法性。

（5）以他人名义投标或以其他方式弄虚作假，骗取中标。

2. 法律责任

（1）串通投标的法律责任。投标人相互串通投标或者与招标人串通投标的，投标人以向招标人或者评标委员会成员行贿的手段谋取中标的，中标无效，处中标项目金额Ⅲ【○A. 3‰～5‰　○B. 5‰～7‰　○C. 5‰～10‰　○D. 10‰～15‰】的罚款，对单位直接负责的主管人员以及其他直接责任人员处单位罚款数额Ⅳ【○A. 3%～5%　○B. 5%～7%　○C. 5%～10%　○D. 10%～15%】的罚款；有违法所得的，并处没收违法所得；情节严重的，取消其一年至二年内参加依法必须进行招标的项目的投标资格并予以公告，直至由工商行政管理机关吊销营业执照；构成犯罪的，应依法追究刑事责任。给他人造成损失的，依法承担赔偿责任。

行为影响中标结果的，中标无效。

（2）骗取中标的法律责任。投标人以他人名义投标或者以其他方式弄虚作假，骗取中标的，中标无效，给招标人造成损失的，依法承担赔偿责任；构成犯罪的，依法追究刑事责任。依法必须进行招标的项目的投标人有前款所列行为尚未构成犯罪的，处中标项目金额Ⅴ【○A. 3‰～5‰　○B. 5‰～8‰　○C. 5‰～10‰　○D. 10‰～12‰】的罚款，对单位直接负责的主管人员和其他直接责任人员处单位罚款数额百分之五以上百分之十以下的罚款；有违法所得的，并处没收违法所得；情节严重的，取消其一年至三年内参加依法必须进行招标的项目的投标资格并予以公告，直至由工商行政管理机关吊销营业执照。行为影响中标结果的，中标无效。

参考答案　Ⅰ ABDE(2009 年考试涉及)　Ⅱ ADE(2010 年考试涉及)　Ⅲ C(2005 年考试涉及)　Ⅳ C(2005 年考试涉及)　Ⅴ C

考点 5：开标程序

重点等级：☆☆☆☆

根据《招标投标法》及相关规定，开标应当遵守如下程序。

开标应当在招标文件确定的Ⅰ【○A. 任意时间　○B. 投标有效期内　○C. 提交投标文件截止时间的同一时间　○D. 提交投标文件截止时间之后三日内】公开进行；开标地点应当为招标文件中预先确定的地点。Ⅱ【□A. 开标由招标人主持，邀请所有投标人参加　□B. 开标时，由投标人或者其推选的代表检查投标文件的密封情况，也可由招标人委托的公正机构检查并公正 □C. 开标时，招标人可以有选择地宣读投标文件 □D. 投标文件经确认密封无误后，由工作人员当众拆封，宣读投标人名称、投标价格和投标的其他主要内容 □E. 开标过程应当记录，并存档备查】。

投标文件有下列情形之一的，招标人不予受理：①逾期送达的或者未送达指定地点的；②未按招标文件要求密封的。

经典试题

（单选题）1. 甲公司将某市的高速公路项目路面工程招标工作委托给具有相应资质的乙招标代理机构进行。招标公告规定：购买招标文件的时间为 2011 年 8 月 23 日上午 9 时至 2011 年 8 月 25 日下午 4 时，标前会议时间为 2011 年 8 月 28 日上午 9 时，投标书递交截止时间为 2011 年 9 月 15 日下午 4 时。根据我国《招标投标法》的有关规定，开标时间应为（ ）。

A. 2011 年 8 月 25 日下午 4 时　　B. 2011 年 8 月 28 日上午 9 时
C. 2011 年 9 月 15 日下午 4 时　　D. 2011 年 9 月 16 日上午 9 时

（单选题）2. 甲公司将办公楼工程的招标工作委托给乙招标代理机构进行，该工程开标工作的主持者应是（ ）。

A. 甲公司　　B. 乙招标代理机构
C. 甲公司与乙招标代理机构共同　　D. 行政监督部门

参考答案 Ⅰ C(2010 年考试涉及) Ⅱ ABDE 1. C 2. A

考点 6：评标委员会的规定和评标方法

重点等级：☆☆☆☆☆

1. 评标委员会

（1）评标委员会的组成。根据《招标投标法》第 37 条的规定，评标由招标人依法组建的评标委员会负责。依法必须进行招标的项目，其评标委员会由招标人的代表和有关技术、经济等方面的专家组成，成员为Ⅰ【○A. 3 人 ○B. 5 人 ○C. 7 人 ○D. 9 人】以上单数，其中技术、经济等方面的专家不得少于成员总数的Ⅱ【○A. 二分之一 ○B. 三分之一 ○C. 三分之二 ○D. 四分之三】。评标委员会成员的名单Ⅲ【○A. 在中标结果确定前应当保密 ○B. 在开标前向社会公布 ○C. 在开标前向投标人公布 ○D. 永久保密】。

（2）评标专家的选取。根据《招标投标法》和《评标委员会和评标方法暂行规定》的有关规定，技术、经济等方面的评标专家由招标人从国务院有关部门或者省、自治区、直辖市人民政府有关部门提供的专家名册或者招标代理机构的专家库的相关专业的专家名单中确定。一般招标项目可以采取随机抽取方式，技术特别复杂、专业性要求特别高或者国家有特殊要求的招标项目，采取随机抽取方式确定的专家难以胜任的，可以由招标人直接确定。

2. 评标

（1）评标的标准和方法。招标人应当采取必要的措施，保证评标在严格保密的情况下进行。任何单位和个人不得非法干预、影响评标的过程和结果。评标委员会应当按照招标文件确定的评标标准和方法，对投标文件进行评审和比较；设有标底的，应当参考标底。

（2）按废标处理的情形。《工程建设项目施工招标投标办法》第 50 条规定，以下的情形将被作为废标处理：Ⅳ【□A. 联合体共同投标，投标文件中没有附共同投标协议 □B. 交纳投标保证金超过规定数额 □C. 投标人是响应招标、参加投标竞争的个人 □D. 投标人在开标后修改补充投标文件 □E. 投标人未对招标文件的实质内容和条件作出响应】；无单位盖章并无法定代表人或法定代表人授权的代理人签字或盖章的；未按规定的格式填写，内容不全或关键字迹模糊、无法辨认的；投标人递交两份或多份内容不同的投标文件，或在一份投标文件中对同一招标项目报有两个或多个报价，且未声明哪一个有效，按招标文件规定提交备选投标方案的除外；投标人名称或组织结构与资格预审时不一致的；未按招标文件要求提交投标保证金的。

2005 年 3 月 1 日起施行的《工程建设项目货物招标投标办法》在《工程建设项目施工招标投标办法》的基础上进一步补充了应当作为废标的情形：①无法定代表人出具的授权委托书的；②投标人名称或组织结构与资格预审时不一致且未提供有效证明的；③投标有效期不满足招标文件要求的；

《招标投标法》第 42 条规定："评标委员会可以否决全部投标。依法必须进行招标的项目的所有投标被否决的，招标人应当依法重新招标。"

（3）评标报告和中标候选人

1）评标报告。评标委员会完成评标工作后，应当向招标人提出书面评标报告，并抄送有关行政监督部门。评标报告由评标委员会全体成员签字。对评标结论持有异议的评标委员会成员可以书面方式阐述其不同意见和理由。评标委员会成员拒绝在评标报告上签字且不陈述其不同意见和理由的，视为同意评标结论。评标委员会应当对此作出书面说明并记录在案。

2）中标候选人。评标委员会推荐的中标候选人应当限定在Ⅴ【○A. 1～3 人 ○B. 1～4 人 ○C. 2～4 人 ○D. 1～5 人】，并表明排列顺序。中标人的投标，应当符合下列条件之一：①能够最大限度地满足招标文件中规定的各项综合评价标准；②能够满足招标文件的实质性要求，并且经评审的投标价格最低；但是投标价格低于成本的除外。

评标委员会经评审，认为所有投标都不符合招标文件要求的，可以否决所有投标。依法必须进行招标的项目的所有投标被否决的，招标人应当依照本法重新招标。在确定中标人前，招标人不得与投标人就投标价格、投标方案等实质性内容进行谈判。

3. 法律责任

（1）影响公平竞争的法律责任。评标委员会成员收受投标人的财物或者其他好处的，评标委员会成员或者参加评标的有关工作人员向他人透露对投标文件的评审和比较、中标候选人的推荐以及与评标有关的其他情况的，给予警告，没收收受的财物，可以并处Ⅵ【○A. 1000 元以上 1 万元以下 ○B. 3000 元以上 1 万元以下 ○C. 3000 元以上 2 万元以下 ○D. 3000 元以上 5 万元以下】的罚款，对有所列违法行为的评标委员会成员取消担任评标委员会成员的资格，不得再参加任何依法必须进行招标的项目的评标；构成犯罪的，依法追究刑事责任。

（2）与投标人先行谈判的法律责任。依法必须进行招标的项目，招标人违反本法规定，与投标人就投标价格、投标方案等实质性内容进行谈判的，给予警告，对单位直接负责的主管人员和其他直接责任人员依法给予处分。

行为影响中标结果的，中标无效。

经典试题

（单选题）1. 某自来水工程项目招标时，由招标人依法组建评标委员会，则关于该委员会的组成符合规定的是（　　）。

A. 委员会成员人数 4 人，其中招标人代表 2 人，经济专家、技术专家各 1 人

B. 委员会成员人数 5 人，其中招标人代表 3 人，经济专家、技术专家各 1 人

C. 委员会成员人数7人，其中招标人代表3人，经济专家、技术专家各2人
D. 委员会成员人数9人，其中招标人代表1人，经济专家、技术专家各4人
（单选题）2. 在评标委员会组建过程中，下列做法符合规定的是（　）。
A. 评标委员会成员的名单在评标结算前保密
B. 评标委员会七个成员中，招标人的代表有三名
C. 项目评标专家从招标代理机构的专家库内的相关专家名单中随机抽取
D. 评标委员会成员由两人组成

参考答案　Ⅰ B(2005年考试涉及)　Ⅱ C(2005年考试涉及)　Ⅲ A　Ⅳ ACE(2009年考试涉及)　Ⅴ A　Ⅵ D　1. D　2. C

考点7：中标的要求

重点等级：☆☆☆☆☆

1. 确定中标人

根据《招标投标法》和《工程建设项目施工招标投标办法》的有关规定，确定中标人应当遵守如下程序。

(1) 评标委员会提出书面评标报告后，Ⅰ【○A. 评标委员会　○B. 招标人　○C. 招标代理机构　○D. 招标投标管理机构】一般应当在15日内确定中标人，但最迟应当在投标有效期结束日30个工作日前确定。

(2) 招标人应当接受评标委员会推荐的中标候选人，不得在评标委员会推荐的中标候选人之外确定中标人。

(3) 依法必须招标的项目，招标人应当确定排名第一的中标候选人为中标人。排名第一的中标候选人放弃中标、因不可抗力提出不能履行合同，或者招标文件规定应当提交履约保证金而在规定的期限内未能提交的，招标人可以确定排名第二的中标候选人为中标人，依此类推。

(4) 招标人可以授权评标委员会直接确定中标人。

2. 中标通知书

根据《招标投标法》及《工程建设项目施工招标投标办法》的有关规定，招标人发出中标通知书应当遵守如下规定。

(1) 中标人确定后，招标人应当向中标人发出中标通知书，并同时将中标结果通知所有未中标的投标人。

(2) 招标人不得以向中标人提出压低报价、增加工作量、缩短工期或其他违背中标人意愿的要求，依此作为发出中标通知书和签订合同的条件。

(3) 中标通知书对招标人和投标人具有法律效力。中标通知书发出后，招标人改变中标结果的，或者中标人放弃中标项目的，应当依法承担法律责任。

3. 签订合同

(1) 签订合同的要求。《招标投标法》第46条规定："招标人和中标人应当自中标通知书发出之日起Ⅱ【○A. 10日　○B. 15日　○C. 20日　○D. 30日】内，按照招标文件和中标人的投标文件订立书面合同。招标人和中标人不得再行订立背离合同实质性内容的其他协议。"

(2) 担保与垫资

1) 担保。招标人为了降低自己的风险，经常会要求投标人提交履约保证金，招标文件

要求中标人提交履约保证金的，中标人应当提交。拒绝提交的，视为放弃中标项目。招标人要求中标人提供履约保证金或其他形式履约担保的，招标人应当同时向中标人提供工程款支付担保。招标人不得擅自提高履约保证金。招标人与中标人签订合同后Ⅲ【○A. 3 个工作日　○B. 5 个工作日　○C. 10 日　○D. 15 日】内，应当向未中标的投标人退还投标保证金。

2）垫资。《工程建设项目施工招标投标办法》第 62 条同时规定："招标人不得强制要求中标人垫付中标项目建设资金。"尽管法律已经明确规定招标人不得强制要求中标人垫付中标项目资金，但在实践中，中标人垫付中标项目建设资金的情形还是存在的。这种垫资行为经常引发关于利息的纠纷，对此，《最高人民法院关于审理建设工程施工合同纠纷案件适用法律问题的解释》第 6 条给出了处理意见：当事人对垫资和垫资利息有约定，承包人请求按照约定返还垫资及其利息的，应予支持，但是约定的利息计算标准高于中国人民银行发布的同期同类贷款利率的部分除外。当事人对垫资没有约定的，按照工程欠款处理。当事人对垫资利息没有约定，承包人请求支付利息的，不予支持。

4. 招标投标情况书面报告

根据《招标投标法》的有关规定，依法必须进行招标的项目，招标人应当自确定中标人之日起Ⅳ【○A. 10 日　○B. 15 日　○C. 20 日　○D. 30 日】内，向有关行政监督部门提交招标投标情况书面报告。

5. 法律责任

（1）非法确定中标人的法律责任。招标人在评标委员会依法推荐的中标候选人以外确定中标人的，依法必须进行招标的项目在所有投标被评标委员会否决后自行确定中标人的，中标无效。责令改正，可以处中标项目金额千分之五以上千分之十以下的罚款；对单位直接负责的主管人员和其他直接责任人员依法给予处分。

（2）非法订立合同的法律责任。招标人与中标人不按照招标文件和中标人的投标文件订立合同的，或者招标人、中标人订立背离合同实质性内容的协议的，责令改正；可以处中标项目金额Ⅴ【○A. 3‰～5‰　○B. 5‰～8‰　○C. 5‰～10‰　○D. 10‰～12‰】的罚款。

经典试题

（多选题）1. 投标有效内，投标人有（　　）行为的，其投标保证金予以没收。

A. 撤回投标文件　　B. 补正投标文件　　C. 放弃中标

D. 澄清投标文件　　E. 说明（解释）投标文件

参考答案　Ⅰ B（2010 年考试涉及）　Ⅱ D　Ⅲ B　Ⅳ B　Ⅴ C　1. AC（2011 年考试涉及）

考点 8：招标程序

重点等级：☆☆☆☆☆

1. 招标应当具备的条件

依法必须招标的工程建设项目，应当具备下列条件才能进行施工招标：①招标人已经依法成立；②初步设计及概算应当履行审批手续的，已经批准；③招标范围、招标方式和招标组织形式等应当履行核准手续的，已经核准；④有相应资金或者资金来源已经落实；⑤有招标所需的设计图纸及技术资料。

2. 招标方式

根据《招标投标法》第 10 条规定，招标方式分为公开招标和邀请招标。

（1）公开招标。Ⅰ【○A. 公开招标 ○B. 邀请招标 ○C. 议标 ○D. 定向招标】，也称无限竞争招标，是指招标人以招标公告的方式邀请不特定的法人或者其他组织投标。招标人采用公开招标方式的，应当发布招标公告。依法必须进行招标的项目的招标公告，应当通过国家指定的报刊、信息网络或者其他媒介发布。

（2）邀请招标。邀请招标也称有限竞争招标，是指招标人以投标邀请书的方式邀请特定的法人或者其他组织投标。

对于应当公开招标的施工招标项目，有下列情形之一的，经批准可以进行邀请招标：Ⅱ【□A. 项目技术复杂或有特殊要求，只有少量几家潜在投标人可供选择的 □B. 项目技术复杂，潜在投标人数量太多不易选择的 □C. 受自然地域环境限制的 □D. 涉及国家安全，国家秘密或者抢险救灾，适宜招标但不宜公开招标的 □E. 拟公开招标的费用与项目的价值相比，不值得的】；法律、法规规定不宜公开招标的。招标人采用邀请招标方式的，应当向Ⅲ【○A. 2个以上 ○B. 3个以上 ○C. 4个以上 ○D. 5个以上】具备承担招标项目的能力、资信良好的特定的法人或者其他组织发出投标邀请书。

（3）招标公告或者投标邀请书。原则上，根据《招标投标法》，招标公告或者投标邀请书应当至少载明下列内容：招标人的名称和地址、招标项目的性质、数量、实施地点和时间以及获取招标文件的办法等事项。

3. 资格审查

根据《工程建设项目施工招标投标办法》的有关规定，资格审查分为Ⅳ【□A. 资格初审 □B. 资格预审 □C. 资格复审 □D. 资格后审 □E. 资格终审】。

（1）资格预审。资格预审是指在投标前对潜在投标人进行的资格审查。采取资格预审的，招标人可以发布资格预审公告，资格预审公告适用有关招标公告的规定。招标人应当在资格预审文件中载明资格预审的Ⅴ【□A. 目的 □B. 条件 □C. 标准 □D. 方法 □E. 结果】。招标人不得改变载明的资格条件或者以没有载明的资格条件对潜在投标人进行资格预审。经资格预审后，招标人应当向资格预审合格的潜在投标人发出资格预审合格通知书。告知获取招标文件的时间、地点和方法，并同时向资格预审不合格的潜在投标人告知资格预审结果。资格预审不合格的潜在投标人不得参加投标。

（2）资格后审。资格后审是指在开标后对投标人进行的资格审查。进行资格预审的，一般不再进行资格后审，但招标文件另有规定的除外。采取资格后审的，招标人应当在招标文件预先明确对投标人资格要求的条件、标准和方法，不得改变载明的资格条件或者以没有载明的资格条件对投标人进行资格后审。

资格后审不合格的投标人的投标应作废标处理。资格审查时，招标人不得以不合理的条件限制、排斥潜在投标人或者投标人，不得对潜在投标人或者投标人实行歧视待遇。任何单位和个人不得以行政手段或者其他不合理方法限制投标人的数量。

4. 招标文件

（1）招标文件的出售。根据《工程建设项目施工招标投标办法》第15条的规定，招标人应当按招标公告或者投标邀请书规定的时间、地点出售招标文件。自招标文件出售之日起至停止出售之日止，最短不得少于Ⅵ【○A. 3个工作日 ○B. 5个工作日 ○C. 7个工作日 ○D. 10个工作日】。对招标文件的收费应当合理，不得以营利为目的。招标人在发布招标公告、发出投标邀请书后或者售出招标文件或资格预审文件后不得擅自终止招标。

（2）招标文件的内容。《招标投标法》第19条规定。招标人应当根据招标项目的特点和需要编制招标文件。招标文件应当包括招标项目的技术要求、对投标人资格审查的标准、投标报价要求和评标标准等所有实质性要求和条件以及拟签订合同的主要条款。这是原则上的规定，对于不同的招标对象，其具体内容还是不同的。

（3）对招标文件的要求。为了规范招标人的行为，保证招标文件的公正合理，我国《招标投标法》及其相关规定还要求招标人编制招标文件，应当遵守如下规定。

1）原则性要求。《招标投标法》第19条规定："招标人应当根据招标项目的特点和需要编制招标文件。招标文件应当包括招标项目的技术要求、对投标人资格审查的标准、投标报价要求和评标标准等所有实质性要求和条件以及拟签订合同的主要条款。国家对招标项目的技术、标准有规定的，招标人应当按照其规定在招标文件中提出相应要求。招标项目需要划分标段、确定工期的，招标人应当合理划分标段、确定工期，并在招标文件中载明。"

《招标投标法》第20条规定："招标文件不得要求或者标明特定的生产供应者以及含有倾向或者排斥潜在投标人的其他内容。"

2）对技术的要求。①技术标准应符合国家强制性标准；②合理划分标段、确定工期；③科学编制标底。

3）对时间的要求。①可以澄清、修改招标文件的时间。《招标投标法》第23条规定："招标人对已发出的招标文件进行必要的澄清或者修改的，应当在招标文件要求提交投标文件截止时间至少Ⅶ【○A. 5日　○B. 10日　○C. 15日　○D. 20日】前，以书面形式通知所有招标文件收受人。该澄清或者修改的内容为招标文件的组成部分。"②确定编制投标文件的时间。《招标投标法》第24条规定："招标人应当确定投标人编制投标文件所需要的合理时间；但是，依法必须进行招标的项目，自招标文件开始发出之日起至投标人提交投标文件截止之日止，最短不得少于Ⅷ【○A. 10日　○B. 15日　○C. 20日　○D. 30日】。"③确定投标有效期。投标有效期是招标文件中规定的投标文件有效期。在此期间内，投标人有义务保证投标文件的有效性。

《工程建设项目施工招标投标办法》第29条规定："招标文件应当规定一个适当的投标有效期，以保证招标人有足够的时间完成评标和与中标人签订合同。投标有效期从Ⅸ【○A. 招标人确定评标之日　○B. 投标人提交投标文件截止之日　○C. 招标人接到招标文件之日　○D. 投标文件发出之日】起计算。

在原投标有效期结束前，出现特殊情况的。招标人可以书面形式要求所有投标人延长投标有效期。投标人同意延长的，不得要求或被允许修改其投标文件的实质性内容，但应当相应延长其投标保证金的有效期；投标人拒绝延长的，其投标失效，但投标人有权收回其投标保证金。因延长投标有效期造成投标人损失的，招标人应当给予补偿，但因不可抗力需要延长投标有效期的除外。"

经典试题

（单选题）1. 招标人采取招标公告的方式对某工程进行施工招标，于2007年3月3日开始发售招标文件，3月6日停售；招标文件规定投标保证金为100万元；3月22日招标人对已发出的招标文件作了必要的澄清和修改，投标截止日期为同年3月25日。上述事实中错误有（　）处。

A. 1　　B. 2　　C. 3　　D. 4

参考答案　Ⅰ A（2009年考试涉及）　Ⅱ ACDE　Ⅲ B　Ⅳ BD　Ⅴ BCD（2008年考试涉及）　Ⅵ B　Ⅶ C　Ⅷ C　Ⅸ B　1. B（2009年考试涉及）

考点9：招标组织形式和招标代理

重点等级：☆☆☆☆☆

1. 招标组织形式

招标组织形式包括自行招标和委托招标。其中，自行招标是指招标人自身具有编制招标文件和组织评标能力，依法自行办理招标；而委托招标是指招标人委托招标代理机构办理招标事宜。招标人有权自行选择招标代理机构，委托其办理招标事宜。任何单位和个人不得以任何方式为招标人指定招标代理机构。招标人具有编制招标文件和组织评标能力的，可以自行办理招标事宜。任何单位和个人不得强制其委托招标代理机构办理招标事宜。依法必须进行招标的项目，招标人自行办理招标事宜的，应当向有关行政监督部门备案。

2. 招标代理

（1）招标代理机构可以承担的招标事宜。依据《工程建设项目施工招标投标办法》第22条的规定，招标代理机构应当在招标人委托的范围内承担招标事宜。招标代理机构可以在其资格等级范围内承担下列招标事宜：拟订招标方案，编制和出售招标文件、资格预审文件；Ⅰ【□A. 审查投标人资格 □B. 编制标底 □C. 组织开标、评标，协助招标人定标 □D. 组织投标人踏勘现场 □E. 进行评标】；草拟合同；招标人委托的其他事项。

招标代理机构不得无权代理、越权代理，不得明知委托事项违法而进行代理。招标代理机构不得接受同一招标项目的投标代理和投标咨询业务；未经招标人同意，不得转让招标代理业务。

（2）招标代理机构的资质与业务范围。从事工程招标代理业务的机构，应当依法取得国务院建设主管部门或者省、自治区、直辖市人民政府建设主管部门认定的工程招标代理机构资格，并在其资格许可的范围内从事相应的工程招标代理业务。国务院建设主管部门负责全国工程招标代理机构资格认定的管理。省、自治区、直辖市人民政府建设主管部门负责本行政区域内的工程招标代理机构资格认定的管理。工程招标代理机构资格分为甲级、乙级和暂定级。甲级工程招标代理机构可以承担各类工程的招标代理业务。乙级工程招标代理机构只能承担工程总投资Ⅱ【○A. 1亿元 ○B. 2亿元 ○C. 3亿元 ○D. 4亿元】人民币以下的工程招标代理业务。暂定级工程招标代理机构，只能承担工程总投资Ⅲ【○A. 3000万元 ○B. 5000万元 ○C. 6000万元 ○D. 8000万元】人民币以下的工程招标代理业务。工程招标代理机构可以跨省、自治区、直辖市承担工程招标代理业务。任何单位和个人不得限制或者排斥工程招标代理机构依法开展工程招标代理业务。

（3）对招标代理机构行为的限制性规定。工程招标代理机构在工程招标代理活动中不得有下列行为：Ⅳ【□A. 与所代理招标工程的招投标人有隶属关系、合作经营关系以及其他利益关系 □B. 从事同一工程的招标代理和投标咨询活动 □C. 超越资格许可范围承担工程招标代理业务 □D. 明知委托事项违法而进行代理 □E. 组织投标人踏勘现场】；采取行贿、提供回扣或者给予其他不正当利益等手段承接工程招标代理业务；未经招标人书面同意，转让工程招标代理业务；泄露应当保密的与招标投标活动有关的情况和资料；与招标人或者投标人串通，损害国家利益、社会公共利益和他人合法权益；对有关行政监督部门依法责令改正的决定拒不执行或者以弄虚作假方式隐瞒真相；擅自修改经招标人同意并加盖了招标人公章的工程招标代理成果文件；涂改、倒卖、出租、出借或者以其他形式非法转让工程招标代理资格证书；法律、法规和规章禁止的其他行为。

3. 法律责任

招标代理机构违反《招标投标法》规定，泄露应当保密的与招标投标活动有关的情况和资料的，或者与招标人、投标人串通损害国家利益、社会公共利益或者他人合法权益的，处

Ⅴ【○A. 5 万元以上 10 万元以下　○B. 5 万元以上 15 万元以下　○C. 5 万元以上 20 万元以下　○D. 5 万元以上 25 万元以下】的罚款，对单位直接负责的主管人员和其他直接责任人员处单位罚款数额Ⅵ【○A. 3%～5%　○B. 5%～8%　○C. 5%～10%　○D. 10%～15%】以下的罚款；有违法所得的，并处没收违法所得；情节严重的，暂停直至取消招标代理资格；构成犯罪的，依法追究刑事责任。给他人造成损失的，依法承担赔偿责任。

行为影响中标结果的，中标无效。

经典试题

(单选题) 1. 下列关于招标组织形式的表述，错误的是（　）。

A. 招标人有权自行选择招标代理机构，委托其办理招标事宜

B. 评标委员会有权为招标人指定招标代理机构

C. 招标人具有编制招标文件和组织评标能力的，可以自行办理招标事宜

D. 任何单位和个人不得强制其委托招标代理机构办理招标事宜

(多选题) 2. 根据《招标投标法》的相关规定，下列关于招标代理机构的说法，正确的有（　）。

A. 招标代理机构是建设行政主管部门所属的专门负责招投标代理工作的机构

B. 招标代理机构应当具备经国家建设行政主管部门认定的资格条件

C. 招标代理机构是社会中介组织

D. 所有的招标都必须要委托招标代理机构进行

E. 建设行政主管部门有权为招标人指定招标代理机构

参考答案　Ⅰ A BCD(2010 年考试涉及)　Ⅱ A　Ⅲ C　Ⅳ ABCD　Ⅴ D　Ⅵ C　1. B　2. BC

第八节　安全生产法

考点 1：生产经营单位的安全生产保障　　重点等级：☆☆☆☆☆

1. 生产经营单位的安全生产保障措施

（1）组织保障措施

1）建立安全生产保障体系。生产经营单位必须要建立安全生产保障体系。矿山、建筑施工单位和危险物品的生产、经营、储存单位，应当设置安全生产管理机构或者配备专职安全生产管理人员。其他生产经营单位，从业人员超过Ⅰ【○A. 100 人　○B. 200 人　○C. 300 人　○D. 500 人】的，应当设置安全生产管理机构或者配备专职安全生产管理人员；从业人员在 300 人以下的，应当配备专职或者兼职的安全生产管理人员，或者委托具有国家规定的相关专业技术资格的工程技术人员提供安全生产管理服务。

2）明确岗位责任。①生产经营单位的主要负责人的职责。生产经营单位的主要负责人对本单位安全生产工作负有下列职责。Ⅱ【□A. 建立、健全本单位安全生产责任制　□B. 组织制定本单位安全生产规章制度和操作规程　□C. 保证本单位安全生产投入的有效实施　□D. 督促、检查本单位的安全生产工作，及时消除生产安全事故隐患　□E. 对安全生产状况进行经常性检查】；组织制定并实施本单位的生产安全事故应急救援预案；及时、如实报告生产安全事故。②生产经营单位的安全生产管理人员的职责。生产经营单位的安全生产管

理人员应当根据本单位的生产经营特点，对安全生产状况进行经常性检查；对检查中发现的安全问题，应当立即处理；不能处理的，应当及时报告本单位有关负责人。检查及处理情况应当记录在案。③对安全设施、设备的质量负责的岗位。a. 对安全设施的设计质量负责的岗位：建设项目安全设施的设计人、设计单位应当对安全设施设计负责。b. 对安全设施的施工负责的岗位：矿山建设项目和用于生产、储存危险物品的建设项目的施工单位必须按照批准的安全设施设计施工，并对安全设施的工程质量负责。c. 对安全设施的竣工验收负责的岗位：矿山建设项目和用于生产、储存危险物品的建设项目竣工投入生产或者使用前，必须依照有关法律、行政法规的规定对安全设施进行验收；验收合格后，方可投入生产和使用。d. 对安全设备质量负责的岗位：生产经营单位使用的涉及生命安全、危险性较大的特种设备，以及危险物品的容器、运输工具，必须按照国家有关规定，由专业生产单位生产，并经取得专业资质的检测、检验机构检测、检验合格，取得Ⅲ【○A. 取得安全使用证或者安全标志　○B. 报安全生产监督管理部门批准　○C. 申请安全使用证　○D. 建立专门安全管理制度，定期检测评估】，方可投入使用。

（2）管理保障措施

1）人力资源管理。①对主要负责人和安全生产管理人员的管理。危险物品的生产、经营、储存单位以及矿山、建筑施工单位的主要负责人和安全生产管理人员，应当由有关主管部门对其安全生产知识和管理能力考核合格后方可任职。考核不得收费。②对一般从业人员的管理。③对特种作业人员的管理。

2）物力资源管理。①设备的日常管理。生产经营单位应当在有较大危险因素的生产经营场所和有关设施、设备上，设置明显的安全警示标志。安全设备的设计、制造、安装、使用、检测、维修、改造和报废，应当符合国家标准或者行业标准。生产经营单位必须对安全设备进行经常性维护、保养，并定期检测，保证正常运转。②设备的淘汰制度。国家对严重危及生产安全的工艺、设备实行淘汰制度。生产经营单位不得使用国家明令淘汰、禁止使用的危及生产安全的工艺、设备。③生产经营项目、场所、设备的转让管理。生产经营单位不得将生产经营项目、场所、设备发包或者出租给不具备安全生产条件或者相应资质的单位或者个人。④生产经营项目、场所的协调管理。生产经营项目、场所有多个承包单位、承租单位的，生产经营单位应当与承包单位、承租单位签订专门的安全生产管理协议，或者在承包合同、租赁合同中约定各自的安全生产管理职责；生产经营单位对承包单位、承租单位的安全生产工作统一协调、管理。

（3）经济保障措施

1）保证安全生产所必需的资金。生产经营单位应当具备的安全生产条件所必需的资金投入。由生产经营单位的决策机构、主要负责人或者个人经营的投资人予以保证，并对由于安全生产所必需的资金投入不足导致的后果承担责任。

2）保证安全设施所需要的资金。生产经营单位新建、改建、扩建工程项目（以下统称建设项目）的安全设施，必须与主体工程同时设计、同时施工、同时投入生产和使用。安全设施投资应当纳入Ⅳ【○A. 企业年度预算　○B. 建设项目概算　○C. 经营成本　○D. 生产成本】。

3）保证劳动防护用品、安全生产培训所需要的资金。生产经营单位必须为从业人员提供符合国家标准或者行业标准的劳动防护用品，并监督、教育从业人员按照使用规则佩戴、使用。

4）保证工伤社会保险所需要的资金。生产经营单位必须依法参加工伤社会保险，为从业人员缴纳保险费。

（4）技术保障措施。技术保障措施有：①对新工艺、新技术、新材料或者使用新设备的管理；②对安全条件论证和安全评价的管理；③对废弃危险物品的管理；④对重大危险源的管理，生产经营单位对重大危险源应当登记建档，进行定期检测、评估、监控，并制订应急预案，告知从业人员和相关人员在紧急情况下应当采取的应急措施；⑤对员工宿舍的管理，生产、经营、储存、使用危险物品的车间、商店、仓库Ⅴ【○A. 不得与员工宿舍在同一座建筑物内，并应当与员工宿舍保持安全距离　○B. 可以在同一座建筑物内，但必须保持安全距离　○C. 可以在同一座建筑物内，但禁止封闭、堵塞生产经营场所或者员工宿舍的出口　○D. 只要不在同一座建筑物内即可】；⑥对危险作业的管理；⑦对安全生产操作规程的管理；⑧对施工现场的管理。

2. 法律责任

（1）不满足资金投入的法律责任。生产经营单位的决策机构、主要负责人、个人经营的投资人不依照本法规定保证安全生产所必需的资金投入，致使生产经营单位不具备安全生产条件的，责令限期改正，提供必需的资金；逾期未改正的，责令生产经营单位停产停业整顿；导致发生生产安全事故，构成犯罪的，依照刑法有关规定追究刑事责任；尚不够刑事处罚的，对生产经营单位的主要负责人给予撤职处分，对个人经营的投资人处Ⅵ【○A. 1 万元以上 5 万元以下　○B. 1 万元以上 10 万元以下　○C. 2 万元以上 10 万元以下　○D. 2 万元以上 20 万元以下】的罚款。

（2）未履行安全管理职责的法律责任。生产经营单位的主要负责人未履行本法规定的安全生产管理职责的，责令限期改正；逾期未改正的，责令生产经营单位停产停业整顿。生产经营单位的主要负责人有前款违法行为，导致发生生产安全事故，构成犯罪的，依照刑法有关规定追究刑事责任；尚不够刑事处罚的，给予撤职处分或者处 2 万元以上 20 万元以下的罚款。生产经营单位的主要负责人依照前款规定受刑事处罚或者撤职处分的，自刑罚执行完毕或者受处分之日起，Ⅶ【○A. 2 年内不得担任本施工企业的中层管理人员　○B. 3 年内不得担任监理单位的主要负责人　○C. 5 年内不得担任任何生产经营单位的主要负责人　○D. 终身不得担任任何施工企业的主要负责人】。

（3）未配备合格人员的责任。生产经营单位有下列行为之一的，责令限期改正；逾期未改正的，责令停产停业整顿，可以并处 2 万元以下的罚款：①未按照规定设立安全生产管理机构或者配备安全生产管理人员的；②危险物品的生产、经营、储存单位以及矿山、建筑施工单位的主要负责人和安全生产管理人员未按照规定经考核合格的；③未依法对从业人员进行安全生产教育和培训，或者未依法如实告知从业人员有关的安全生产事项的；④特种作业人员未按照规定经专门的安全作业培训并取得特种作业操作资格证书，上岗作业的。

（4）不符合安全设施、设备管理的法律责任。生产经营单位有下列行为之一的，责令限期改正；逾期未改正的，责令停止建设或者停产停业整顿，可以并处Ⅷ【○A. 2 万元　○B. 3 万元　○C. 5 万元　○D. 10 万元】以下的罚款；造成严重后果，构成犯罪的，依照刑法有关规定追究刑事责任：①矿山建设项目或者用于生产，储存危险物品的建设项目没有安全设施设计或者安全设施设计未按照规定报经有关部门审查同意的；②矿山建设项目或者用于生产、储存危险物品的建设项目的施工单位未按照批准的安全设施设计施工的；③矿山建设项目或者用于生产、储存危险物品的建设项目竣工投入生产或者使用前，安全设施未经验收合格的；④未在有较大危险因素的生产经营场所和有关设施、设备上设置明显的安全警示标志的；⑤安全设备的安装、使用、检测、改造和报废不符合国家标准或者行业标准的；⑥未对安全设备进行经常性维护、保养和定期检测的；⑦未为从业人员提供符合国家标准或者行业标准的劳动防护用品的；⑧特种设备以及危险物品的容器、运输工具未经取得专业资质的机构检测、检验合格，取得安全使用证或者安全标志，投入使用的；⑨使用国家明令淘汰、禁止使用的危及生产安全的工艺、设备的。

（5）擅自生产、经营、储存危险物品的法律责任。未经依法批准，擅自生产、经营、储存危险物品的，责令停止违法行为或者予以关闭，没收违法所得，违法所得10万元以上的，并处违法所得Ⅸ【○A. 1倍以上3倍以下　○B. 1倍以上4倍以下　○C. 1倍以上5倍以下　○D. 2倍以上6倍以下】的罚款。没有违法所得或者违法所得不足10万元的。单处或者并处2万元以上10万元以下的罚款；造成严重后果，构成犯罪的，依照刑法有关规定追究刑事责任。

（6）对重大危险源管理不当的法律责任。生产经营单位有下列行为之一的，责令限期改正；逾期未改正的，责令停产停业整顿，可以并处2万元以上10万元以下的罚款，造成严重后果，构成犯罪的，依照刑法有关规定追究刑事责任：①生产、经营、储存、使用危险物品，未建立专门安全管理制度、未采取可靠的安全措施或者不接受有关主管部门依法实施的监督管理的；②对重大危险源未登记建档，或者未进行评估、监控，或者未制订应急预案的；③进行爆破、吊装等危险作业，未安排专门管理人员进行现场安全管理的。

（7）非法转让经营项目、场所、设备的法律责任。生产经营单位将生产经营项目，场所、设备发包或者出租给不具备安全生产条件或者相应资质的单位或者个人的，责令限期改正，没收违法所得；违法所得5万元以上的，并处违法所得Ⅹ【○A. 1倍以上3倍以下　○B. 2倍以上4倍以下　○C. 1倍以上5倍以下　○D. 2倍以上6倍以下】的罚款；没有违法所得或者违法所得不足5万元的，单处或者并处1万元以上5万元以下的罚款；导致发生生产安全事故给他人造成损害的，与承包方、承租方承担连带赔偿责任。生产经营单位未与承包单位、承租单位签订专门的安全生产管理协议或者未在承包合同、租赁合同中明确各自的安全生产管理职责，或者未对承包单位、承租单位的安全生产统一协调、管理的，责令限期改正；逾期未改正的，责令停产停业整顿。

经典试题

（单选题）1. 根据法律、行政法规的规定，不需要经有关主管部门对其安全生产知识和管理能力考核合格就可以任职的岗位是（　　）。

A. 施工企业的总经理　　B. 施工项目的负责人
C. 施工企业的技术负责人　　D. 施工企业的董事

（单选题）2. 根据《安全生产法》规定，生产经营单位必须对安全设备进行经常性维护、保养，并定期检测，这一规定属于安全生产保障措施中的（　　）。

A. 组织保障措施　　B. 管理保障措施
C. 经济保障措施　　D. 技术保障措施

（单选题）3. 关于生产经营单位安全生产保障的说法，正确的是（　　）。

A. 生产经营单位必须参加工伤社会保险，为职工缴纳相关费用
B. 建设工程实行工程总承包的，由建设单位对施工单位的安全生产负总责任
C. 建设项目安全设施的使用单位应当对安全设施设计负责
D. 某单位易燃易爆品存放地点与员工宿舍在同一建筑物内

（多选题）4. 生产经营单位保证安全生产必须的资金由（　　）予以保证，并对由于安全生产所需的资金投入不足导致的后果承担责任。

A. 公司董事会　　B. 公司法定代表　　C. 个人经营的投资人
D. 公司股东　　E. 公司工会

参考答案	Ⅰ C　Ⅱ ABCD　Ⅲ A　Ⅳ B　Ⅴ A　Ⅵ D　Ⅶ C（2011年考试涉及）　Ⅷ C　Ⅸ C　Ⅹ C　1. D（2009年考试涉及）　2. B（2010年考试涉及）　3. A（2011年考试涉及）　4. ABCD（2009年考试涉及）

考点2：从业人员安全生产的权利和义务

重点等级：☆☆

1. 安全生产中从业人员的权利和义务

（1）安全生产中从业人员的权利。安全生产中从业人员的权利包括：Ⅰ【□A. 知情权　□B. 批评权和检举、控告权　□C. 拒绝权　□D. 调查处理权　□E. 紧急避险权】；请求赔偿权；获得劳动防护用品的权利；获得安全生产教育和培训的权利。

（2）安全生产中从业人员的义务。①自律遵规的义务。从业人员在作业过程中，应当严格遵守本单位的安全生产规章制度和操作规程，服从管理，正确佩戴和使用劳动防护用品。②自觉学习安全生产知识的义务。从业人员应当接受安全生产教育和培训，掌握本职工作所需的安全生产知识，提高安全生产技能，增强事故预防和应急处理能力。③危险报告义务。从业人员发现事故隐患或者其他不安全因素，应当立即向现场安全生产管理人员或者本单位负责人报告；接到报告的人员应当及时予以处理。

2. 法律责任

（1）订立非法免责条款的法律责任。生产经营单位与从业人员订立协议，免除或者减轻其对从业人员因生产安全事故伤亡依法应承担的责任的，该协议无效；对生产经营单位的主要负责人、个人经营的投资人处Ⅱ【○A. 1万元以上5万元以下　○B. 2万元以上5万元以下　○C. 1万元以上10万元以下　○D. 2万元以上10万元以下】的罚款。

（2）从业人员违章操作的法律责任。生产经营单位的从业人员不服从管理，违反安全生产规章制度或者操作规程的，由生产经营单位给予批评教育，依照有关规章制度给予处分；造成重大事故，构成犯罪的，依照刑法有关规定追究刑事责任。

参考答案	Ⅰ ABCE　Ⅱ D（2005年考试涉及）

考点3：生产安全事故的应急救援与处理

重点等级：☆☆☆☆☆

1. 生产安全事故的应急救援

根据生产安全事故（以下简称事故）造成的人员伤亡或者直接经济损失，事故一般分为以下等级：①特别重大事故是指造成30人以上死亡，或者100人以上重伤（包括急性工业中毒，下同），或者1亿元以上直接经济损失的事故；②重大事故是指造成10人以上30人以下死亡，或者50人以上100人以下重伤，或者5000万元以上1亿元以下直接经济损失的事故；③较大事故是指造成3人以上10人以下死亡，或者10人以上50人以下重伤，或者1000万元以上5000万元以下直接经济损失的事故；④一般事故是指造成3人以下死亡，或者10人以下重伤，或者1000万元以下直接经济损失的事故。

2. 生产安全事故报告

（1）安全生产法关于生产安全事故报告的规定。根据《安全生产法》第70～72条的规定，生产安全事故的报告应当遵守以下规定：①生产经营单位发生生产安全事故后，事故现场有关人员应当立即报告Ⅰ【○A. 本企业负责人　○B. 当地安全生产监督管理部门〇C. 县级以上地方人民政府　〇D. 省（自治州、直辖市）安全生产监督管理部门】。②单位负责人接到事故报告后，应当迅速采取有效措施，组织抢救，防止事故扩大，减少人员伤亡和财产损失，并按照国家有关规定立即如实报告当地负有安全生产监督管理职责的部门，不得隐瞒不报、谎报或者拖延不报，不得故意破坏事故现场、毁灭有关证据。对于实行施工总承包的建设工程，根据《建设工程安全生产管理条例》第50条的规定，由总承包单位负责上报事故。③负有安全生产监督管理职责的部门接到事故报告后，应当立即按照国家有关规定上报事故情况。④有关地方人民政府和负有安全生产监督管理职责部门的负责人接到重大生产安全事故报告后，应当立即赶到事故现场，组织事故抢救。

(2)《生产安全事故报告和调查处理条例》关于生产安全事故报告的规定

1）事故单位的报告。事故发生后，事故现场有关人员应当立即向本单位负责人报告；单位负责人接到报告后，应当于Ⅱ【〇A. 1小时　〇B. 2小时　〇C. 3小时　〇D. 4小时】内向事故发生地县级以上人民政府安全生产监督管理部门和负有安全生产监督管理职责的有关部门报告。

2）监管部门的报告。①生产安全事故的逐级报告。安全生产监督管理部门和负有安全生产监督管理职责的有关部门接到事故报告后，应当依照下列规定上报事故情况，并通知公安机关、劳动保障行政部门、工会和人民检察院：a. 特别重大事故、重大事故逐级上报至国务院安全生产监督管理部门和负有安全生产监督管理职责的有关部门；b. 较大事故逐级上报至省、自治区、直辖市人民政府安全生产监督管理部门和负有安全生产监督管理职责的有关部门；c. 一般事故上报至设区的市级人民政府安全生产监督管理部门和负有安全生产监督管理职责的有关部门。②生产安全事故报告的时间要求。安全生产监督管理部门和负有安全生产监督管理职责的有关部门逐级上报事故情况，每级上报的时间不得超过Ⅲ【〇A. 1小时　〇B. 2小时　〇C. 3小时　〇D. 4小时】。

3）报告的内容。报告事故应当包括下列内容：①事故发生单位概况；②事故发生的时间、地点以及事故现场情况；③事故的简要经过；④事故已经造成或者可能造成的伤亡人数（包括下落不明的人数）和初步估计的直接经济损失；⑤已经采取的措施；⑥其他应当报告的情况。

事故报告后出现新情况的，应当及时补报。自事故发生之日起Ⅳ【〇A. 10日　〇B. 15日　〇C. 20日　〇D. 30日】内，事故造成的伤亡人数发生变化的，应当及时补报。道路交通事故、火灾事故自发生之日起7日内，事故造成的伤亡人数发生变化的，应当及时补报。

3. 生产安全事故调查处理

(1)《生产安全事故报告和调查处理条例》对生产安全事故调查的规定

1）事故调查的管辖。①级别管辖。特别重大事故由国务院或者国务院授权有关部门组织事故调查组进行调查。重大事故、较大事故、一般事故分别由事故发生地省级人民政府、设区的市级人民政府、县级人民政府负责调查。未造成人员伤亡的一般事故，县级人民政府也可以委托事故发生单位组织事故调查组进行调查。②地域管辖。特别重大事故以下等级事故，事故发生地与事故发生单位不在同一个县级以上行政区域的，由事故发生地人民政府负责调查。事故发生单位所在地人民政府应当派人参加。

2）事故调查组的组成。根据事故的具体情况，事故调查组由有关人民政府、安全生产监督管理部门、负有安全生产监督管理职责的有关部门、监察机关、公安机关以及工会派人组成，并应当邀请人民检察院派人参加。事故调查组可以聘请有关专家参与调查。事故调查组成员应当具有事故调查所需要的知识和专长，并与所调查的事故没有直接利害关系。事故调查组组长由负责事故调查的Ⅴ【○A. 人民政府　○B. 安全生产监督部门　○C. 监察部门　○D. 公安部门】指定。

3）调查的时限。事故调查组应当自事故发生之日起Ⅵ【○A. 20 日　○B. 30 日　○C. 40 日　○D. 60 日】内提交事故调查报告；特殊情况下，经负责事故调查的人民政府批准，提交事故调查报告的期限可以适当延长，但延长的期限最长不超过60 日。

（2）《生产安全事故报告和调查处理条例》对生产安全事故处理的规定。①处理时限。重大事故、较大事故、一般事故，负责事故调查的人民政府应当自收到事故调查报告之日起Ⅶ【○A. 5 日　○B. 10 日　○C. 15 日　○D. 20 日】内做出批复；特别重大事故，30 日内做出批复，特殊情况下，批复时间可以适当延长，但延长的时间最长不超过 30 日。②整改。事故发生单位应当认真吸取事故教训，落实防范和整改措施，防止事故再次发生。防范和整改措施的落实情况应当接受工会和职工的监督。③处理结果的公布。事故处理的情况由负责事故调查的人民政府或者其授权的有关部门、机构向社会公布，依法应当保密的除外。

4. 法律责任

（1）违反《安全生产法》的法律责任。①救援不利的法律责任。生产经营单位主要负责人在本单位发生重大生产安全事故时，不立即组织抢救或者在事故调查处理期间擅离职守或者逃匿的，给予降职、撤职的处分，对逃匿的处Ⅷ【○A. 5 日　○B. 10 日　○C. 15 日　○D. 20 日】以下拘留；构成犯罪的，依照刑法有关规定追究刑事责任。②不及时如实报告安全生产事故的法律责任。生产经营单位主要负责人对生产安全事故隐瞒不报、谎报或者拖延不报的，依照前款规定处罚。

（2）违反《生产安全事故报告和调查处理条例》的法律责任

1）事故发生后玩忽职守而承担的法律责任。事故发生单位主要负责人有下列行为之一的，处上一年年收入Ⅸ【○A. 20%～50%　○B. 30%～60%　○C. 40%～60%　○D. 40%～80%】的罚款；属于国家工作人员的，并依法给予处分；构成犯罪的，依法追究刑事责任：①不立即组织事故抢救的；②迟报或者漏报事故的；③在事故调查处理期间擅离职守的。

2）因恶意阻挠对事故调查处理的法律责任。事故发生单位及其有关人员有下列行为之一的，对事故发生单位处Ⅹ【○A. 100 万元以上 200 万元以下　○B. 100 万元以上 300 万元以下　○C. 100 万元以上 500 万元以下　○D. 200 万元以上 500 万元以下】的罚款；对主要负责人、直接负责的主管人员和其他直接责任人员处上一年年收入 60%～100%的罚款；属于国家工作人员的，并依法给予处分；构成违反治安管理行为的，由公安机关依法给予治安管理处罚；构成犯罪的，依法追究刑事责任：①谎报或者瞒报事故的；②伪造或者故意破坏事故现场的；③转移、隐匿资金、财产，或者销毁有关证据、资料的；④拒绝接受调查或者拒绝提供有关情况和资料的；⑤在事故调查中作伪证或者指使他人作伪证的；⑥事故发生后逃匿的。

3）对事故负有责任的单位和人员应承担的法律责任。①事故发生单位对事故发生负有责任的，依照下列规定处以罚款：a. 发生一般事故的，处 10 万元以上 20 万元以下的罚款；b. 发生较大事故的，处 20 万元以上 50 万元以下的罚款；c. 发生重大事故的，处 50 万元以上 200 万元以下的罚款；d. 发生特别重大事故的，处 200 万元以上 500 万元以下的罚款。②事故发生单位主要负责人未依法履行安全生产管理职责，导致事故发生的，依照下列规定处以罚款；属于国家工作人员的，并依法给予处分；构成犯罪的，依法追究刑事责任：

a. 发生一般事故的，处上一年年收入30%的罚款；b. 发生较大事故的，处上一年年收入40%的罚款；c. 发生重大事故的，处上一年年收入60%的罚款；d. 发生特别重大事故的，处上一年年收入80%的罚款。③事故发生单位对事故发生负有责任的，由有关部门依法暂扣或者吊销其有关证照；对事故发生单位负有事故责任的有关人员，依法暂停或者撤销其与安全生产有关的执业资格、岗位证书；事故发生单位主要负责人受到刑事处罚或者撤职处分的，自刑罚执行完毕或者受处分之日起，Ⅺ【○A. 3年　○B. 5年　○C. 6年　○D. 10年】年内不得担任任何生产经营单位的主要负责人。

经典试题

(单选题) 1. 施工单位违反施工程序，导致一座13层在建楼房倒塌，致使一名工人死亡，直接经济损失达7000余万元人民币，根据《生产安全事故报告和调查处理条例》规定，该事件属于（　　）事故。

A. 特别重大　　B. 重大　　C. 较大　　D. 一般

(单选题) 2. 某建设工程施工过程中发生较大事故，根据《生产安全事故调查处理条例》规定，该级事故应由（　　）负责调查。

A. 国务院　　B. 省级人民政府
C. 设区的市级人民政府　　D. 县级人民政府

(单选题) 3. 某工地发生了安全事故，造成3人死亡，按照生产安全事故报告和调查处理条例的规定，该事故属于（　　）。

A. 特别重大事故　　B. 重大事故
C. 较大事故　　D. 一般事故

(单选题) 4. 某幕墙专业分包工程施工过程中，发生了一起安全事故，造成2人死亡，根据《建设工程安全生产管理条例》，此次事故应由（　　）上报有关主管部门。

A. 幕墙分包企业　　B. 施工总承包企业
C. 监理单位　　D. 建设单位

参考答案　Ⅰ A(2011年考试涉及)　Ⅱ A　Ⅲ B　Ⅳ D　Ⅴ A　Ⅵ D　Ⅶ C(2005年考试涉及)　Ⅷ C　Ⅸ D　Ⅹ C　Ⅺ B　1. B(2009年考试涉及)　2. C(2009年考试涉及)　3. C(2010年考试涉及)　4. B(2011年考试涉及)

考点4：安全生产的监督管理

重点等级：☆☆

1. 安全生产监督管理措施

对安全生产负有监督管理职责的部门（以下统称负有安全生产监督管理职责的部门）依照有关法律、法规的规定，对涉及安全生产的事项需要审查批准（包括批准、核准、许可、注册、认证、颁发证照等，下同）或者验收的，必须严格依照有关法律、法规和国家标准或者行业标准规定的安全生产条件和程序进行审查；不符合有关法律、法规和国家标准或者行业标准规定的安全生产条件的，不得批准或者验收通过。对未依法取得批准或者验收合格的单位擅自从事有关活动的，负责行政审批的部门发现或者接到举报后应当立即予以取缔，并依法予以处理。对已经依法取得批准的单位，负责行政审批的部门发现其不再具备安全生产条件的，应当撤销原批准。

《建设工程安全生产管理条例》第42条规定，建设行政主管部门在审核发放Ⅰ【○A. 施工许可证　○B. 建设工程规划许可证　○C. 建设用地规划许可证　○D. 安全许可证】时，应当对建设工程是否有安全施工措施进行审查，对没有安全施工措施的，不得颁发施工许可证。建设行政主管部门或者其他有关部门对建设工程是否有安全施工措施进行审查时，不得收取费用。

2. 安全生产监督管理部门的职权

负有安全生产监督管理职责的部门依法对生产经营单位执行有关安全生产的法律、法规和国家标准或者行业标准的情况进行监督检查，行使以下职权：

（1）进入生产经营单位进行检查，调阅有关资料，向有关单位和人员了解情况。

（2）对检查中发现的安全生产违法行为，当场予以纠正或者要求限期改正；对依法应当给予行政处罚的行为，依照本法和其他有关法律、行政法规的规定作出行政处罚决定。

（3）对检查中发现的事故隐患，应当责令立即排除；重大事故隐患排除前或者排除过程中无法保证安全的，应当责令从危险区域内撤出作业人员，责令暂时停产停业或者停止使用；重大事故隐患排除后，经审查同意，方可恢复生产经营和使用。

（4）对有根据认为不符合保障安全生产的国家标准或者行业标准的设施、设备、器材予以查封或者扣押，并应当在Ⅱ【○A. 5日　○B. 10日　○C. 15日　○D. 20日】内依法作出处理决定。监督检查不得影响被检查单位的正常生产经营活动。

3. 安全生产监督检查人员的义务

安全生产监督检查人员在行使职权时，应当履行如下法定义务：①应当忠于职守，坚持原则，秉公执法；②执行监督检查任务时，必须出示有效的监督执法证件；③对涉及被检查单位的技术秘密和业务秘密，应当为其保密。

参考答案　ⅠA　ⅡC

第九节　建设工程安全生产管理条例

考点1：建设工程安全生产管理制度　　重点等级：☆☆☆☆

2003年11月24日《建设工程安全生产管理条例》（国务院令第393号）颁布实施，该条例依据 Ⅰ【□A.《中华人民共和国安全生产法》　□B.《中华人民共和国合同法》　□C.《中华人民共和国建筑法》　□D.《中华人民共和国安全法》　□E.《中华人民共和国经济法》】的规定进一步明确了建设工程安全生产管理基本制度。

1. 安全生产责任制度

Ⅱ【○A. 安全生产责任制度　○B. 质量事故处理制度　○C. 质量事故统计报告制度　○D. 安全生产监督制度】是建筑生产中最基本的安全管理制度，是所有安全规章制度的核心。安全生产责任制度是指将各种不同的安全责任落实到负责有安全管理责任的人员和具体岗位人员身上的一种制度。这一制度是安全第一、预防为主方针的具体体现，是建筑安全生产的基本制度。在建筑活动中，只有明确安全责任，分工负责，才能形成完整有效的安全管理体系，激发每个人的安全责任感，严格执行建筑工程安全的法律、法规和安全规程、技术规范，防患于未然，减少和杜绝建筑工程事故，为建筑工程的生产创造一个良好的环境。

2. 群防群治制度

Ⅲ【○A. 安全生产责任制度　○B. 群防群治制度　○C. 安全生产教育培训制度　○D. 安

全生产监督制度】是职工群众进行预防和治理安全的一种制度。这一制度也是“安全第一、预防为主”的具体体现，同时也是群众路线在安全工作中的具体体现，是企业进行民主管理的重要内容。这一制度要求建筑企业职工在施工中应当遵守有关生产的法律、法规和建筑行业安全规章、规程，不得违章作业；对于危及生命安全和身体健康的行为有权提出批评、检举和控告。

3. 安全生产教育培训制度

安全生产教育培训制度是对广大建筑干部职工进行安全教育培训，提高安全意识，增加安全知识和技能的制度。

4. 安全生产检查制度

安全生产检查制度是上级管理部门或企业自身对安全生产状况进行定期或不定期检查的制度。通过检查可以发现问题，查出隐患，从而采取有效措施，堵塞漏洞，把事故消灭在发生之前，做到防患于未然，是“预防为主”的具体体现。通过检查，还可总结出好的经验加以推广，为进一步搞好安全工作打下基础。安全检查制度是安全生产的保障。

5. 伤亡事故处理报告制度

施工中发生事故时，建筑企业应当采取紧急措施减少人员伤亡和事故损失，并按照国家有关规定及时向有关部门报告的制度。事故处理必须遵循一定的程序，做到三不放过（事故原因不清不放过、事故责任者和群众没有受到教育不放过，没有防范措施不放过）。通过对事故的严格处理，可以总结出教训，为制定规程、规章提供第一手素材，做到亡羊补牢。

6. 安全责任追究制度

建设单位、设计单位、施工单位、监理单位，由于没有履行职责造成人员伤亡和事故损失的，视情节给予相应处理；情节严重的，Ⅳ【○A. 责令停业整顿，降低资质等级或吊销资质证书　○B. 吊销资质证书　○C. 降低资质等级　○D. 依法追究刑事责任】；构成犯罪的，依法追究刑事责任。

参考答案　Ⅰ AC Ⅱ A(2007 年考试涉及)　Ⅲ B　Ⅳ A

考点 2：建设单位的安全责任　　重点等级：☆☆☆☆

1. 建设单位的安全责任

Ⅰ【□A. 向施工单位提供地下管线资料　□B. 依法履行合同　□C. 提供安全生产费用　□D. 不推销劣质材料设备　□E. 对分包单位安全生产全面负责】；提供安全施工措施资料的责任；对拆除工程进行备案的责任。

(1) Ⅱ【○A. 建设单位对根据自身情况提出低于强制性规定的要求　○B. 建设单位有权压缩合同约定的工期　○C. 建设单位可将拆除工程发包给任何施工企业　○D. 建设单位应当根据工程需要向施工企业提供施工现场相邻建筑物的相关资料】，并保证资料的真实、准确、完整。

(2) 建设单位不得对勘察、设计、施工、工程监理等单位提出不符合建设工程安全生产法律、法规和强制性标准规定的要求，不得压缩合同约定的工期。

(3) 安全生产需要资金的保证，而这笔资金的源头就是建设单位。只有建设单位提供了用于安全生产的费用，施工单位才可能有保证安全生产的费用。因此，《安全生产管理条例》第 8 条规定：“建设单位在编制工程概算时，应当确定建设工程安全作业环境及安全施工措施所需费用。”

（4）建设单位不得明示或者暗示施工单位购买、租赁、使用不符合安全施工要求的安全防护用具、机械设备、施工机具及配件、消防设施和器材。

（5）建设单位在申请领取施工许可证时，应当提供建设工程有关安全施工措施的资料。依法批准开工报告的建设工程，建设单位应当自开工报告批准之日起15日内，将保证安全施工的措施报送建设工程所在地的县级以上地方人民政府建设行政主管部门或者其他有关部门备案。

（6）《安全生产管理条例》第11条规定，建设单位应当将拆除工程发包给具有相应资质等级的施工单位。建设单位应当在拆除工程施工15日前，将下列资料报送建设工程所在地的县级以上地方人民政府建设行政主管部门或者其他有关部门备案：①施工单位资质等级证明；②拟拆除建筑物、构筑物及可能危及毗邻建筑的说明；③拆除施工组织方案；④堆放、清除废弃物的措施。

实施爆破作业的，应当遵守国家有关民用爆炸物品管理的规定。

2. 法律责任

（1）未提供安全生产作业环境及安全施工措施所需费用的法律责任。建设单位未提供建设工程安全生产作业环境及安全施工措施所需费用的，责令限期改正；逾期未改正的，责令该建设工程停止施工。建设单位未将保证安全施工的措施或者拆除工程的有关资料报送有关部门备案的，责令限期改正，给予警告。

（2）其他法律责任。建设单位有下列行为之一的，责令限期改正，处Ⅲ【○A. 10万元以上20万元以下　○B. 10万元以上30万元以下　○C. 20万元以上40万元以下　○D. 20万元以上50万元以下】的罚款；造成重大安全事故，构成犯罪的，对直接责任人员，依照刑法有关规定追究刑事责任；造成损失的，依法承担赔偿责任：①对勘察、设计、施工、工程监理等单位提出不符合安全生产法律、法规和强制性标准规定的要求的；②要求施工单位压缩合同约定的工期的；③将拆除工程发包给不具有相应资质等级的施工单位的。

经典试题

（单选题）1. 甲公司是某项目的总承包单位，乙公司是该项目的建设单位指定的分包单位。在施工过程中，乙公司拒不服从甲公司的安全生产管理，最终造成安全生产事故，则（　　）。

A. 甲公司负主要责任　　B. 乙公司负主要责任

C. 乙公司负全部责任　　D. 监理公司负主要责任

（单选题）2. 房地产公司甲的下列做法中，符合安全生产法律规定的是（　　）。

A. 要求施工企业购买其指定的不合格消防器材

B. 申请施工许可证时无须提供保证工程安全施工措施的资料

C. 甲向施工企业提供的地下工程资料不准确

D. 甲在拆除工程施工15日前将相关资料报送有关部门

参考答案　Ⅰ D(2011年考试涉及)　Ⅱ ABCD(2010年考试涉及)　Ⅲ D　1. B(2009年考试涉及)　2. D(2011年考试涉及)

考点3：工程监理单位的安全责任

重点等级：☆☆☆☆

1. 审查施工方案的责任

《建设工程安全生产管理条例》第14条规定："工程监理单位应当审查施工组织设计中

的安全技术措施或者专项施工方案是否符合工程建设强制性标准。”

施工组织设计在本质上是施工单位编制的施工计划，其中要包含安全技术措施和施工方案。对于达到一定规模的危险性较大的分部分项工程要编制专项施工方案。实际上，整个施工组织设计都需要经过监理单位的审批后才能被施工单位使用。由于本节主要是谈安全管理，所以，在这里仅仅强调了监理单位要审查施工组织设计中的安全技术措施或者专项施工方案是否符合工程强制性标准。

2. 监理的安全生产责任

工程监理单位在实施监理过程中，发现存在安全事故隐患的，应当Ⅰ【○A. 要求施工单位整改　○B. 要求施工单位停止施工　○C. 向安全生产监督行政主管部门报告　○D. 向建设工程质量监督机构报告】；情况严重的，应当要求施工单位暂时停止施工，并及时报告建设单位。施工单位拒不整改或者不停止施工的，工程监理单位应当及时向有关主管部门报告。工程监理单位和监理工程师应当按照法律、法规和工程建设强制性标准实施监理，并对建设工程安全生产承担监理责任。

3. 法律责任

（1）违反强制性标准的法律责任。注册执业人员（包括监理工程师）未执行法律、法规和工程建设强制性标准的，责令停止执业Ⅱ【○A. 2 个月以上 6 个月以下　○B. 3 个月以上 6 个月以下　○C. 3 个月以上 1 年以下　○D. 6 个月以上 1 年以下】；情节严重的，吊销执业资格证书，5 年内不予注册；造成重大安全事故的，终身不予注册；构成犯罪的，依照刑法有关规定追究刑事责任。

（2）其他法律责任。工程监理单位有下列行为之一的，责令限期改正；逾期未改正的，责令停业整顿，并处Ⅲ【○A. 5 万元以上 15 万元以下　○B. 10 万元以上 20 万元以下　○C. 10 万元以上 30 万元以下　○D. 20 万元以上 30 万元以下】的罚款；情节严重的，降低资质等级，直至吊销资质证书；造成重大安全事故，构成犯罪的，对直接责任人员，依照刑法有关规定追究刑事责任；造成损失的，依法承担赔偿责任：①未对施工组织设计中的安全技术措施或者专项施工方案进行审查的；②发现安全事故隐患未及时要求施工单位整改或者暂时停止施工的；③施工单位拒不整改或者不停止施工，未及时向有关主管部门报告的；④未依照法律、法规和工程建设强制性标准实施监理的。

经典试题

（单选题）1. 根据《建设工程安全生产管理条例》规定，工程监理单位应当审查施工组织设计中的安全技术措施或专项施工方案是否符合工程建设强制性标准和（　　）标准。

A. 建设单位要求适用的　　B. 监理单位制定的
C. 工程建设推荐的　　D. 工程建设行业

参考答案　Ⅰ A(2009 年考试涉及)　Ⅱ C　Ⅲ C　1. A(2010 年考试涉及)

考点 4：施工单位的安全责任

重点等级：☆☆☆☆☆

1. 主要负责人、项目负责人和专职安全生产管理人员的安全责任

（1）主要负责人。根据《建设工程安全生产管理条例》的有关规定，施工单位主要负责人的安全生产方面的主要职责包括：①建立健全安全生产责任制度和安全生产教育培训制度；②制定安全生产规章制度和操作规程；③保证本单位安全生产条件所需资金的投入；

④对所承建的建设工程进行定期和专项安全检查，并做好安全检查记录。

（2）项目负责人。根据《建设工程安全生产管理条例》第 21 条的规定，项目负责人的安全责任主要包括：①Ⅰ【□A. 对建设工程项目的安全生产负总责　□B. 落实安全生产责任制　□C. 制定安全生产规章制度和操作规程　□D. 确保安全生产费用的专项使用　□E. 根据工作特点组织制定安全施工措施】；②确保安全生产费用的有效使用；③根据工程的特点组织制定安全施工措施，消除安全事故隐患；④及时、如实报告生产安全事故。

2. 总承包单位和分包单位的安全责任

（1）总承包单位的安全责任。《建设工程安全生产管理条例》第 24 条规定，“建设工程实行施工总承包的，由总承包单位对施工现场的安全生产负总责”，为了防止违法分包和转包等违法行为的发生，真正落实施工总承包单位的安全责任，《建设工程安全生产管理条例》进一步强调：“总承包单位应当自行完成建设工程主体结构的施工”。

（2）总承包单位与分包单位的安全责任划分。《建设工程安全生产管理条例》第 24 条规定，“总承包单位依法将建设工程分包给其他单位的，分包合同中应当明确各自的安全生产方面的权利、义务。总承包单位和分包单位对分包工程的安全生产承担Ⅱ【○A. 连带责任　○B. 按份责任　○C. 补充责任　○D. 全部责任】”。

3. 施工单位应采取的安全措施

（1）编制安全技术措施、施工现场临时用电方案和专项施工方案。①编制安全技术措施。《建设工程安全生产管理条例》第 26 条规定：“施工单位应当在施工组织设计中编制安全技术措施”。②编制施工现场临时用电方案。《建设工程安全生产管理条例》第 26 条还规定，“施工单位应当在施工组织设计中编制安全技术措施和施工现场临时用电方案”。③编制专项施工方案。对下列达到一定规模的危险性较大的分部分项工程编制专项施工方案，并附具安全验算结果，经Ⅲ【○A. 施工企业项目经理和现场监理工程师　○B. 施工企业负责人和建设单位负责人　○C. 建设单位负责人和总监理工程师　○D. 施工企业技术负责人和总监理工程师】签字后实施，由专职安全生产管理人员进行现场监督：a. 基坑支护与降水工程；b. 土方开挖工程；c. 模板工程；d. 起重吊装工程；e. 脚手架工程；f. 拆除、爆破工程；g. 国务院建设行政主管部门或者其他有关部门规定的其他危险性较大的工程。

（2）安全施工技术交底。建设工程施工前，施工单位负责项目管理的技术人员应当对有关安全施工的技术要求向施工作业班组、作业人员作出详细说明，并由双方签字确认。

（3）施工现场安全警示标志的设置。施工单位应当在施工现场入口处、施工起重机械、临时用电设施、脚手架、出入通道口、楼梯口、电梯井口、孔洞口、桥梁口、隧道口、基坑边沿、爆破物及有害危险气体和液体存放处等危险部位，设置明显的安全警示标志。安全警示标志必须符合国家标准。

（4）施工现场的安全防护。施工单位应当根据不同施工阶段和周围环境及季节、气候的变化，在施工现场采取相应的安全施工措施。施工现场暂时停止施工的，施工单位应当做好现场防护，所需费用由Ⅳ【○A. 责任方　○B. 施工单位　○C. 暂停决定方　○D. 建设单位】承担，或者按照合同约定执行。

（5）施工现场的布置应当符合安全和文明施工要求。施工单位应当将施工现场的办公、生活区与作业区分开设置，并保持安全距离；办公、生活区的选址应当符合安全性要求。职工的膳食、饮水、休息场所等应当符合卫生标准。施工单位不得在尚未竣工的建筑物内设置员工集体宿舍。

（6）对周边环境采取防护措施。施工单位对因建设工程施工可能造成损害的毗邻建筑物、构筑物和地下管线等，应当采取Ⅴ【○A. 特殊防护　○B. 专项防护　○C. 强制性保

护　○D. 法定保护】措施。

（7）施工现场的消防安全措施。

（8）安全防护设备管理。

（9）起重机械设备管理。施工单位应当自施工起重机械和整体提升脚手架、模板等自升式架设设施验收合格之日起Ⅵ【○A. 10 日　○B. 20 日　○C. 30 日　○D. 40 日】内，向建设行政主管部门或者其他有关部门登记。登记标志应当置于或者附着于该设备的显著位置。

（10）办理意外伤害保险。《建设工程安全生产管理条例》第 38 条规定："施工单位应当为施工现场从事危险作业的人员办理意外伤害保险。意外伤害保险费由施工单位支付。实行施工总承包的，由Ⅶ【○A. 建设单位　○B. 总承包单位　○C. 分包单位　○D. 总承包和分包单位共同】支付意外伤害保险费。意外伤害保险期限自建设工程开工之日起至竣工验收合格止。"

4. 法律责任

（1）挪用安全生产费用的法律责任。施工单位挪用列入建设工程概算的安全生产作业环境及安全施工措施所需费用的，责令限期改正，处挪用费用Ⅷ【○A. 10%～20%　○B. 10%～30%　○C. 20%～40%　○D. 20%～50%】以下的罚款；造成损失的，依法承担赔偿责任。

（2）违反施工现场管理的法律责任。施工单位有下列行为之一的，责令限期改正；逾期未改正的，责令停业整顿，并处Ⅸ【○A. 2 万元以上 5 万元以下　○B. 3 万元以上 5 万元以下　○C. 5 万元以上 8 万元以下　○D. 5 万元以上 10 万元以下】的罚款；造成重大安全事故，构成犯罪的，对直接责任人员，依照刑法有关规定追究刑事责任：①施工前未对有关安全施工的技术要求作出详细说明的；②未根据不同施工阶段和周围环境及季节、气候的变化，在施工现场采取相应的安全施工措施，或者在城市市区内的建设工程的施工现场未实行封闭围挡的；③在尚未竣工的建筑物内设置员工集体宿舍的；④施工现场临时搭建的建筑物不符合安全使用要求的；⑤未对因建设工程施工可能造成损害的毗邻建筑物、构筑物和地下管线等采取专项防护措施的。

（3）违反安全设施管理的法律责任。施工单位有下列行为之一的，责令限期改正，逾期未改正的，责令停业整顿，并处Ⅹ【○A. 5 万元以上 10 万元以下　○B. 5 万元以上 20 万元以下　○C. 10 万元以上 20 万元以下　○D. 10 万元以上 30 万元以下】的罚款；情节严重的，降低资质等级，直至吊销资质证书；造成重大安全事故，构成犯罪的，对直接责任人员，依照刑法有关规定追究刑事责任；造成损失的，依法承担赔偿责任：①安全防护用具、机械设备、施工机具及配件在进入施工现场前未经查验或者查验不合格即投入使用的；②使用未经验收或者验收不合格的施工起重机械和整体提升脚手架、模板等自升式架设设施的；③委托不具有相应资质的单位承担施工现场安装、拆卸施工起重机械和整体提升脚手架、模板等自升式架设设施的；④在施工组织设计中未编制安全技术措施、施工现场临时用电方案或者专项施工方案的。

（4）管理人员不履行安全生产管理职责的法律责任。施工单位的主要负责人、项目负责人未履行安全生产管理职责的，责令限期改正；逾期未改正的，责令施工单位停业整顿；造成重大安全事故、重大伤亡事故或者其他严重后果，构成犯罪的，依照刑法有关规定追究刑事责任。施工单位的主要负责人、项目负责人有前款违法行为，尚不够刑事处罚的，处Ⅺ【○A. 2 万元以上 5 万元以下　○B. 2 万元以上 10 万元以下　○C. 2 万元以上 20 万元以下　○D. 5 万元以上 20 万元以下】的罚款或者按照管理权限给予撤职处分；自刑罚执行完毕或者受处分之日起，5 年内不得担任任何施工单位的主要负责人、项目负责人。

（5）作业人员违章作业的法律责任。作业人员不服管理、违反规章制度和操作规程冒险作业造成重大伤亡事故或者其他严重后果，构成犯罪的，依照刑法有关规定追究刑事责任。

（6）降低安全生产条件的法律责任。施工单位取得资质证书后，降低安全生产条件的，责令限期改正；经整改仍未达到与其资质等级相适应的安全生产条件的，责令停业整顿，降低其资质等级直至吊销资质证书。

经典试题

（单选题）1. 根据建设工程安全生产管理条例，关于意外伤害保险的说法，正确的是（　　）。

A. 意外伤害保险属于非强制险

B. 保险由建设单位办理

C. 实行施工总承包的，由施工总承包企业支付保险费

D. 保险期限自保险合同订立之日起至竣工验收合格之日止

参考答案　Ⅰ BD（2011 年考试涉及）　Ⅱ A　Ⅲ D（2011 年考试涉及）　Ⅳ A　Ⅴ B　Ⅵ C　Ⅶ B（2010 年考试涉及）　Ⅷ D　Ⅸ D　Ⅹ D　Ⅺ C　1. C（2011 年考试涉及）

考点 5：勘察、设计单位的安全责任

重点等级：☆

1. 勘察单位的安全责任

（1）确保勘查文件的质量，以保证后续工作的安全的责任。

（2）科学勘察，以保证周边建筑物安全的责任。

2. 设计单位的安全责任

（1）科学设计的责任。设计单位应当按照法律、法规和工程建设强制性标准进行设计，防止因设计不合理导致生产安全事故的发生。

（2）提出建议的责任。设计单位应当考虑施工安全操作和防护的需要，对涉及施工安全的重点部位和环节在设计文件中注明，并对防范生产安全事故提出指导意见。

采用新结构、新材料、新工艺的建设工程和特殊结构的建设工程，设计单位应当在设计中提出保障施工作业人员安全和预防生产安全事故的措施建议。

（3）承担后果的责任。《建设工程安全生产管理条例》第 13 条规定："设计单位和注册建筑师等注册执业人员应当对其设计负责。"

3. 法律责任

勘察单位、设计单位有下列行为之一的，责令限期改正，处Ⅰ【○A. 5 万元以上 10 万元以下　○B. 5 万元以上 20 万元以下　○C. 10 万元以上 20 万元以下　○D. 10 万元以上 30 万元以下】的罚款；情节严重的，责令停业整顿，降低资质等级，直至吊销资质证书；造成重大安全事故，构成犯罪的，对直接责任人员，依照刑法有关规定追究刑事责任；造成损失的，依法承担赔偿责任：①未按照法律、法规和工程建设强制性标准进行勘察、设计的；②采用新结构、新材料、新工艺的建设工程和特殊结构的建设工程，设计单位未在设计中提出保障施工作业人员安全和预防生产安全事故的措施建议的。

参考答案　Ⅰ D

考点6：其他相关单位的安全责任　　　　重点等级：☆☆☆☆

1. 机械设备和配件供应单位的安全责任

为建设工程提供机械设备和配件的单位，应当按照安全施工的要求配备齐全有效的保险、限位等安全设施和装置。

2. 出租机械设备和施工机具及配件单位的安全责任

出租的机械设备和施工机具及配件，应当具有生产（制造）许可证、产品合格证，并应当对出租的机械设备和施工机具及配件的安全性能进行检测，在签订租赁协议时，应当出具检测合格证明。禁止出租检测不合格的机械设备和施工机具及配件。

3. 施工起重机械和自升式架设设施的安全管理

（1）安装与拆卸。在施工现场安装、拆卸施工起重机械和整体提升脚手架、模板等自升式架设设施，必须由Ⅰ【○A. 总承包单位　○B. 使用设备的分包单位　○C. 具有相应资质的单位　○D. 设备出租单位】承担。安装、拆卸施工起重机械和整体提升脚手架、模板等自升式架设设施，应当编制拆装方案、制定安全施工措施，并由专业技术人员现场监督。施工起重机械和整体提升脚手架、模板等自升式架设设施安装完毕后，安装单位应当自检，出具自检合格证明，并向施工单位进行安全使用说明，办理验收手续并签字。

（2）检验检测

1）强制检测。施工起重机械和整体提升脚手架、模板等自升式架设设施的使用达到国家规定的检验检测期限的，必须经具有专业资质的检验检测机构检测。经检测不合格的，不得继续使用。根据国务院《特种设备安全监察条例》的规定，从事施工起重机械定期检验、监督检验的检验检测机构，应当经Ⅱ【○A. 县级以上人民政府　○B. 省级政府特种设备安全监督部门　○C. 国务院　○D. 国务院特种设备安全监督部门】核准，取得核准后方可从事检验检测活动。检验检测机构必须具备与所从事的检验检测工作相适应的检验检测人员、检验检测仪器和设备，有健全的检验检测管理制度和检验检测责任制度。同时，检验检测机构进行检测工作是应当符合安全技术规范的要求，经检测不合格的，不得继续使用。

2）检验检测机构的安全责任。检验检测机构对检测合格的施工起重机械和整体提升脚手架、模板等自升式架设设施，应当出具安全合格证明文件，并对检测结果负责。设备检验检测机构进行设备检验检测时发现严重事故隐患，应当及时告知施工单位，并立即向特种设备安全监督管理部门报告。

4. 法律责任

（1）未提供安全设施和装置的法律责任。为建设工程提供机械设备和配件的单位，未按照安全施工的要求配备齐全有效的保险、限位等安全设施和装置的，责令限期改正，处合同价款Ⅲ【○A. 1倍以上3倍以下　○B. 2倍　○C. 3倍　○D. 2倍以上5倍以下】的罚款；造成损失的，依法承担赔偿责任。

（2）出租未经安全性能检测或者经检测不合格的机械设备的法律责任。出租单位出租未经安全性能检测或者经检测不合格的机械设备和施工机具及配件的，责令停业整顿，并处Ⅳ【○A. 3万元以上5万元以下　○B. 5万元以上10万元以下　○C. 5万元以上15万元以下　○D. 10万元以上20万元以下】的罚款；造成损失的，依法承担赔偿责任。

（3）违法安装、拆卸自升式架设设施的法律责任。施工起重机械和整体提升脚手架、模板等自升式架设设施安装、拆卸单位有下列行为之一的，责令限期改正，处Ⅴ【○A. 1万元以上2万元以下　○B.3万元以上5万元以下　○C.5万元以上10万元以下　○D.10万元以上15万元以下】的罚款；情节严重的，责令停业整顿，降低资质等级，直至吊销资质证书；造成损失的，依法承担赔偿责任：①未编制拆装方案、制定安全施工措施的；②未由专业技术人员现场监督的；③未出具自检合格证明或者出具虚假证明的；④未向施工单位进行安全使用说明，办理移交手续的。

参考答案　Ⅰ C(2010年考试涉及)　Ⅱ D(2011年考试涉及)　Ⅲ A　Ⅳ B　Ⅴ C

第十节　安全生产许可证条例

考点1：安全生产许可证的取得条件　　重点等级：☆

根据《安全生产许可证条例》第6条规定，企业领取安全生产许可证应当具备一系列安全生产条件。在此规定基础上，结合建筑施工企业的自身特点，《建筑施工企业安全生产许可证管理规定》在第4条，将建筑施工企业取得安全生产许可证应当具备的安全生产条件具体规定为：①建立、健全安全生产责任制，制定完备的安全生产规章制度和操作规程；②保证本单位安全生产条件所需资金的投入；③设置安全生产管理机构，按照国家有关规定配备专职安全生产管理人员；④主要负责人、项目负责人、专职安全生产管理人员经建设主管部门或者其他有关部门考核合格；⑤特种作业人员经有关业务主管部门考核合格，取得特种作业操作资格证书；⑥管理人员和作业人员每年至少进行一次安全生产教育培训并考核合格；⑦Ⅰ【○A.在城市规划区的建筑工程已经取得建设工程规划许可证　○B.依法参加工伤保险，依法为施工现场从事危险作业人员办理意外伤害保险，为从业人员交纳保险费　○C.施工场地已基本具备施工条件，需要拆迁的，其拆迁进度符合施工要求　○D.有保证工程质量和安全的具体措施】；⑧施工现场的办公、生活区及作业场所和安全防护用具、机械设备、施工机具及配件符合有关安全生产法律、法规、标准和规程的要求；⑨有职业危害防治措施，并为作业人员配备符合国家标准或者行业标准的安全防护用具和安全防护服装；⑩有对危险性较大的分部分项工程及施工现场易发生重大事故的部位、环节的预防、监控措施和应急预案；⑪有生产安全事故应急救援预案、应急救援组织或者应急救援人员，配备必要的应急救援器材、设备；⑫法律、法规规定的其他条件。《安全生产许可证条例》第14条还规定，安全生产许可证颁发管理机关应当加强对取得安全生产许可证的企业的监督检查，发现其不再具备本条例规定的安全生产条件的，应当暂扣或者吊销安全生产许可证。

参考答案　Ⅰ B(2010年考试涉及)

考点2：安全生产许可证的管理规定　　重点等级：☆☆☆☆☆

1. 安全生产许可证的申请

依据《建筑施工企业安全生产许可证管理规定》第6条，建筑施工企业申请安全生产许可证时，应当向建设主管部门提供下列材料：①建筑施工企业安全生产许可证申请表；②企业法人营业执照；③与申请安全生产许可证应当具备的安全生产条件相关的文件、材料。建筑施工企业申请安全生产许可证，应当对申请材料实质内容的真实性负责，不得隐瞒有关情况或者提供虚假材料。

2. 安全生产许可证的有效期

《安全生产许可证条例》第9条规定："安全生产许可证的有效期为Ⅰ【○A. 2年　○B. 3年　○C. 4年　○D. 5年】。安全生产许可证有效期满需要延期的，企业应当于期满前Ⅱ【○A. 1个月　○B. 2个月　○C. 3个月　○D. 6个月】向原安全生产许可证颁发管理机关办理延期手续。企业在安全生产许可证有效期内，严格遵守有关安全生产的法律法规，未发生死亡事故的，安全生产许可证有效期届满时，经原安全生产许可证颁发管理机关同意，不再审查，安全生产许可证有效期延期3年"。

3. 安全生产许可证的变更与注销

建筑施工企业变更名称、地址、法定代表人等，应当在变更后Ⅲ【○A. 5日　○B. 7日　○C. 10日　○D. 15日】内，到原安全生产许可证颁发管理机关办理安全生产许可证变更手续。建筑施工企业破产、倒闭、撤销的，应当将安全生产许可证交回原安全生产许可证颁发管理机关予以注销。建筑施工企业遗失安全生产许可证，应当立即向原安全生产许可证颁发管理机关报告，并在公众媒体上声明作废后，方可申请补办。

4. 安全生产许可证的管理

根据《安全生产许可证条例》和《建筑施工企业安全生产许可证管理规定》，建筑施工企业应当遵守如下强制性规定：①未取得安全生产许可证的，不得从事建筑施工活动，建设主管部门在审核发放施工许可证时，应当对已经确定的建筑施工企业是否有安全生产许可证进行审查，对没有取得安全生产许可证的，不得颁发施工许可证；②企业不得转让、冒用安全生产许可证或者使用伪造的安全生产许可证；③企业取得安全生产许可证后，不得降低安全生产条件，并应当加强日常安全生产管理，接受安全生产许可证颁发管理机关的监督检查。

5. 法律责任

(1) 未取得安全生产许可证擅自生产的法律责任。未取得安全生产许可证擅自进行生产的，责令停止生产，没收违法所得，并处Ⅳ【○A. 5万元以上10万元以下　○B. 5万元以上20万元以下　○C. 10万元以上30万元以下　○D. 10万元以上50万元以下】的罚款；造成重大事故或者其他严重后果，构成犯罪的，依法追究刑事责任。

(2) 期满未办理延期手续，继续进行生产的法律责任。违反《安全生产许可证条例》规定，安全生产许可证有效期满未办理延期手续，继续进行生产的，责令停止生产，限期补办延期手续，没收违法所得，并处Ⅴ【○A. 5万元以上10万元以下　○B. 5万元以上20万元以下　○C. 10万元以上30万元以下　○D. 20万元以上30万元以下】的罚款；逾期仍不办理延期手续，继续进行生产的，依照《安全生产许可证条例》第19条的规定处罚。

(3) 转让安全生产许可证的法律责任。转让安全生产许可证的，没收违法所得，处10万元以上50万元以下的罚款，并吊销其安全生产许可证；构成犯罪的，依法追究刑事责任；接受转让的，依照《安全生产许可证条例》第19条的规定处罚。

(4) 冒用或伪造安全生产许可证的法律责任。冒用安全生产许可证或者使用伪造的安全生产许可证进行生产的，责令停止生产，没收违法所得，并处10万元以上50万元以下的罚款；造成重大事故或者其他严重后果，构成犯罪的，依法追究刑事责任。

参考答案　Ⅰ B(2010年、2009年考试涉及)　Ⅱ C(2011年考试涉及)　Ⅲ C　Ⅳ D　Ⅴ A

第十一节　建设工程质量管理条例

考点 1：建设单位的质量责任和义务　　重点等级：☆☆☆☆☆

1. 建设单位的质量责任和义务

(1) 依法对工程进行发包的责任。建设单位应当将工程发包给具有相应资质等级的单位，不得将建设工程肢解发包。建设单位应当依法行使工程发包权，建筑法对此已有明确规定。

(2) 依法对材料设备进行招标的责任。《建设工程质量管理条例》第 8 条规定，建设单位应当依法对工程建设项目的勘察、设计、施工、监理以及与工程建设有关的重要设备、材料等的采购进行招标。

(3) 提供原始资料的责任。建设单位必须向有关的勘察、设计、施工、工程监理等单位提供与建设工程有关的原始资料。原始资料必须真实、准确、齐全。

(4) 不得干预投标人的责任。建设工程发包单位不得迫使承包方以Ⅰ【○A. 低于成本　○B. 低于市场　○C. 低于预算　○D. 低于标底】的价格竞标。建设单位也不得任意压缩合理工期，不得明示或者暗示设计单位或者施工单位违反工程建设强制性标准，降低建设工程质量。

(5) 送审施工图的责任。Ⅱ【○A. 建设单位　○B. 施工单位　○C. 监理单位　○D. 设计单位】应当将施工图设计文件报县级以上人民政府建设行政主管部门或者其他有关部门审查。施工图设计文件未经审查批准的，不得使用。

(6) 委托监理的责任。根据《建设工程质量管理条例》第 12 条的规定，建设单位应当依法委托监理。

(7) 确保提供的物资符合要求的责任。按照合同约定，由建设单位采购建筑材料、建筑构配件和设备的，建设单位应当保证建筑材料、建筑构配件和设备符合设计文件和合同要求。

(8) 不得擅自改变主体和承重结构进行装修的责任。涉及Ⅲ【○A. 增加工程内部装修　○B. 建筑主体和承重结构变动　○C. 增加工程造价总额　○D. 改变建筑工程局部使用功能】的装修工程，建设单位应当在施工前委托原设计单位或者具有相应资质等级的设计单位提出设计方案；没有设计方案的，不得施工。

(9) 依法组织竣工验收的责任。建设单位收到建设工程竣工报告后，应当组织设计、施工、工程监理等有关单位进行竣工验收。

建设工程竣工验收是施工全过程的最后一道程序，是建设投资成果转入生产或使用的标志，也是全面考核投资效益、检验设计和施工质量的重要环节。根据该条例第 16 条的规定，建设工程竣工验收应当具备下列条件：Ⅳ【□A. 完整的技术档案资料和施工管理资料　□B. 工程所用的主要建筑材料，建筑构配件和设备等进场试验报告　□C. 勘察、设计、施工、监理等单位分别签署的质量合格文件　□D. 已付清所有款项　□E. 有施工单位签署的工程保修书】；完成建设工程设计和合同约定的各项内容。

《建设工程质量管理条例》第 16 条第 3 款明确规定，“建设工程经竣工验收合格的，方可交付使用”。如果建设单位有下列行为，根据《建设工程质量管理条例》将承担法律责任：①未组织竣工验收，擅自交付使用的；②验收不合格，擅自交付使用的；③对不合格的建设工程按照合格工程验收的。

此外，根据最高人民法院的有关司法解释规定，“建设工程未经竣工验收，发包人擅自使用后，又以使用部分质量不符合约定为由主张权利的，不予支持；但是承包人应当在建设工程的合理使用寿命内对地基基础工程和Ⅴ【○A. 主体结构工程 ○B. 电气工程 ○C. 装饰工程 ○D. 暖通工程】质量承担民事责任”。

（10）移交建设项目档案的责任。建设单位还应当严格按照国家有关档案管理的规定，向建设行政主管部门或者其他有关部门移交建设项目档案。

2. 法律责任

（1）违反资质管理发包的法律责任。建设单位将建设工程发包给不具有相应资质等级的勘察、设计、施工单位或者委托给不具有相应资质等级的工程监理单位的，责令改正，处Ⅵ【○A. 30 万元以上 50 万元以下 ○B. 50 万元以上 80 万元以下 ○C. 50 万元以上 100 万元以下 ○D. 60 万元以上 100 万元以下】的罚款。

（2）肢解发包的法律责任。建设单位将建设工程肢解发包的，责令改正，处工程合同价款Ⅶ【○A. 0.5%以上 1%以下 ○B. 1%以上 1.5%以下 ○C. 0.5%以上 2%以下 ○D. 1.5%以上 2%以下】的罚款；对全部或者部分使用国有资金的项目，并可以暂停项目执行或者暂停资金拨付。

（3）擅自开工的法律责任。建设单位未取得施工许可证或者开工报告未经批准，擅自施工的，责令停止施工，限期改正，处工程合同价款Ⅷ【○A. 0.5%以上 1%以下 ○B. 0.5%以上 1.5%以下 ○C. 1%以上 2%以下 ○D. 1%以上 2.5%以下】的罚款。

（4）违反验收管理的法律责任。建设单位有下列行为之一的，责令改正，处工程合同价款 2%以上 4%以下的罚款；造成损失的，依法承担赔偿责任：①未组织竣工验收，擅自交付使用的；②验收不合格，擅自交付使用的；③对不合格的建设工程按照合格工程验收的。

（5）未移交档案的法律责任。建设工程竣工验收后，Ⅸ【○A. 建设单位 ○B. 施工单位 ○C. 监理单位 ○D. 设计单位】未向建设行政主管部门或者其他有关部门移交建设项目档案的，责令改正，处 1 万元以上 10 万元以下的罚款。

（6）擅自改变房屋主体或者承重结构的法律责任。涉及建筑主体或者承重结构变动的装修工程，没有设计方案擅自施工的，责令改正，处 50 万元以上 100 万元以下的罚款；房屋建筑使用者在装修过程中擅自变动房屋建筑主体和承重结构的，责令改正，处 5 万元以上 10 万元以下的罚款。

（7）其他法律责任。建设单位有下列行为之一的，责令改正，处20 万元以上 50 万元以下的罚款：①迫使承包方以低于成本的价格竞标的；②任意压缩合理工期的；③明示或者暗示设计单位或者施工单位违反工程建设强制性标准，降低工程质量的；④施工图设计文件未经审查或者审查不合格，擅自施工的；⑤建设项目必须实行工程监理而未实行工程监理的；⑥未按照国家规定办理工程质量监督手续的；⑦明示或者暗示施工单位使用不合格的建筑材料、建筑构配件和设备的；⑧未按照国家规定将竣工验收报告、有关认可文件或者准许使用文件报送备案的。

（8）责任人员应承担的法律责任。①依照本条例规定，给予单位罚款处罚的，对单位直接负责的主管人员和其他直接责任人员处单位罚款数额 5%以上 10%以下的罚款；②建设单位、设计单位、施工单位、工程监理单位违反国家规定，降低工程质量标准，造成重大安全事故，构成犯罪的，对直接责任人员依法追究刑事责任；③建设、勘察、设计、施工、工程监理单位的工作人员因调动工作、退休等原因离开该单位后，被发现在该单位工作期间违反国家有关建设工程质量管理规定，造成重大工程质量事故的，仍应当依法追究法律责任；

④建设单位、设计单位、施工单位、工程监理单位违反国家规定，降低工程质量标准，造成重大安全事故的，对直接责任人员处Ⅹ【○A. 3 年以下 ○B. 5 年以下 ○C. 5 年以上 10 年以下 ○D. 10 年以下】有期徒刑或者拘役，并处罚金；后果特别严重的，处 5 年以上 10 年以下有期徒刑，并处罚金。

经典试题

(单选题) 1. 下列关于建设单位质量责任和义务的表述中，错误的是（ ）。

A. 建设单位不得将建设工程肢解发包

B. 建设工程发包方不得迫使承包方以低于成本的价格竞标

C. 建设单位不得任意压缩合同工期

D. 涉及承重结构变动的装修工程施工期前，只能委托原设计单位提交设计方案

参考答案 Ⅰ A Ⅱ A Ⅲ B(2011 年考试涉及) Ⅳ ABCE(2010 年考试涉及) Ⅴ A(2009 年考试涉及) Ⅵ C Ⅶ A Ⅷ C Ⅸ A Ⅹ B 1. D(2009 年考试涉及)

考点 2：施工单位的质量责任和义务 重点等级：☆☆☆☆☆

1. 施工单位的质量责任和义务

(1) 依法承揽工程的责任。施工单位应当依法取得相应等级的资质证书，并在其资质等级许可的范围内承揽工程。禁止施工单位超越本单位资质等级许可的业务范围或者以其他施工单位的名义承揽工程。禁止施工单位允许其他单位或者个人以本单位的名义承揽工程。施工单位不得转包或者违法分包工程。

(2) 建立质量保证体系的责任。施工单位对建设工程的施工质量负责。施工单位应当建立质量责任制，确定工程项目的项目经理、技术负责人和施工管理负责人。建设工程实行总承包的，总承包单位应当对全部建设工程质量负责；建设工程勘察、设计、施工、设备采购的一项或者多项实行总承包的，总承包单位应当对其承包的建设工程或者采购的设备的质量负责。

(3) 分包单位保证工程质量的责任。总承包单位依法将建设工程分包给其他单位的，Ⅰ【□A. 分包工程质量由分包企业负总责 □B. 分包工程质量由分包企业单独承担责任 □C. 分包单位应当按照分包合同的约定对其分包工程的质量向总承包单位负责 □D. 分包企业接受总承包企业的质量管理，可不承担责任 □E. 总承包单位与分包单位对分包工程的质量承担连带责任】。

(4) 按图施工的责任。建设单位、施工单位、监理单位不得修改建设工程勘察、设计文件；确需修改建设工程勘察、设计文件的，应当由原建设工程勘察、设计单位修改。经原建设工程勘察、设计单位书面同意，建设单位也可以委托其他具有相应资质的建设工程勘察、设计单位修改。修改单位对修改的勘察、设计文件承担相应责任。施工单位、监理单位发现建设工程勘察、设计文件不符合工程建设强制性标准、合同约定的质量要求的，应当报告建设单位，建设单位有权要求建设工程勘察、设计单位对建设工程勘察、设计文件进行补充、修改。建设工程勘察、设计文件内容需要作重大修改的Ⅱ【○A. 设计单位应和建设单位协商一致修改后即可使用 ○B. 设计单位可直接进行修改 ○C. 建设单位应当报经原审批机关批准后，方可修改 ○D. 须开专家论证会后，设计单位方可修改】。

(5) 对建筑材料、构配件和设备进行检验的责任。

(6) 对施工质量进行检验的责任。

(7) 见证取样的责任。

(8) 保修的责任。施工单位对施工中出现质量问题的建设工程或者竣工验收不合格的建设工程，应当负责返修。在建设工程竣工验收合格前，施工单位应对质量问题履行返修义务；建设工程竣工验收合格后，施工单位应对保修期内出现的质量问题履行保修义务。

2. 法律责任

(1) 超越资质承揽工程的法律责任。施工单位超越本单位资质等级承揽工程的，责令停止违法行为，对施工单位处工程合同价款Ⅲ【○A. 1%以上2%以下 ○B. 1%以上3%以下 ○C. 2%以上3%以下 ○D. 2%以上4%以下】的罚款，可以责令停业整顿，降低资质等级；情节严重的，吊销资质证书；有违法所得的，予以没收。未取得资质证书承揽工程的，予以取缔，依照前款规定处以罚款；有违法所得的，予以没收。以欺骗手段取得资质证书承揽工程的，吊销资质证书，依照本条第一款规定处以罚款；有违法所得的，予以没收。

(2) 出借资质的法律责任。施工单位允许其他单位或者个人以本单位名义承揽工程的，责令改正，没收违法所得，对施工单位处工程合同价款2%以上4%以下的罚款；可以责令停业整顿，降低资质等级，情节严重的，吊销资质证书。

(3) 转包或者违法分包的法律责任。承包单位将承包的工程转包或者违法分包的，责令改正，没收违法所得，对施工单位处工程合同价款Ⅳ【○A. 0.5%以上1%以下 ○B. 0.5%以上1.5%以下 ○C. 1%以上2%以下 ○D. 1%以上2.5%以下】的罚款；可以责令停业整顿，降低资质等级；情节严重的，吊销资质证书。

(4) 偷工减料，不按图施工的法律责任。施工单位在施工中偷工减料的，使用不合格的建筑材料、建筑构配件和设备的，或者有不按照工程设计图纸或者施工技术标准施工的其他行为的，责令改正，处工程合同价款Ⅴ【○A. 1%以上3%以下 ○B. 1%以上4%以下 ○C. 2%以上4%以下 ○D. 2%以上5%以下】的罚款；造成建设工程质量不符合规定的质量标准的，负责返工、修理，并赔偿因此造成的损失；情节严重的，责令停业整顿，降低资质等级或者吊销资质证书。

(5) 未取样检测的法律责任。施工单位未对建筑材料、建筑构配件、设备和商品混凝土进行检验，或者未对涉及结构安全的试块、试件以及有关材料取样检测的，责令改正，处Ⅵ【○A. 5万元以上10万元以下 ○B. 5万元以上20万元以下 ○C. 10万元以上20万元以下 ○D. 10万元以上30万元以下】的罚款；情节严重的，责令停业整顿，降低资质等级或者吊销资质证书；造成损失的，依法承担赔偿责任。

(6) 不履行保修义务的法律责任。施工单位不履行保修义务或者拖延履行保修义务的，责令改正，处Ⅶ【○A. 5万元以上10万元以下 ○B. 5万元以上15万元以下 ○C. 10万元以上20万元以下 ○D. 15万元以上30万元以下】的罚款，并对在保修期内因质量缺陷造成的损失承担赔偿责任。

经典试题

(多选题) 1. 下列选项中，对施工单位的质量责任和义务表述正确的是（ ）。

A. 总承包单位不得将主体工程对外分包

B. 分包单位应当按照分包合同的约定对建设单位负责

C. 总承包单位与每一分包单位就各自分包部分的质量承担连带责任

D. 施工单位在施工中发现设计图纸有差错时，应当按照国家标准施工

E. 在建设工程竣工验收合格之前，施工单位应当对质量问题履行保修义务

(多选题) 2. 总承包单位依法将建设工程分包给其他单位施工，若分包工程出现质量问题时，应当由（　　）。

A. 总承包单位单独向建设单位承担责任

B. 分包单位单独向建设单位承担责任

C. 总承包单位与分包单位对分包工程的质量承担连带责任

D. 总承包单位与分包单位分别向建设单位承担责任

E. 分包单位向总承包单位承担责任

参考答案　Ⅰ CE(2011 年考试涉及)　Ⅱ C(2010 年考试涉及)　Ⅲ D　Ⅳ A　Ⅴ C　Ⅵ C　Ⅶ C　1. ABC(2009 年考试涉及)　2. CE(2010 年考试涉及)

考点 3：工程监理单位的质量责任和义务　　重点等级：☆☆☆☆☆

1. 依法承揽业务

《建设工程质量管理条例》第 34 条规定，工程监理单位应当依法取得相应等级的资质证书，并在其资质等级许可的范围内承担工程监理业务。禁止工程监理单位超越本单位资质等级许可的范围或者以其他工程监理单位的名义承担工程监理业务。禁止工程监理单位允许其他单位或者个人以本单位的名义承担工程监理业务。工程监理单位不得转让工程监理业务。

2. 独立监理

《建设工程质量管理条例》第 35 条规定："工程监理单位与被监理工程的施工承包单位以及建筑材料、建筑构配件和设备供应单位不得有隶属关系或者其他利害关系的，不得承担该项建设工程的监理业务。"独立是公正的前提条件，监理单位如果不独立是不可能保持公正的。

3. 依法监理

《建设工程质量管理条例》第 36 条规定："工程监理单位应当依照法律、法规以及有关技术标准、设计文件和建设工程承包合同，代表建设单位对施工质量实施监理，并对施工质量承担监理责任。"监理工程师应当按照工程监理规范的要求，采取Ⅰ【○A. 检查、验收和工地会议　○B. 检查、验收和主动控制　○C. 目标控制、合同管理和组织协调　○D. 旁站、巡视和平行检验】等形式，对建设工程实施监理。

4. 确认质量

工程监理单位应当选派具备相应资格的总监理工程师和监理工程师进驻施工现场。未经监理工程师签字，建筑材料、建筑构配件和设备不得在工程上使用或者安装，施工单位不得进行下一道工序的施工。未经总监理工程师签字，建设单位不拨付工程款，Ⅱ【○A. 建筑材料不得进场　○B. 建筑设备不得安装　○C. 隐蔽工程不得验收　○D. 不得进行工程竣工验收】。

5. 法律责任

（1）超越资质承揽工程的法律责任。工程监理单位超越本单位资质等级承揽工程的，责令停止违法行为，对工程监理单位处合同约定的监理酬金Ⅲ【○A. 1 倍　○B. 2 倍　○C. 1 倍以上 2 倍以下　○D. 1 倍以上 3 倍以下】的罚款；可以责令停业整顿，降低资质等级；情节严重的，吊销资质证书；有违法所得的，予以没收。未取得资质证书承揽工程的，予以取缔，依照前款规定处以罚款；有违法所得的，予以没收。以欺骗手段取得资质证书承揽工程的，吊销资质证书，依照本条第一款规定处以罚款；有违法所得的，予以没收。

（2）出借资质的法律责任。工程监理单位允许其他单位或者个人以本单位名义承揽工程的，责令改正，没收违法所得，对工程监理单位处合同约定的监理酬金1倍以上2倍以下的罚款；可以责令停业整顿，降低资质等级；情节严重的，吊销资质证书。

（3）转包或者违法分包的法律责任。工程监理单位转让工程监理业务的，责令改正，没收违法所得，处合同约定的监理酬金Ⅳ【○A. 10%以上30%以下　○B. 15%以上30%以下　○C. 20%以上60%以下　○D. 25%以上50%以下】的罚款；可以责令停业整顿，降低资质等级；情节严重的，吊销资质证书。

（4）违反公正监理的法律责任。工程监理单位有下列行为之一的，责令改正，处Ⅴ【○A. 20万元以上50万元以下　○B. 30万元以上60万元以下　○C. 50万元以上100万元以下　○D. 100万元以上150万元以下】的罚款，降低资质等级或者吊销资质证书；有违法所得的，予以没收；造成损失的，承担连带赔偿责任：①与建设单位或者施工单位串通，弄虚作假、降低工程质量的；②将不合格的建设工程、建筑材料、建筑构配件和设备按照合格签字的。

（5）违反独立监理的法律责任。工程监理单位与被监理工程的施工承包单位以及建筑材料、建筑构配件和设备供应单位有隶属关系或者其他利害关系承担该项建设工程的监理业务的，责令改正，处5万元以上10万元以下的罚款，降低资质等级或者吊销资质证书；有违法所得的，予以没收。

（6）注册执业人员应承担的法律责任。监理工程师因过错造成质量事故的，责令停止执业Ⅵ【○A. 半年　○B. 1年　○C. 2年　○D. 3年】；造成重大质量事故的，吊销执业资格证书，5年以内不予注册；情节特别恶劣的，终身不予注册。

经典试题

（单选题）1. 根据《建设工程质量管理条例》规定，下列关于监理单位的表述错误的是（　　）。

A. 应当依法取得相应等级的资质证书

B. 不得转让工程监理业务

C. 可以是建设单位的子公司

D. 应与监理分包单位共同向建设承担责任

（单选题）2. 必须经总监理工程师签字的工作是（　　）。

A. 开工前的放线定位　　B. 分项工程验收

C. 下一步工序　　D. 建设工程竣工验收

参考答案　ⅠD　ⅡD(2010年考试涉及)　ⅢC　ⅣD　ⅤC　ⅥB　1. D(2009年考试涉及)　2. D(2011年考试涉及)

考点4：建设工程质量保修制度

重点等级：☆☆☆☆☆

1. 工程质量保修书

建设工程质量保修是指建设工程竣工验收后在保修期限内出现的质量缺陷，由施工单位依照法律规定或合同约定予以修复。《建设工程质量管理条例》规定："建设工程承包单位在向建设单位Ⅰ【○A. 工程价款结算完毕　○B. 施工完毕　○C. 提交工程竣工验收报告　○D. 竣工验收合格】时，应当向建设单位出具质量保修书。质量保修书中应当明确建设工程的Ⅱ

【□A. 保修范围 □B. 保修期限 □C. 质量保证金的退还方式 □D. 质量保证金预留比例 □E. 保修责任】”。

2. 保修范围和最低保修期限

《建设工程质量管理条例》第40条规定了保修范围及其在正常使用条件下各自对应的最低保修期限：①基础设施工程、房屋建筑的地基基础工程和主体结构工程，为设计文件规定的该工程的合理使用年限；②屋面防水工程、有防水要求的卫生间、房间和外墙面的防渗漏，为Ⅲ【○A. 2年 ○B. 3年 ○C. 4年 ○D. 5年】；③供热与供冷系统，为2个采暖期、供冷期；④电气管线、给排水管道、设备安装和装修工程，为2年。

上述保修范围属于法律强制性规定。超出该范围的其他项目的保修不是强制的，而是属于发承包双方意思自治的领域。最低保修期限同样属于法律强制性规定，发承包双方约定的保修期限不得低于条例规定的期限，但可以延长。

3. 保修责任

《建设工程质量管理条例》第41条规定：“建设工程在保修范围和保修期内发生质量问题的，施工单位应当履行保修义务，并对造成的损失承担赔偿责任。”根据该条规定，质量问题应当发生在保修范围和保修期以内，是施工单位承担保修责任的两个前提条件。根据《房屋建筑工程质量保修办法》（2000年6月30日建设部令第80号发布）的相关规定，Ⅳ【□A. 因使用不当造成的质量缺陷 □B. 第三方造成的质量缺陷 □C. 不可抗力造成的质量缺陷 □D. 保修期内施工造成的质量缺陷 □E. 在保修范围内，施工造成的质量缺陷】不属于保修范围的情况。

就工程质量保修事宜，建设单位和施工单位应遵守如下基本程序：①建设工程在保修期限内出现质量缺陷，建设单位应当向施工单位发出保修通知；②施工单位接到保修通知后，应当到现场核查情况，在保修书约定的时间内予以保修，发生涉及结构安全或者严重影响使用功能的紧急抢修事故，施工单位接到保修通知后，应当立即到达现场抢修；③施工单位不按工程质量保修书约定保修的，建设单位可以另行委托其他单位保修，由原施工单位承担相应责任；④保修费用由造成质量缺陷的责任方承担。如果质量缺陷是由于施工单位未按照工程建设强制性标准和合同要求施工造成的，则施工单位不仅要负责保修，还要承担保修费用。如果质量缺陷是由于设计单位、勘察单位或建设单位、监理单位的原因造成的，施工单位仅负责保修，其有权对由此发生的保修费用向Ⅴ【○A. 建设单位 ○B. 设计单位 ○C. 勘察单位 ○D. 监理单位】索赔。建设单位向施工单位承担赔偿责任后，有权向造成质量缺陷的责任方追偿。

4. 建设工程质量保证金

（1）质量保证金的含义。建设工程质量保证金（保修金）（以下简称保证金）是指发包人与承包人在建设工程承包合同中约定，从应付的工程款中预留，用以保证承包人在缺陷责任期内对建设工程出现的缺陷进行维修的资金。缺陷是指建设工程质量不符合工程建设强制性标准、设计文件，以及承包合同的约定。

（2）缺陷责任期。缺陷责任期从工程通过竣（交）工验收之日起计。由于承包人原因导致工程无法按规定期限进行竣（交）工验收的，缺陷责任期从实际通过竣（交）工验收之日起计。由于发包人原因导致工程无法按规定期限进行竣（交）工验收的，在承包人提交竣（交）工验收报告Ⅵ【○A. 30天 ○B. 40天 ○C. 60天 ○D. 90天】后，工程自动进入缺陷责任期。缺陷责任期一般为Ⅶ【○A. 3个月 ○B. 9个月 ○C. 15个月 ○D. 6个月、12个月或24个月】，具体可由发、承包双方在合同中约定。缺陷责任期内，由承包人原因造成的缺陷，承包人应负责维修，并承担鉴定及维修费用。如承包人不维修也不承担费用，发包人可按合同约定扣除保证金，并由承包人承担违约责任。承包人维修并承担相应费用后，不免除对工程的一般损失赔偿责任。由他人原因造成的缺陷，发包人负责组织维修，承包人不承担费用，且发包人不得从保证金中扣除费用。

(3) 质量保证金的数额。发包人应当在招标文件中明确保证金预留、返还等内容，并与承包人在合同条款中对涉及保证金的下列事项进行约定：①保证金预留、返还方式；②保证金预留比例、期限；③保证金是否计付利息，如计付利息，利息的计算方式；④缺陷责任期的期限及计算方式；⑤保证金预留、返还及工程维修质量、费用等争议的处理程序；⑥缺陷责任期内出现缺陷的索赔方式。

建设工程竣工结算后，发包人应按照合同约定及时向承包人支付工程结算价款并预留保证金。全部或者部分使用政府投资的建设项目，按工程价款结算总额Ⅷ【○A. 5%左右　○B. 10%　○C. 15%　○D. 18%】的比例预留保证金。社会投资项目采用预留保证金方式的，预留保证金的比例可参照执行。采用工程质量保证担保、工程质量保险等其他保证方式的。发包人不得再预留保证金。

(4) 质量保证金的返还。缺陷责任期内，承包人认真履行合同约定的责任，到期后，承包人向发包人申请返还保证金。发包人在接到承包人返还保证金申请后，应于Ⅸ【○A. 7日　○B. 10日　○C. 14日　○D. 20日】内会同承包人按照合同约定的内容进行核实。如无异议，发包人应当在核实后14日内将保证金返还给承包人，逾期支付的，从逾期之日起，按照同期银行贷款利率计付利息，并承担违约责任。发包人在接到承包人返还保证金申请后14日内不予答复。经催告后14日内仍不予答复，视同认可承包人的返还保证金申请。

经典试题

(单选题) 1. 施工单位于6月1日提交竣工验收报告，建设单位因故迟迟不予组织竣工验收；同年10月8日建设单位组织竣工验收时因监理单位的过错未能正常进行；10月20日建设单位实际使用该工期。则施工单位承担的保修期应于（　）起计算。

A. 6月1日　　B. 8月30日　　C. 10月8日　　D. 10月20日

(单选题) 2. 因设计原因导致的质量缺陷，在工程保修期内的正确说法是（　）。

A. 施工企业不仅要负责，还要承担保修费用

B. 施工企业仅负责保修，由此产生的费用应向建设单位索赔

C. 施工企业仅负责保修，由此产生的费用应向设计单位索赔

D. 施工企业不负责保修，由建设单位自行承担维修

参考答案　Ⅰ C(2010年考试涉及)　Ⅱ ABE(2011年考试涉及)　Ⅲ D　Ⅳ ABC　Ⅴ A　Ⅵ D　Ⅶ D　Ⅷ A　Ⅸ C　1. A(2009年考试涉及)　2. B(2011年考试涉及)

考点5：勘察、设计单位的质量责任和义务

重点等级：☆☆☆☆☆

1. 勘察、设计单位共同的责任

(1) 依法承揽工程的责任。从事建设工程勘察、设计的单位应当依法取得相应等级的资质证书，并在其资质等级许可的范围内承揽工程。禁止勘察、设计单位超越其资质等级许可的范围或者以其他勘察、设计单位的名义承揽工程。禁止勘察、设计单位允许其他单位或者个人以本单位的名义承揽工程。勘察、设计单位不得转包或者违法分包所承揽的工程。

(2) 执行强制性标准的责任。强制性标准是必须执行的标准，《建设工程质量管理条例》

第 19 条规定："勘察、设计单位必须按照工程建设强制性标准进行勘察、设计。并对其勘察、设计的质量负责。注册建筑师、注册结构工程师等Ⅰ【○A. 注册执业人员 ○B. 单位负责人 ○C. 勘察、设计人员 ○D. 项目负责人】应当在设计文件上签字，对设计文件负责。"

2. 勘察单位的质量责任

由于勘察单位提供的资料会影响到后续工作的质量，因此，勘察单位提供的地质、测量、水文等勘察成果必须真实、准确。

3. 设计单位的质量责任

(1) 科学设计的责任。设计单位应当根据勘察成果文件进行建设工程设计，脱离勘察成果文件的设计会为施工质量带来极大的隐患。设计文件应当符合国家规定的设计深度要求，注明工程Ⅱ【○A. 最短 ○B. 最长 ○C. 合理 ○D. 法定】使用年限。

(2) 选择材料设备的责任。设计单位在设计文件中选用的建筑材料、建筑构配件和设备，应当注明规格、型号、性能等技术指标，其质量要求必须符合国家规定的标准。除有特殊要求的建筑材料、专用设备、工艺生产线等外，设计单位不得指定生产厂、供应商。

(3) 解释设计文件的责任。《建设工程质量管理条例》第 23 条规定："设计单位应当就审查合格的施工图设计文件向Ⅲ【○A. 施工单位 ○B. 监理单位 ○C. 质量监督机构 ○D. 建设单位】作出详细说明。"由于施工图是设计单位设计的，设计单位对施工图会有更深刻的理解，尤其对施工单位作出说明是非常必要的，有助于施工单位理解施工图，保证工程质量。建设工程勘察、设计单位应当在建设工程施工前，向施工单位和监理单位说明建设工程勘察、设计意图，解释建设工程勘察、设计文件。建设工程勘察、设计单位应当及时解决施工中出现的勘察、设计问题。

(4) 参与质量事故分析的责任。设计单位应当参与建设工程质量事故分析，并对因设计造成的质量事故，提出相应的技术处理方案。

4. 法律责任

(1) 超越资质承揽工程的法律责任。勘察、设计单位超越本单位资质等级承揽工程的，责令停止违法行为，对勘察、设计单位处合同约定的勘察费、设计费Ⅳ【○A. 1 倍 ○B. 2 倍 ○C. 1 倍以上 2 倍以下 ○D. 1 倍以上 3 倍以下】的罚款；可以责令停业整顿，降低资质等级；情节严重的，吊销资质证书；有违法所得的，予以没收。未取得资质证书承揽工程的，予以取缔，依照前款规定处以罚款；有违法所得的，予以没收。以欺骗手段取得资质证书承揽工程的，吊销资质证书，依照本条第一款规定处以罚款；有违法所得的，予以没收。

(2) 出借资质的法律责任。勘察、设计单位允许其他单位或者个人以本单位名义承揽工程的，责令改正，没收违法所得，对勘察、设计单位处合同约定的勘察费、设计费 1 倍以上 2 倍以下的罚款；可以责令停业整顿，降低资质等级；情节严重的，吊销资质证书。

(3) 转包或者违法分包的法律责任。承包单位将承包的工程转包或者违法分包的，责令改正，没收违法所得，对勘察、设计单位处合同约定的勘察费、设计费Ⅴ【○A. 15%以上 20%以下 ○B. 20%以上 30%以下 ○C. 25%以上 40%以下 ○D. 25%以上 50%以下】的罚款；可以责令停业整顿，降低资质等级；情节严重的，吊销资质证书。

(4) 注册执业人员应承担的法律责任。注册建筑师、注册结构工程师等注册执业人员因过错造成质量事故的，责令停止执业 1 年；造成重大质量事故的，吊销执业资格证书，Ⅵ【○A. 2 年 ○B. 3 年 ○C. 5 年 ○D. 10 年】以内不予注册；情节特别恶劣的，终身不予注册。

（5）其他法律责任。有下列行为之一的，责令改正，处10万元以上30万元以下的罚款：①勘察单位未按照工程建设强制性标准进行勘察的；②设计单位未根据勘察成果文件进行工程设计的；③设计单位指定建筑材料，建筑构配件的生产厂、供应商的；④设计单位未按照工程建设强制性标准进行设计的。

有前款所列行为，造成重大工程质量事故的，责令停业整顿，降低资质等级；情节严重的，吊销资质证书；造成损失的，依法承担赔偿责任。

参考答案 Ⅰ A(2007年考试涉及) Ⅱ C Ⅲ A Ⅳ C Ⅴ D Ⅵ C

考点6：建设工程质量的监督管理

重点等级：☆☆☆☆☆

1. 建设工程质量监督的主体

对建设工程质量进行监督管理的主体是各级政府建设行政主管部门和其他有关部门。根据《建设工程质量管理条例》第43条第2款的规定，Ⅰ【○A. 国务院建设行政主管部门 ○B. 国务院 ○C. 国务院发展与改革委员会 ○D. 国务院质量技术监督部门】对全国的建设工程质量实施统一的监督管理。国务院铁路、交通、水利等有关部门按照国务院规定的职责分工，负责对全国的有关专业建设工程质量的监督管理。

《建设工程质量管理条例》规定，各级政府有关主管部门应当加强对有关建设工程质量的法律、法规和强制性标准执行情况的监督检查；同时，规定政府有关主管部门履行监督检查职责时，有权采取下列措施：Ⅱ【○A. 要求被检查的单位提供有关工程质量的文件和资料 ○B. 进入被检查的施工现场进行检查 ○C. 发现有影响工程质量的问题时，责令改正 ○D. 发现质量问题时，查封被检查单位的文件和资料 E. 对发现质量问题的现场进行查封检查】。

由于建设工程质量监督具有专业性强、周期长、程序繁杂等特点，政府部门通常不宜亲自进行日常检查工作。这就需要Ⅲ【○A. 通过委托政府认可的第三方强制监督 ○B. 依建设单位申请，再委托第三方进行监督 ○C. 政府主管部门直接进行强制监督 ○D. 由行业协会进行的强制监督】，来依法代行工程质量监督职能，并对委托的政府部门负责。政府部门主要对建设工程质量监督机构进行业务指导和管理，不进行具体工程质量监督。

根据住建部《关于建设工程质量监督机构深化改革的指导意见》的有关规定，建设工程质量监督机构是经省级以上建设行政主管部门或有关专业部门考核认定的独立法人。建设工程质量监督机构及其负责人、质量监督工程师和助理质量监督工程师，均应具备国家规定的基本条件。其中，从事施工图设计文件审查的建设工程质量监督机构，还应当具备国家规定的其他条件。建设工程质量监督机构的主要任务包括以下内容。

（1）根据政府主管部门的委托，受理建设工程项目质量监督。

（2）制订质量监督工作方案。具体包括：Ⅳ【□A. 确定负责该项工程的质量监督工程师和助理质量监督工程师 □B. 监督建设单位组织的工程竣工验收的组织形式、验收程序，以及在验收过程中提供的有关资料和形成的质量评定文件是否符合有关规定 □C. 根据有关法律、法规和工程建设强制性标准，针对工程特点，明确监督的具体内容、监督方式 □D. 在方案中对地基基础、主体结构和其他涉及结构安全的重要部位和关键工序，作出实施监督的详细计划安排 □E. 建设工程质量监督机构应将质量监督工作方案通知建设、勘察、设计、施工、监理单位】。

（3）检查施工现场工程建设各方主体的质量行为。主要包括：Ⅴ【□A. 核查施工现场工程建设各方主体及有关人员的资质或资格　□B. 检查勘察、设计、施工、监理单位的质量保证体系和质量责任制落实情况　□C. 检查有关质量文件、技术资料是否齐全并符合规定　□D. 对用于工程的主要建筑材料和构配件的质量进行抽查　□E. 对地基基础分部、主体结构分部工程和其他涉及结构安全的分部工程的质量验收进行监督】。

(4) 检查建设工程的实体质量。主要包括：①按照质量监督工作方案，对建设工程地基基础、主体结构和其他涉及结构安全的关键部位进行现场实地抽查；②对用于工程的主要建筑材料、构配件的质量进行抽查；③对地基基础分部、主体结构分部工程和其他涉及结构安全的分部工程的质量验收进行监督。

(5) 监督工程竣工验收。主要包括：①监督建设单位组织的工程竣工验收的组织形式、验收程序以及在验收过程中提供的有关资料和形成的质量评定文件是否符合有关规定；②实体质量是否存有严重缺陷；③工程质量的检验评定是否符合国家验收标准。

(6) 工程竣工验收后Ⅵ【○A. 3 日　○B. 5 日　○C. 7 日　○D. 10 日】内，应向委托部门报送建设工程质量监督报告。建设工程质量监督报告应包括：①对地基基础和主体结构质量检查的结论；②工程竣工验收的程序、内容和质量检验评定是否符合有关规定；③历次抽查该工程发现的质量问题和处理情况等内容。

(7) 对预制建筑构件和商品混凝土的质量进行监督。

(8) 受委托部门委托，按规定收取工程质量监督费。

(9) 政府主管部门委托的工程质量监督管理的其他工作。建设工程质量监督机构在进行监督工作中发现有违反建设工程质量管理规定行为和影响工程质量的问题时，有权采取责令改正、局部暂停施工等强制性措施，直至问题得到改正。需要给予行政处罚的，报告委托部门批准后实施。

2. 竣工验收备案制度

建设单位应当自建设工程竣工验收合格之日起Ⅶ【○A. 10 日　○B. 15 日　○C. 30 日　○D. 60 日】内，将建设工程竣工验收报告和规划、公安消防、环保等部门出具的认可文件或者准许使用文件报建设行政主管部门或者其他有关部门备案。建设行政主管部门或者其他有关部门发现建设单位在竣工验收过程中有违反国家有关建设工程质量管理规定行为的，责令停止使用，重新组织竣工验收。

3. 工程质量事故报告制度

建设工程发生质量事故，有关单位应当在Ⅷ【○A. 12 小时　○B. 24 小时　○C. 48 小时　○D. 64 小时】内向当地建设行政主管部门和其他有关部门报告。对重大质量事故，事故发生地的建设行政主管部门和其他有关部门应当按照事故类别和等级向当地人民政府和上级建设行政主管部门和其他有关部门报告。《建设工程质量管理条例》第 52 条第 2 款规定："特别重大质量事故的调查程序按照国务院有关规定办理。"

经典试题

(单选题) 1.《建设工程质量管理条例》中确定的建设工程质量监督管理制度，其主要手段不包括（　　）。

A. 工程质量保修制度　　B. 施工许可制度

C. 竣工验收备案制度　　D. 工程质量事故报告制度

参考答案　Ⅰ A　Ⅱ ABC　Ⅲ A　Ⅳ ACDE　Ⅴ ABC　Ⅵ B　Ⅶ B(2009 年考试涉及)　Ⅷ B　1. A (2009 年考试涉及)

第十二节　产品质量法

考点 1：生产者的产品质量责任和义务

重点等级：☆☆☆

1. 适用于《产品质量法》的产品

《产品质量法》第 2 条规定：本法所称产品是指经过加工、制作，用于销售的产品。建设工程不适用本法规定；但是，建设工程使用的建筑材料、建筑构配件和设备，属于前款规定的产品范围的，适用本法规定。这里的产品强调的是“用于销售的”产品。施工单位自有的建筑材料、建筑构配件和设备并非通过对方的“销售”得来，其用于施工项目的过程也并非属于销售行为，所以Ⅰ【○A. 施工单位自有的建筑材料、建筑构配件和设备　○B. 购买的电气材料　○C. 购买的塔吊设备　○D. 商品混凝土】不属于《产品质量法》调整范围。由于施工单位在施工生产过程中Ⅱ【○A. 购买的电气材料　○B. 购买的塔吊设备　○C. 现场制作的预制板　○D. 商品混凝土】并不是“用于销售”的产品，而仅仅属于建设活动过程中的阶段性建筑产品，因此，其质量不由《产品质量法》规范。

2. 生产者的产品质量责任和义务

（1）为产品质量负责的义务。生产者应当对其生产的产品质量负责。产品质量应当符合下列要求：①不存在危及人身、财产安全的不合理的危险，有保障人体健康和人身、财产安全的国家标准、行业标准的，应当符合该标准；②具备产品应当具备的使用性能，但是，对产品存在使用性能的瑕疵作出说明的除外；③符合在产品或者其包装上注明采用的产品标准，符合以产品说明、实物样品等方式表明的质量状况。

（2）确保标识规范的义务。产品标识是指用于识别产品及其质量、数量、特征、特性和使用方法所做的各种表示的统称。产品标识可以用文字、符号、数字、图案以及其他说明物等表示。产品标识是使用者鉴别此种产品区别于其他产品的直接标准，是判断此种产品质量的直观依据，也是当权利受到侵犯时维权的证据。《产品标识与标注规定》第 3 条规定：在中华人民共和国境内生产、销售的产品，其标识的标注，应当遵守本规定。法律、法规、规章和强制性国家标准、行业标准对产品标识的标注另有规定的，应当同时遵守其规定。

产品或者其包装上的标识必须真实，并符合下列要求：Ⅲ【○A. 必须有产品质量检验合格证明　○B. 必须有中英文标明的产品名称、生产厂厂名和厂址　○C. 应当在显著位置标明生产日期和安全使用期或失效日期　○D. 应当有警示标志或者中英文警示说明】；有中文标明的产品名称、生产厂厂名和厂址；根据产品的特点和使用要求，需要标明产品规格、等级、所含主要成分的名称和含量的，用中文相应予以标明；需要事先让消费者知晓的，应当在外包装上标明，或者预先向消费者提供有关资料；限期使用的产品，应当在显著位置清晰地标明生产日期和安全使用期或者失效日期；使用不当，容易造成产品本身损坏或者可能危及人身、财产安全的产品，应当有警示标志或者中文警示说明。

裸装的食品和其他根据产品的特点难以附加标识的裸装产品，可不附加产品标识。

参考答案　Ⅰ A　Ⅱ C(2009 年考试涉及)　Ⅲ A(2009 年考试涉及)

考点 2：销售者的产品质量责任和义务

重点等级：☆☆☆

销售者是指销售商品或者委托他人销售商品的单位和个人。其对产品质量承担的责任和义务包括：Ⅰ【□A. 进货检验的义务　□B. 确保标识规范的义务　□C. 保持产品质量的义务　□D. 确保有警示标志或者中文警示说明的义务　□E. 确保在显著位置清晰标明生产日期和安全使用期的义务】。

（1）销售者要保证所销售的产品质量是合格的，所以，销售者应当建立并执行进货检查验收制度，验明Ⅱ【○A. 产品合格证明　○B. 进货发票　○C. 产品销售许可证　○D. 产品生产许可证】和其他标识。

（2）即使生产者提供给销售者的产品是合格产品，也可能由于销售者的行为而导致合格产品变成不合格产品。例如，水泥的销售者由于未能控制好储存水泥的湿度，就会使得水泥变质。所以，销售者应当采取措施，保持销售产品的质量。

（3）销售者如果不能确保产品标识的规范，将使得产品生产者的确保标识规范的努力变得无意义，不能达到使消费理解产品的效果。所以，销售者也有义务确保标识规范。销售者销售的产品的标识应当符合上文对生产者确保产品标识规范的要求，也即销售者与生产者在确保标识规范的义务上承担的责任是一样的。

经典试题

（单选题）1. 下列不属于销售者的产品质量责任和义务的是（　　）。

A. 进货检验的义务　　B. 保持产品质量的义务

C. 确保包装质量合格的义务　　D. 确保标识规范的义务

参考答案　Ⅰ ABC　Ⅱ A　1. C

第十三节　标 准 化 法

考点 1：工程建设强制性标准的实施　　重点等级：☆☆☆☆☆

1. 工程建设强制性标准的实施

国家工程建设标准强制性条文由国务院建设行政主管部门会同国务院有关行政主管部门确定。《工程建设标准强制性条文》中的条款都必须严格执行。工程建设中拟采用的新技术、新工艺、新材料，不符合现行强制性标准规定的，应当由拟采用单位提请Ⅰ【○A. 建设单位　○B. 施工单位　○C. 监理单位　○D. 设计单位】组织专题技术论证，报批准标准的建设行政主管部门或者国务院有关主管部门审定。程建设中采用国际标准或者国外标准。现行强制性标准未作规定的，Ⅱ【○A. 建设单位　○B. 监理单位　○C. 施工单位　○D. 质量监督机构】应当向国务院建设行政主管部门或者国务院有关行政主管部门备案。

2. 实施工程建设强制性标准的监督管理

（1）监督机构。《实施工程建设强制性标准监督规定》规定了实施工程建设强制性标准的监督机构，包括：①建设项目规划审查机关应当对工程建设规划阶段执行强制性标准的情况实施监督；②施工图设计审查单位应当对工程建设勘察、设计阶段执行强制性标准的情况实施监督；③建筑安全监督管理机构应当对工程建设Ⅲ【○A. 规划阶段　○B. 勘察阶段　○C. 设计阶段　○D. 施工阶段】执行施工安全强制性标准的情况实施监督；④工程质量监督机构应当对工程建设施工、监理、验收等阶段执行强制性标准的情况实施监督；⑤Ⅳ【○A. 国家质量监督检验检疫总局　○B. 国务院建设行政主管部门　○C. 省级人民政府建

设行政主管部门　○D. 工程建设标准批准部门】应当对工程项目执行强制性标准情况进行监督检查，监督检查可以采取重点检查、抽查和专项检查的方式。

（2）监督检查的方式。工程建设标准批准部门应当定期对建设项目规划审查机关、施工图设计文件审查单位、建筑安全监督管理机构、工程质量监督机构实施强制性标准的监督进行检查，对监督不力的单位和个人，给予通报批评，建议有关部门处理。工程建设标准批准部门应当对工程项目执行强制性标准情况进行监督检查。监督检查可以采取重点检查、抽查和专项检查的方式。工程建设标准批准部门应当将强制性标准监督检查结果在一定范围内公告。

（3）监督检查的内容。根据《实施工程建设强制性标准监督规定》第10条的规定，强制性标准监督检查的内容包括：Ⅴ【□A. 有关工程技术人员是否熟悉、掌握强制性标准　□B. 工程项目的规划、勘察、设计、施工、验收等是否符合强制性标准的规定　□C. 建设项目法人的行为是否符合强制性标准的规定　□D. 工程项目采用的材料、设备是否符合强制性标准的规定　□E. 工程项目的安全、质量是否符合强制性标准的规定】。

经典试题

（单选题）1. 工程建设标准批准部门应当对工程项目执行强制性标准情况进行监督检查，监督检查方式不包括（　　）。

A. 重点检查　　B. 专项检查　　C. 平行检查　　D. 抽查

参考答案　Ⅰ A(2010年考试涉及)　Ⅱ A　Ⅲ D　Ⅳ D(2010年考试涉及)　Ⅴ ABDE　1. C

考点2：工程建设标准的分类

重点等级：☆☆

1. 工程建设标准的分级

《标准化法》按照标准的级别不同，把标准分为国家标准、行业标准、地方标准和企业标准。

（1）国家标准。《标准化法》第6条规定，对需要在全国范围内统一的技术标准，应当制定国家标准。《工程建设国家标准管理办法》规定了应当制定国家标准的种类。

（2）行业标准。《标准化法》第6条规定，对没有国家标准而又需要在全国某个行业范围内统一的技术要求，可以制定行业标准。《工程建设行业标准管理办法》规定了可以制定行业标准的种类。

（3）地方标准。《标准化法》第6条规定，对没有国家标准和行业标准而又需要在省、自治区、直辖市范围内统一的工业产品的安全、卫生要求，可以制定地方标准。

（4）企业标准。《标准化法实施条例》第17条规定，企业生产的产品没有国家标准、行业标准和地方标准的，应当制定相应的企业标准，作为组织生产的依据。

2. 工程建设强制性标准和推荐性标准

国家标准、行业标准分为强制性标准和推荐性标准。保障人体健康，人身、财产安全的标准和法律、行政法规规定强制执行的标准是强制性标准，其他标准是推荐性标准。省、自治区、直辖市标准化行政主管部门制定的工业产品的安全、卫生要求的地方标准，在本行政区域内是强制性标准。与上述规定相对应，工程建设标准也分为强制性标准和推荐性标准。强制性标准，必须执行。推荐性标准，国家鼓励企业自愿采用。

根据《工程建设国家标准管理办法》第3条的规定，下列工程建设国家标准属于强制性标准：Ⅰ【□A. 工程建设勘察、规划、设计、施工（包括安装）及验收等通用的综合标准和重要的通用的质量标准　□B. 工程建设通用的有关安全、卫生和环境保护的标准　□C. 工程建设通用的术语、符号、代号、量与单位、建筑模数和制图方法标准　□D. 工程建设重要的行业专用的试验、检验和评定方法等标准　□E. 工程建设重要的通用的试验、检验和评定方法等标准】；工程建设重要的通用的信息技术标准；国家需要控制的其他工程建设通用的标准。

根据《工程建设行业标准管理办法》第3条的规定，下列工程建设行业标准属于强制性标准：①工程建设勘察、规划、设计、施工（包括安装）及验收等行业专用的综合性标准和重要的行业专用的质量标准；②工程建设行业专用的有关安全、卫生和环境保护的标准；③工程建设重要的行业专用的术语、符号、代号、量与单位和制图方法等标准；④工程建设重要的行业专用的试验、检验和评定方法等标准；⑤工程建设重要的行业专用的信息技术标准；⑥行业需要控制的其他工程建设标准。

经典试题

（单选题）1. 由国务院建设、铁路、交通、水利等行政主管部门各自审批，编号和发布的标准，属于（　　）。

A. 国家标准　　B. 行业标准　　C. 地方标准　　D. 企业标准

参考答案　Ⅰ ABCE　1. B(2010 年考试涉及)

第十四节　环境保护法

考点1：建设工程项目的环境影响评价制度　　重点等级：☆☆☆☆

1. 建设项目环境影响评价的分类管理

我国根据建设项目对环境的影响程度，对建设项目的环境影响评价实行分类管理，建设单位应当依法组织编制相应的环境影响评价文件。

（1）可能造成重大环境影响的，应当编制Ⅰ【○A. 环境影响报告书　○B. 环境影响报告表　○C. 环境影响报告单　○D. 环境影响登记表】，对产生的环境影响进行全面评价。

（2）可能造成轻度环境影响的，应当编制Ⅱ【○A. 环境影响报告书　○B. 环境影响报告表　○C. 环境影响报告单　○D. 环境影响登记表】，对产生的环境影响进行分析或者专项评价。

（3）对环境影响很小、不需要进行环境影响评价的，应当填报环境影响登记表。

2. 建设项目环境影响评价文件的审批管理

根据《环境影响评价法》的规定，建设项目的环境影响评价文件，由建设单位按照国务院的规定报有审批权的Ⅲ【○A. 国务院建设行政主管部门　○B. 国务院发展与改革委员会　○C. 环境保护行政主管部门　○D. 省级环境保护行政主管部门】审批；建设项目有行业主管部门的，其环境影响报告书或者环境影响报告表应当经行业主管部门预审后，报有审批权的环境保护行政主管部门审批。建设项目的环境影响评价文件未经法律规定的审批部门审查或者审查后未予批准的，该项目审批部门不得批准其建设，建设单位不得开工建设。

建设项目的环境影响评价文件经批准后，建设项目的性质、规模、地点、采用的生产工艺或者防治污染、防止生态破坏的措施发生重大变动的，建设单位应当重新报批建设项目的环境影响评价文件。建设项目的环境影响评价文件自批准之日起超过Ⅳ【○A. 2 年　○B. 3 年　○C. 5 年　○D. 10 年】，方决定该项目开工建设的，其环境影响评价文件应当报原审批部门重新审核。

参考答案　Ⅰ A(2007 年考试涉及)　Ⅱ B(2007 年考试涉及)　Ⅲ C(2007 年考试涉及)　Ⅳ C(2007 年考试涉及)

考点 2：环境保护“三同时”制度

重点等级：☆☆☆☆

建设项目需要配套建设的环境保护设施，必须与主体工程Ⅰ【□A. 同时规划　□B. 同时设计　□C. 同时施工　□D. 同时竣工验收　□E. 同时投产使用】。《环境影响评价法》第 26 条规定：“建设项目建设过程中，建设单位应当同时实施环境影响报告书、环境影响报告表以及环境影响评价文件审批部门审批意见中提出的环境保护对策措施。”环境保护“三同时”制度是建设项目环境保护法律制度的重要组成部分，《建设项目环境保护管理条例》对环境保护“三同时”制度进行了详细规定。

1. 设计阶段

建设项目的初步设计，应当按照环境保护设计规范的要求，编制环境保护篇章，并依据经批准的建设项目环境影响报告书或者环境影响报告表，在环境保护篇章中落实防治环境污染和生态破坏的措施以及环境保护设施投资概算。

2. 试生产阶段

建设项目的Ⅱ【○A. 基础工程　○B. 主体工程　○C. 装饰工程　○D. 安装工程】完工后，需要进行试生产的，其配套建设的环境保护设施必须与该工程同时投入试运行。建设项目试生产期间，建设单位应当对环境保护设施运行情况和建设项目对环境的影响进行监测。

3. 竣工验收和投产使用阶段

建设项目竣工后，建设单位应当向审批环境影响评价文件的环境保护行政主管部门申请该建设项目需要配套建设的环境保护设施竣工验收。环境保护设施竣工验收，应当与主体工程竣工验收同时进行。需要进行试生产的建设项目，建设单位应当自建设项目投入试生产之日起Ⅲ【○A. 1 个月　○B. 2 个月　○C. 3 个月　○D. 5 个月】内。向审批环境影响评价文件的环境保护行政主管部门申请该建设项目需要配套建设的环境保护设施竣工验收。分期建设、分期投入生产或者使用的建设项目，其相应的环境保护设施应当Ⅳ【○A. 分期　○B. 分阶段　○C. 同时　○D. 最终一次性】验收。建设项目需要配套建设的环境保护设施经验收合格，该建设项目方可正式投入生产或者使用。

经典试题

（多选题）1. 建设项目需要配套建设的环境保护设施，必须与主体工程同时（　）。

A. 立项　B. 审批　C. 设计　D. 施工　E. 投产使用

参考答案　Ⅰ BCE(2009 年、2006 年考试涉及)　Ⅱ B　Ⅲ C(2007 年考试涉及)　Ⅳ A(2007 年考试涉及)　1. CDE(2010 年考试涉及)

考点 3：水、大气、噪声和固体废物环境污染防治　　重点等级：☆☆☆☆☆

1. 水污染防治

(1) 防止地表水污染的具体规定。①在Ⅰ【□A. 生活饮用水源地　□B. 风景名胜区水体　□C. 重要渔业水体　□D. 自然保护水体　□E. 重要生态功能区水体】和其他有特殊经济文化价值的水体的保护区内，不得新建排污口。在保护区附近新建排污口，必须保证保护区水体不受污染。②排污单位发生事故或者其他突然性事件，排放污染物超过正常排放量，造成或者可能造成水污染事故的，必须立即采取应急措施，通报可能受到水污染危害和损害的单位，并向当地环境保护部门报告。③禁止向水体排放Ⅱ【□A. 油类液体　□B. 酸液　□C. 碱液　□D. 剧毒废液　□E. 含低放射性物质的废水】。④禁止在水体清洗装贮过油类或者有毒污染物的车辆和容器。⑤禁止将含有汞、镉、砷、铬、铅、氰化物、黄磷等的可溶性剧毒废渣向水体排放、倾倒或者直接埋入地下。存放可溶性剧毒废渣的场所，必须采取Ⅲ【□A. 防水措施　○□B. 防渗漏措施　□C. 防流失措施　□D. 防阳光措施　□E. 防蒸发措施】。⑥禁止向水体排放、倾倒工业废渣、城市垃圾和其他废弃物。⑦禁止在江河、湖泊、运河、渠道、水库最高水位线以下的滩地和岸坡堆放、存贮固体废弃物和其他污染物。⑧禁止向水体排放或者倾倒放射性固体废弃物或者含有高放射性和中放射性物质的废水。向水体排放含低放射性物质的废水，必须符合国家有关放射防护的规定和标准。⑨向水体排放含热废水，应当采取措施，保证水体的水温符合水环境质量标准，防止热污染危害。⑩排放含病原体的污水，必须经过消毒处理；符合国家有关标准后，方准排放。

(2) 防止地下水污染的具体规定。①禁止企业事业单位利用渗井、渗坑、裂隙和溶洞排放、倾倒含有毒污染物的废水、含病原体的污水和其他废弃物。②在无良好隔渗地层，禁止企业事业单位使用无防止渗漏措施的沟渠、坑塘等输送或者存贮含有毒污染物的废水、含病原体的污水和其他废弃物。③在开采多层地下水的时候，如果各含水层的水质差异大，应当Ⅳ【○A. 分层　○B. 混合　○C. 串层　○D. 禁止】开采；对已受污染的潜水和承压水，不得混合开采。④兴建地下工程设施或者进行地下勘探、采矿等活动，应当采取防护性措施，防止地下水污染。⑤人工回灌补给地下水，不得恶化地下水质。

2. 大气污染防治

依据《大气污染防治法》，与工程建设相关的具体规定包括：①向大气排放粉尘的排污单位，必须采取除尘措施；②严格限制向大气排放含有毒物质的废气和粉尘，确需排放的，必须经过净化处理，不超过规定的排放标准；③在人口集中地区和其他依法需要特殊保护的区域内，禁止焚烧沥青、油毡、橡胶、塑料、皮革、垃圾以及其他产生有毒有害烟尘和恶臭气体的物质；④运输、装卸、贮存能够散发有毒有害气体或者粉尘物质的，必须采取密闭措施或者其他防护措施；⑤在城市市区进行建设施工或者从事其他产生扬尘污染活动的单位，必须按照当地环境保护的规定，采取防治扬尘污染的措施。

3. 环境噪声污染防治

在我国，《环境噪声污染防治法》是规范噪声污染防治的基本法律。《环境噪声污染防治法》具体规定有如下内容。①在城市市区范围内向周围生活环境排放建筑施工噪声的，应当符合国家规定的建筑施工场界环境噪声排放标准。②在城市市区范围内，建筑施工过程中使用机械设备，可能产生环境噪声污染的，施工单位必须在工程开工Ⅴ【○A. 10 日　○B. 15 日　○C. 20 日　○D. 30 日】以前向工程所在地Ⅵ【○A. 县级以上地方人民政府环境保护行政主管部门　○B. 居民委员会或街道办事处　○C. 建设行政主管部门　○D. 安全生产行政主管部门】申报该工程的项目名称、施工场所和期限、可能产生的环境噪声值以及所采取的环境噪声污染防治措施的情况。③在城市市区噪声敏感建筑物集中区域内，禁止夜间进行Ⅶ【○A. 抢修、抢险作业　○B. 产生环境噪声污染的建筑施工作业　○C. 因生产工艺上要求必须连续工作的作业　○D. 因特殊需要必须连续工作的作业】，但抢修、抢险作业和因生产工艺上要求或者特殊需要必须连续作业的除外。④建设经过已有的噪声敏感建筑物集中区域的高速公路和城市高架、轻轨道路，有可能造成环境噪声污染的，应当设置声屏障或者采取其他有效的控制环境噪声污染的措施。⑤在已有的城市交通干线的两侧建设噪声敏感建筑物的，建设单位应当按照国家规定间隔一定距离，并采取减轻、避免交通噪声影响的措施。

4. 固体废物污染防治

固体废物污染环境是指固体废物在产生、收集、贮存、运输、利用、处置的过程中产生的危害环境的现象。依据《固体废物污染环境防治法》，与工程建设有关的具体规定包括以下内容。①产生固体废物的单位和个人，应当采取措施，防止或者减少固体废物对环境的污染。②收集、贮存、运输、利用、处置固体废物的单位和个人，必须采取防扬散、防流失、防渗漏或者其他防止污染环境的措施。不得在运输过程中沿途丢弃、遗撒固体废物。③在国务院和国务院有关主管部门及省、自治区、直辖市人民政府划定的自然保护区、风景名胜区、生活饮用水源地和其他需要特别保护的区域内，禁止建设工业固体废物集中贮存、处置设施、场所和生活垃圾填埋场。④转移固体废物出省、自治区、直辖市行政区域贮存、处置的，应当向固体废物Ⅷ【○A. 移出地　○B. 移入地　○C. 途经地　○D. 接受地】的省级人民政府环境保护行政主管部门报告，并经固体废物接受地的省级人民政府环境保护行政主管部门许可。⑤禁止中国境外的固体废物进境倾倒、堆放、处置。⑥国家禁止进口不能用作原料的固体废物；限制进口可以用作原料的固体废物。⑦露天贮存冶炼渣、化工渣、燃煤灰渣、废矿石、尾矿和其他工业固体废物的，应当设置专用的贮存设施、场所。⑧施工单位应当及时清运、处置建筑施工过程中产生的垃圾，并采取措施，防止污染环境。

5. 危险废物污染环境防治的特别规定

危险废物是指列入国家危险废物名录或者根据国家规定的危险废物鉴别标准和鉴别方法认定的具有危险特性的废物。依据《固体废物污染环境防治法》，与工程建设有关的具体规定有如下内容。①对危险废物的容器和包装物以及收集、贮存、运输、处置危险废物的设施、场所，必须设置危险废物识别标志。②以填埋方式处置危险废物不符合国务院环境保护行政主管部门的规定的，应当缴纳危险废物排污费。危险废物排污费征收的具体办法由国务院规定。危险废物排污费用于危险废物污染环境的防治，不得挪作他用。③从事收集、贮存、处置危险废物经营活动的单位，必须向县级以上人民政府环境保护行政主管部门申请领取经营许可证，具体管理办法由国务院规定。禁止无经营许可证或者不按照经营许可证规定从事危险废物收集、贮存、处置的经营活动。禁止将危险废物提供或者委托给无经营许可证的单位从事收集、贮存、处置的经营活动。④收集、贮存危险废物，必须按照危险废物特性分类进行。禁止混合收集、贮存、运输、处置性质不相容而未经安全性处置的危险废物。禁止将危险废物混入非危险废物中贮存。⑤转移危险废物的。必须按照国家有关规定填写危险废物转移联单，并向危险废物Ⅸ【○A. 移出地和接受地　○B. 移入地　○C. 途经地　○D. 接受地】的县级以上地方人民政府环境保护行政主管部门报告。⑥运输危险废物，必须采取防止污染环境的措施，并遵守国家有关危险货物运输管理的规定。禁止将危险废物与旅客在同一运输工具上载运。⑦收集、贮存、运输、处置危险废物的场所、设施、设备和容器、包装物及其他物品转作他用时，必须经过Ⅹ【○A. 无害化　○B. 减轻污染　○C. 再生利用　○D. 消除污染】的处理，方可使用。⑧直接从事收集、贮存、运输、利用、处置危险废物的人员，应当接受专业培训，经考核合格，方可从事该项工作。⑨产生、收集、贮存、运输、利用、处置危险废物的单位，应当制定在发生意外事故时采取的应急措施和防范措施，并向所在地县级以上地方人民政府环境保护行政主管部门报告；环境保护行政主管部门应当进行检查。⑩禁止经中华人民共和国过境转移危险废物。

经典试题

（多选题）1. 根据《固体废物污染环境防治法》的相关规定，下列对固体废物污染防治的做法中，正确的有（　　）。

A. 运输固体废物时，采取了防扬散、防流失、防渗漏等防止污染的措施

B. 在国家级风景名胜区，严格限制建设工业固体废物处置设施

C. 限制进口可以用作原料的固体废物

D. 禁止中国境外的固体废物进境倾倒、堆放、处置

E. 施工单位及时清运、处置建筑施工过程中产生的垃圾，并采取措施防止污染环境

参考答案　Ⅰ ABC　Ⅱ ABCD　Ⅲ ABC　Ⅳ A　Ⅴ B（2010 年、2007 年考试涉及）　Ⅵ A（2008 年考试涉及）　Ⅶ B（2008 年考试涉及）　Ⅷ A（2007 年考试涉及）　Ⅸ A　Ⅹ D（2007 年考试涉及）　1. ACDE

第十五节　节约能源法

考点 1：民用建筑节能的有关规定

重点等级：☆☆☆☆☆

1. 新建建筑节能

（1）节能材料与设备的使用。国家推广使用民用建筑节能的新技术、新工艺、新材料和新设备，限制使用或者禁止使用能源消耗高的技术、工艺、材料和设备。国家限制进口或者禁止进口能源消耗高的技术、材料和设备。建设单位、设计单位、施工单位不得在建筑活动中使用列入禁止使用目录的技术、工艺、材料和设备。

（2）建设节能主体的节能义务

1）城乡规划主管部门与建设主管部门的节能义务。编制城市详细规划、镇详细规划，应当按照民用建筑节能的要求，确定建筑的布局、形状和朝向。城乡规划主管部门依法对民用建筑进行规划审查，应当就设计方案是否符合民用建筑节能强制性标准征求同级建设主管部门的意见；建设主管部门应当自收到征求意见材料之日起Ⅰ【○A. 5 日　○B. 7 日　○C. 10 日　○D. 15 日】内提出意见。征求意见时间不计算在规划许可的期限内。对不符合民用建筑节能强制性标准的，不得颁发建设工程规划许可证。

2）施工图审查机构的节能义务。施工图设计文件审查机构应当按照民用建筑节能强制性标准对施工图设计文件进行审查；经审查不符合民用建筑节能强制性标准的，Ⅱ【○A. 县级以上地方人民政府建设主管部门　○B. 省级以上地方人民政府建设主管部门　○C. 国务院建设主管部门　○D. 国家能源局】不得颁发施工许可证。

3）建设单位的节能义务。建设单位不得明示或者暗示设计单位、施工单位违反民用建筑节能强制性标准进行设计、施工，不得明示或者暗示施工单位使用不符合施工图设计文件

要求的墙体材料、保温材料、门窗、采暖制冷系统和照明设备。按照合同约定由建设单位采购墙体材料、保温材料、门窗、采暖制冷系统和照明设备的，建设单位应当保证其符合施工图设计文件要求。建设单位组织竣工验收，应当对民用建筑是否符合民用建筑节能强制性标准进行查验；对不符合民用建筑节能强制性标准的，不得出具竣工验收合格报告。

4）设计单位、施工单位、工程监理单位的节能义务。施工单位应当对进入施工现场的墙体材料、保温材料、门窗、采暖制冷系统和照明设备进行查验；不符合施工图设计文件要求的，不得使用。工程监理单位发现施工单位不按照民用建筑节能强制性标准施工的，应当要求施工单位改正；施工单位拒不改正的，工程监理单位应当及时报告建设单位，并向有关主管部门报告。未经Ⅲ【○A. 项目经理　○B. 监理工程师　○C. 材料管理人员　○D. 施工负责人】签字，墙体材料、保温材料、门窗、采暖制冷系统和照明设备不得在建筑上使用或者安装，施工单位不得进行下一道工序的施工。

2. 既有建筑节能

（1）既有建筑节能的含义。既有建筑节能改造是指对不符合民用建筑节能强制性标准的既有建筑的围护结构、供热系统、采暖制冷系统、照明设备和热水供应设施等实施节能改造的活动。

（2）节能改造。国家机关办公建筑、政府投资和以政府投资为主的公共建筑的节能改造，应当制定节能改造方案，经充分论证，并按照国家有关规定办理相关审批手续方可进行。各级人民政府及其有关部门、单位不得违反国家有关规定和标准，以节能改造的名义对前款规定的既有建筑进行扩建、改建。

3. 法律责任

（1）建设单位的法律责任。建设单位有下列行为之一的，由县级以上地方人民政府建设主管部门责令改正，处Ⅳ【○A. 10万元以上20万元以下　○B. 10万元以上30万元以下　○C. 20万元以上30万元以下　○D. 20万元以上50万元以下】的罚款：①明示或者暗示设计单位、施工单位违反民用建筑节能强制性标准进行设计、施工的；②明示或者暗示施工单位使用不符合施工图设计文件要求的墙体材料、保温材料、门窗、采暖制冷系统和照明设备的；③采购不符合施工图设计文件要求的墙体材料、保温材料、门窗、采暖制冷系统和照明设备的；④使用列入禁止使用目录的技术、工艺、材料和设备的。

建设单位对不符合民用建筑节能强制性标准的民用建筑项目出具竣工验收合格报告的，由县级以上地方人民政府建设主管部门责令改正，处民用建筑项目合同价款2%以上4%以下的罚款；造成损失的，依法承担赔偿责任。

（2）设计单位的法律责任。设计单位未按照民用建筑节能强制性标准进行设计，或者使用列入禁止使用目录的技术、工艺、材料和设备的，由县级以上地方人民政府建设主管部门责令改正，处Ⅴ【○A. 10万元以上20万元以下　○B. 10万元以上30万元以下　○C. 20万元以上30万元以下　○D. 20万元以上40万元以下】的罚款；情节严重的，由颁发资质证书的部门责令停业整顿，降低资质等级或者吊销资质证书；造成损失的，依法承担赔偿责任。

（3）施工单位的法律责任。施工单位未按照民用建筑节能强制性标准进行施工的，由县级以上地方人民政府建设主管部门责令改正，处民用建筑项目合同价款Ⅵ【○A. 1%以上2%以下　○B. 1%以上3%以下　○C. 2%以上3%以下　○D. 2%以上4%以下】的罚款；情节严重的，由颁发资质证书的部门责令停业整顿，降低资质等级或者吊销资质证书，造成损失的，依法承担赔偿责任。

施工单位有下列行为之一的，由县级以上地方人民政府建设主管部门责令改正，处10

万元以上20万元以下的罚款；情节严重的，由颁发资质证书的部门责令停业整顿，降低资质等级或者吊销资质证书；造成损失的，依法承担赔偿责任：①未对进入施工现场的墙体材料、保温材料、门窗、采暖制冷系统和照明设备进行查验的；②使用不符合施工图设计文件要求的墙体材料、保温材料、门窗、采暖制冷系统和照明设备的；③使用列入禁止使用目录的技术、工艺、材料和设备的。

(4) 工程监理单位的法律责任。工程监理单位有下列行为之一的，由县级以上地方人民政府建设主管部门责令限期改正；逾期未改正的，处Ⅶ【○A. 10万元以上20万元以下　○B. 10万元以上30万元以下　○C. 20万元以上30万元以下　○D. 20万元以上40万元以下】的罚款；情节严重的，由颁发资质证书的部门责令停业整顿，降低资质等级或者吊销资质证书；造成损失的，依法承担赔偿责任：①未按照民用建筑节能强制性标准实施监理的；②墙体、屋面的保温工程施工时，未采取旁站、巡视和平行检验等形式实施监理的。

参考答案　ⅠC　ⅡA　ⅢB　ⅣD　ⅤB　ⅥD　ⅦB

考点2：建设工程项目的节能管理　重点等级：☆☆☆☆

1. 节能管理的基本思路

依据《节约能源法》，我国进行节能管理的基本思路包括以下内容。

(1) 编制节能计划。国务院和县级以上地方各级人民政府应当将节能工作纳入国民经济和社会发展规划、年度计划，并组织编制和实施Ⅰ【○A. 节能中长期专项规划、年度节能计划　○B. 部门节能计划　○C. 岗位节能计划　○D. 季度节能计划】。国务院和县级以上地方各级人民政府每年向本级人民代表大会或者其常务委员会报告节能工作。

(2) 节能考核评价。国家实行节能目标责任制和节能考核评价制度，将节能目标完成情况作为对地方人民政府及其负责人考核评价的内容。省、自治区、直辖市人民政府每年向国务院报告节能目标责任的履行情况。

(3) 节能产业政策。国家实行有利于节能和环境保护的产业政策，限制发展高耗能、高污染行业，发展节能环保型产业。国务院和省、自治区、直辖市人民政府应当加强节能工作，合理调整产业结构、企业结构、产品结构和能源消费结构，推动企业降低单位产值能耗和单位产品能耗，淘汰落后的生产能力，改进能源的开发、加工、转换、输送、储存和供应，提高能源利用效率。国家鼓励、支持开发和利用新能源、可再生能源。

(4) 节能技术创新。国家鼓励、支持节能科学技术的研究、开发、示范和推广，促进节能技术创新与进步。国家开展节能宣传和教育，将节能知识纳入国民教育和培训体系，普及节能科学知识，增强全民的节能意识，提倡Ⅱ【○A. 环保型　○B. 节约型　○C. 清洁型　○D. 循环型】的消费方式。

(5) 节能监督。任何单位和个人都应当依法履行节能义务，有权检举浪费能源的行为；新闻媒体应当宣传节能法律、法规和政策，发挥舆论监督作用。Ⅲ【○A. 国务院管理节能工作的部门　○B. 国家能源局　○C. 国家环境保护部门　○D. 国务院建设行政主管部门】主管全国的节能监督管理工作。国务院有关部门在各自的职责范围内负责节能监督管理工作，并接受国务院管理节能工作的部门的指导。县级以上地方各级人民政府管理节能工作的部门负责本行政区域内的节能监督管理工作。县级以上地方各级人民政府有关部门在各自的职责范围内负责节能监督管理工作，并接受同级管理节能工作的部门的指导。

2. 建筑节能

《节约能源法》对于建筑节能提出了原则性规定，具体内容如下。

(1) 建筑节能的监督管理。国务院建设主管部门负责全国建筑节能的监督管理工作。县级以上地方各级人民政府建设主管部门负责本行政区域内建筑节能的监督管理工作。县级以上地方各级人民政府建设主管部门会同同级管理节能工作的部门编制本行政区域内的建筑节能规划。建筑节能规划应当包括既有建筑节能改造计划。

(2) 建设主体的节能义务。建筑工程的建设、设计、施工和监理单位应当遵守建筑节能标准。不符合建筑节能标准的建筑工程，建设主管部门不得批准开工建设；已经开工建设的，应当责令停止施工、限期改正；已经建成的，不得销售或者使用。建设主管部门应当加强对在建建筑工程执行建筑节能标准情况的监督检查。房地产开发企业在销售房屋时，应当向购买人明示所售房屋的节能措施、保温工程保修期等信息，在房屋买卖合同、质量保证书和使用说明书中载明，并对其真实性、准确性负责。

(3) 建筑节能制度

1) 室内温度控制制度。使用空调采暖、制冷的公共建筑应当实行室内温度控制制度。具体办法由国务院建设主管部门制定。

2) 分户计量、按照用热量收费的制度。国家采取措施，对实行集中供热的建筑分步骤实行供热分户计量、按照用热量收费的制度。新建建筑或者对既有建筑进行节能改造，应当按照规定安装Ⅳ【〇A. 太阳能光伏发电装置　〇B. 太阳能热水装置　〇C. 用热控制装置　〇D. 用热计量装置】、室内温度调控装置和供热系统调控装置。具体办法由国务院建设主管部门会同国务院有关部门制定。

3) 发展节能产品制度。国家鼓励在新建建筑和既有建筑节能改造中使用新型墙体材料等节能建筑材料和节能设备，安装和使用太阳能等可再生能源利用系统。

经典试题

(单选题) 1. 下列关于民用建筑节能的说法，正确的是（　）。

A. 对不符合节能强制性标准的项目，建设行政主管部门不得颁发建设工程规划许可证

B. 对既有建筑实施节能改选，优先采用向阳、改善通风等低成本改造措施

C. 国家要求在新建建筑中必须安装和使用太阳能等可再生资源利用系统

D. 企业可以制定高于国家、行业能耗标准的企业节能标准

参考答案　ⅠA　ⅡB　ⅢA　ⅣD　1. C(2009年考试涉及)

考点3：建设工程节能的规定

重点等级：☆☆

1. 建筑节能标准

建筑节能的国家标准、行业标准由国务院建设主管部门组织制定，并依照法定程序发布。省、自治区、直辖市人民政府建设主管部门可以根据本地实际情况，制定严于国家标准或者行业标准的地方建筑节能标准，并报国务院标准化主管部门和国务院建设主管部门备案。国家鼓励企业制定严于国家标准、行业标准的企业节能标准。

2. 固定资产投资项目节能评估和审查制度

国家实行固定资产投资项目节能评估和审查制度。不符合强制性节能标准的项目，依法负责项目审批或者核准的机关不得批准或者核准建设；建设单位不得开工建设；已经建成

的，不得投入生产、使用。具体办法由国务院管理节能工作的部门会同国务院有关部门制定。

3. 鼓励发展的建筑节能技术及产品

根据2006年施行的《民用建筑节能规定》（建设部第143号令），鼓励发展下列建筑节能技术和产品：Ⅰ【□A. 建筑照明节能技术与产品　□B. 集中供热和热、电、冷联产联供技术　□C. 节能门窗的保温隔热和密闭技术　□D. 给水、排水节能技术与产品　□E. 燃气节能技术与产品】；新型节能墙体和屋面的保温、隔热技术与材料；供热采暖系统温度调控和分户热量计量技术与装置；太阳能、地热等可再生能源应用技术及设备；空调制冷节能技术与产品；其他技术成熟、效果显著的节能技术和节能管理技术。

经典试题

（单选题）1. 以下关于建筑节能的说法，错误的是（　　）。

A. 企业可以制定严于国家标准的企业节能标准

B. 国家实行固定资产项目节能评估和审查制度

C. 不符合强制性节能标准的项目不得开工建设

D. 省级人民政府建设主管部门可以制定低于行业标准的地方建筑节能标准

参考答案　Ⅰ ABC　1. D（2010年考试涉及）

第十六节　消　防　法

考点1：消防设计的审核与验收　　重点等级：☆☆☆☆☆

1. 消防设计的审核

按照国家工程建筑消防技术标准需要进行消防设计的建筑工程，设计单位应当按照国家工程建筑消防技术标准进行设计，建设单位应当将建筑工程的消防设计图纸及有关资料报送Ⅰ【○A. 建设行政主管部门　○B. 公安消防机构　○C. 安全生产监管部门　○D. 规划行政主管部门】审核；未经审核或者经审核不合格的，建设行政主管部门不得发给施工许可证，建设单位不得施工。

经公安消防机构审核的建筑工程消防设计需要变更的，应当报经Ⅱ【○A. 原审核的公安消防机构　○B. 安全生产监管部门　○C. 规划行政主管部门　○D. 建设行政主管部门】核准；未经按准的，任何单位和个人不得变更。

建筑构件和建筑材料的防火性能必须符合国家标准或者行业标准。公共场所室内装修、装饰根据国家工程建设消防技术标准的规定，应当使用不燃、难燃材料的，必须选用依照《中华人民共和国产品质量法》等法律、法规确定的检验机构检验合格的材料。

2. 消防设计的验收

根据《消防法》，按照国家工程建筑消防技术标准进行消防设计的建筑工程竣工时，必须经Ⅲ【○A. 公安消防机构　○B. 安全生产监管部门　○C. 建设行政主管部门　○D. 规划行政主管部门】进行消防验收；未经验收或者经验收不合格的，不得投入使用。

3. 法律责任

（1）未进行消防设计的法律责任。建筑工程的消防设计未经Ⅳ【○A. 建设行政主管部

门　○B. 规划行政主管部门　○C. 安全生产监管部门　○D. 公安消防机构】审核或者经审核不合格，擅自施工的，责令限期改正；逾期不改正的，责令停止施工、停止使用或者停产停业，可以并处罚款。单位有前款行为的，依照前款的规定处罚，并对其直接负责的主管人员和其他直接责任人员处警告或者罚款。

（2）未经消防验收或者验收不合格擅自使用工程的法律责任。依法应当进行消防设计的建筑工程竣工时未经消防验收或者经验收不合格，擅自使用的责令限期改正；逾期不改正的，责令停止施工、停止使用或者停产停业，可以并处罚款。单位有前款行为的，依照前款的规定处罚，并对其直接负责的主管人员和其他直接责任人员处警告或者罚款。

（3）降低消防技术标准施工的法律责任。擅自降低消防技术标准施工、使用防火性能不符合国家标准或者行业标准的建筑构件和建筑材料或者不合格的装修、装饰材料施工的，责令限期改正；逾期不改正的，责令停止施工，可以并处罚款。单位有前款行为的，依照前款的规定处罚，并对其直接负责的主管人员和其他直接责任人员处警告或者罚款。

经典试题

（单选题）1. 需要进行消防设计的建设工程项目，应由建设单位将相关资料向（　　）报批。

A. 公安消防机构　　B. 建设工程安全监督机构

C. 建设行政主管部门　　D. 上级主管部门

参考答案　Ⅰ B(2010 年、2007 年考试涉及)　Ⅱ A　Ⅲ A　Ⅳ D　1. A(2011 年考试涉及)

考点 2：工程建设中应采取的消防安全措施　重点等级：☆☆☆☆

1. 工程建设中应当采取的消防安全措施

（1）在设有车间或者仓库的建筑物内，不得设置员工集体宿舍。在设有车间或者仓库的建筑物内，已经设置员工集体宿舍的，应当限期加以解决。对于暂时确有困难的。应当采取必要的消防安全措施，经Ⅰ【○A. 公安消防机构　○B. 武警消防机构　○C. 县级以上人民政府　○D. 建设行政主管部门】批准后，可以继续使用。

（2）生产、储存、运输、销售或者使用、销毁易燃易爆危险物品的单位、个人，必须执行国家有关消防安全的规定。进入生产、储存易燃易爆危险物品的场所，必须执行国家有关消防安全的规定。禁止携带火种进入生产、储存易燃易爆危险物品的场所。储存可燃物资仓库的管理，必须执行国家有关消防安全的规定。

（3）禁止在具有火灾、爆炸危险的场所使用明火；因特殊情况需要使用明火作业的，应当按照规定事先办理审批手续。作业人员应当遵守消防安全规定，并采取相应的消防安全措施。进行电焊、气焊等具有火灾危险的作业人员和自动消防系统的操作人员，必须持证上岗，并严格遵守消防安全操作规程。

（4）消防产品的质量必须符合国家标准或者行业标准。禁止生产、销售或者使用未经依照《产品质量法》的规定确定的检验机构检验合格的消防产品。禁止使用不符合国家标准或者行业标准的配件或者灭火剂维修消防设施和器材。Ⅱ【○A. 公安消防机构及其工作人员　○B. 安全生产监管部门　○C. 建设行政主管部门　○D. 规划行政主管部门】不得利用职务为用户指定消防产品的销售单位和品牌。

(5) 电器产品、燃气用具的质量必须符合国家标准或者行业标准。电器产品、燃气用具的安装、使用和线路、管路的设计、敷设，必须符合国家有关消防安全技术规定。

(6) 任何单位、个人不得损坏或者擅自挪用、拆除、停用消防设施、器材，不得埋压、圈占消火栓，不得占用防火间距，不得堵塞消防通道。公用和城建等单位在修建道路以及停电、停水、截断通信线路时有可能影响消防队灭火救援的，必须事先通知当地公安消防机构。

2. 法律责任

(1) 单位不履行消防安全职责的法律责任。机关、团体、企业、事业单位违反本法的规定，未履行消防安全职责的，责令限期改正；逾期不改正的，对其直接负责的主管人员和其他直接责任人员依法给予行政处分或者处警告。在设有车间或者仓库的建筑物内设置员工集体宿舍的，责令限期改正；逾期不改正的，责令停产停业，可以并处罚款，并对其直接负责的主管人员和其他直接责任人员处罚款。

(2) 不当处理易燃易爆危险物品的法律责任。生产、储存、运输、销售或者使用、销毁易燃易爆危险物品的，责令停止违法行为，可以处警告、罚款或者Ⅲ【○A. 5 日　○B. 7 日　○C. 10 日　○D. 15 日】以下拘留。单位有前款行为的，责令停止违法行为，可以处警告或者罚款，并对其直接负责的主管人员和其他直接责任人员依照前款的规定处罚。

(3) 其他法律责任

1) 有下列行为之一的，处警告、罚款或者 10 日以下拘留：①违反消防安全规定进入生产、储存易燃易爆危险物品场所的；②违法使用明火作业或者在具有火灾、爆炸危险的场所违反禁令，吸烟、使用明火的；③阻拦报火警或者谎报火警的；④故意阻碍消防车、消防艇赶赴火灾现场或者扰乱火灾现场秩序的；⑤拒不执行火场指挥员指挥，影响灭火救灾的；⑥过失引起火灾，尚未造成严重损失的。

2) 有下列行为之一的，处警告或者罚款：①指使或者强令他人违反消防安全规定，冒险作业，尚未造成严重后果的；②埋压、圈占消火栓或者占用防火间距、堵塞消防通道的，或者损坏和擅自挪用、拆除、停用消防设施、器材的；③有重大火灾隐患，经公安消防机构通知逾期不改正的。

单位有前款行为的，依照前款的规定处罚，并对其直接负责的主管人员和其他直接责任人员处警告或者罚款。有第一款第二项所列行为的，还应当责令其限期恢复原状或者赔偿损失；对逾期不恢复原状的，应当强制拆除或者清除，所需费用由违法行为人承担。

经典试题

(单选题) 1. 某建筑公司在工地采取的下列消防安全措施中，正确的是（　　）。

A. 责令安置在仓库里居住的员工尽量不使用明火

B. 将施工用剩余炸药存放在会议室橱柜里

C. 禁止仓库保管员晚上在仓库里居住

D. 为防丢失，将消防器材锁在铁柜里

(多选题) 2. 甲违反消防安全规定进入生产易燃易爆危险物品场所；乙谎报火警；丙是某建设项目的施工单位项目经理，其项目存在着重大火隐患，虽经过公安消防机构通知，但逾期不改正；丁圈占了消火栓；戊因过失引起了火灾，但未造成严重损失。根据《消防法》的规定，可能受到拘留处罚的有（　　）。

A. 甲　　B. 乙　　C. 丙　　D. 丁　　E. 戊

参考答案　Ⅰ A(2009 年、2008 年考试涉及)　Ⅱ A　Ⅲ D　1. C(2009 年考试涉及)　2. ABE

第十七节　劳　动　法

考点 1：劳动保护的规定　　重点等级：☆☆☆☆☆

1. 劳动安全卫生

劳动安全卫生又称劳动保护，是指直接保护劳动者在劳动中的安全和健康的法律保障。根据《劳动法》的有关规定，用人单位和劳动者应当遵守如下有关劳动安全卫生的法律规定。

(1) 用人单位必须建立、健全劳动安全卫生制度，严格执行Ⅰ【○A. 国家　○B. 地区　○C. 部门　○D. 企业】劳动安全卫生规程和标准，对劳动者进行劳动安全卫生教育，防止劳动过程中的事故，减少职业危害。

(2) 劳动安全卫生设施必须符合国家规定的标准。新建、改建、扩建工程的劳动安全卫生设施必须与主体工程同时设计、同时施工、同时投入生产和使用。

(3) 用人单位必须为劳动者提供符合国家规定的劳动安全卫生条件和必要的劳动防护用品，对从事有职业危害作业的劳动者应当定期进行健康检查。

(4) 从事特种作业的劳动者必须经过专门培训并取得特种作业资格。

(5) 劳动者在劳动过程中必须Ⅱ【○A. 拒绝执行违章指挥　○B. 严格遵守安全操作规程　○C. 拒绝冒险作业　○D. 检举危害生命安全的行为】。劳动者对用人单位管理人员违章指挥、强令冒险作业，有权拒绝执行；对危害生命安全和身体健康的行为，有权提出批评、检举和控告。

2. 女职工和未成年工特殊保护

(1) 女职工的特殊保护。根据我国《劳动法》的有关规定，对女职工的特殊保护规定主要包括：①禁止安排女职工从事矿山井下、国家规定的Ⅲ【○A. 第四级　○B. 第三级　○C. 第二级　○D. 第一级】体力劳动强度的劳动和其他禁忌从事的劳动；②不得安排女职工在经期从事高处、低温、冷水作业和国家规定的第三级体力劳动强度的劳动；③不得安排女职工在怀孕期间从事国家规定的第三级体力劳动强度的劳动和孕期禁忌从事的劳动，对怀孕Ⅳ【○A. 3 个月　○B. 5 个月　○C. 6 个月　○D. 7 个月】以上的女职工，不得安排其延长工作时间和夜班劳动；④女职工生育享受不少于Ⅴ【○A. 60 天　○B. 90 天　○C. 120 天　○D. 150 天】的产假；⑤不得安排女职工在哺乳未满一周岁的婴儿期间从事国家规定的第三级体力劳动强度的劳动和哺乳期禁忌从事的其他劳动，不得安排其延长工作时间和夜班劳动。

(2) 未成年工特殊保护。所谓未成年工是指年满 16 周岁未满 18 周岁的劳动者。根据我国《劳动法》的有关规定，对未成年工的特殊保护规定主要包括：不得安排未成年工从事矿山井下、有毒有害、国家规定的第四级体力劳动强度的劳动和其他禁忌从事的劳动。用人单位应当对未成年工定期进行健康检查。

3. 法律责任

(1) 劳动安全设施和劳动卫生条件不符合要求的法律责任。

(2) 强令劳动者违章冒险作业的法律责任。

(3) 非法雇用童工的法律责任。用人单位非法招用未满 16 周岁的未成年人的，由劳动行政部门责令改正，处以罚款；情节严重的，由Ⅵ【○A. 工商行政管理部门　○B. 劳动行政部门　○C. 行业协会　○D. 地方人民政府行政主管部门】吊销营业执照。

(4) 侵害女职工和未成年工合法权益的法律责任。用人单位违反本法对女职工和未成年工的保护规定，侵害其合法权益的，由劳动行政部门责令改正，处以罚款；对女职工或者未成年工造成损害的，应当承担赔偿责任。

参考答案　ⅠA　ⅡB　ⅢA　ⅣD　ⅤB　ⅥA

考点 2：劳动争议的处理　　重点等级：☆☆☆☆☆

1. 协商解决劳动争议

协商是指当事人各方在自愿、互谅的基础上，按照法律、政策的规定，通过摆事实讲道理解决纠纷的一种方法。Ⅰ【○A. 协商　○B. 调解　○C. 仲裁　○D. 诉讼】是一种简便易行、最有效、最经济的方法，能及时解决争议，消除分歧，提高办事效率，节省费用，也有利于双方的团结和相互的协作关系。

2. 申请调解解决劳动争议

(1) 调解组织。发生劳动争议，当事人可以到下列调解组织申请调解：①企业劳动争议调解委员会；②依法设立的基层人民调解组织；③在乡镇、街道设立的具有劳动争议调解职能的组织。

企业劳动争议调解委员会由Ⅱ【○A. 企业的法定代表人与劳动行政部门的代表　○B. 企业的工会代表与劳动行政部门的代表　○C. 企业的职工代表和企业代表　○D. 企业的职工代表，企业代表和劳动行政部门的代表】组成。职工代表由工会成员担任或者由全体职工推举产生，企业代表由企业负责人指定。企业劳动争议调解委员会主任由工会成员或者双方推举的人员担任。

(2) 调解协议书。经调解达成协议的，应当制作调解协议书。调解协议书由双方当事人签名或者盖章，经调解员签名并加盖调解组织印章后生效，对双方当事人具有约束力，当事人应当履行。自劳动争议调解组织收到调解申请之日起Ⅲ【○A. 7 日　○B. 10 日　○C. 15 日　○D. 20 日】内未达成调解协议的，当事人可以依法申请仲裁。

3. 通过劳动争议仲裁委员会进行裁决

(1) 劳动争议仲裁的特点。与其他解决方式以及《仲裁法》规定的仲裁相比，劳动争议仲裁有以下基本特点：①从仲裁主体上看，劳动争议仲裁委员会由劳动行政部门代表、工会代表和企业方面代表组成。劳动争议仲裁委员会组成人员应当是单数，是Ⅳ【○A. 带有司法性质的行政执行机关　○B. 一般的民间组织　○C. 司法结构　○D. 群众自治性组织】。它不是一般的民间组织，也区别于司法结构、群众自治性组织和行政机构。②从解决对象看，劳动争议仲裁解决劳动争议，这是与《仲裁法》规定的仲裁方式的重大区别。③从仲裁实行的原则看，劳动争议仲裁实行的是法定管辖，而《仲裁法》规定的是约定管辖。④从与诉讼的关系看，当事人对劳动争议仲裁裁决不服的，可以向法院起诉。《仲裁法》规定的仲裁，则采用或裁或审的体制。

(2) 劳动争议仲裁的原则。劳动争议仲裁的原则有：Ⅴ【□A. 一次裁决原则　□B. 合议原则　□C. 强制原则　□D. 公正原则　□E. 诚实信用原则】。

(3) 劳动争议仲裁委员会与仲裁庭

1) 劳动争议仲裁委员会。劳动争议仲裁委员会是依法成立的，通过仲裁方式处理劳动争议的专门机构，它独立行使劳动争议仲裁权。仲裁员应当公道正派，并符合下列条件之一：①曾任审判员的；②从事法律研究、教学工作并具有中级以上职称的；③具有法律知识、从事人力资源管理或者工会等专业工作满Ⅵ【○A. 2年　○B. 3年　○C. 4年　○D. 5年】的；④律师执业满3年的。

劳动争议仲裁委员会负责管辖本区域内发生的劳动争议。劳动争议由劳动合同履行地或者用人单位所在地的Ⅶ【○A. 人民法院　○B. 人民政府　○C. 劳动监察部门　○D. 劳动争议仲裁委员会】管辖。双方当事人分别向劳动合同履行地和用人单位所在地的劳动争议仲裁委员会申请仲裁的，由劳动合同履行地的劳动争议仲裁委员会管辖。

2）仲裁庭。仲裁庭在仲裁委员会领导下处理劳动争议案件，实行一案一庭制。仲裁庭由Ⅷ【○A. 1名首席仲裁员、2名仲裁员　○B. 1名首席仲裁员、3名仲裁员　○C. 2名首席仲裁员、3名仲裁员　○D. 2名首席仲裁员、5名仲裁员】组成。仲裁庭组成不符合规定的，由仲裁委员会予以撤销，重新组成仲裁庭。

3）仲裁委员会或仲裁庭组成人员的回避。仲裁委员会组成人员或者仲裁员有下列情形之一的，应当回避，当事人有权以口头或者书面方式申请其回避：①是本案当事人或者当事人、代理人的近亲属的；②与本案有利害关系的；③与本案当事人、代理人有其他关系，可能影响公正裁决的；④私自会见当事人、代理人，或者接受当事人、代理人的请客送礼的。

（4）劳动争议仲裁的申请与受理

1）申请。根据《劳动争议调解仲裁法》第27条的规定，“劳动争议申请仲裁的时效期间为Ⅸ【○A. 2个月　○B. 6个月　○C. 1年　○D. 2年】。仲裁时效期间从当事人知道或者应当知道其权利被侵害之日起计算。”

仲裁申请书应当载明下列事项：①劳动者的姓名、性别、年龄、职业、工作单位和住所，用人单位的名称、住所和法定代表人或者主要负责人的姓名、职务；②仲裁请求和所根据的事实、理由；③证据和证据来源、证人姓名和住所。

2）受理。劳动争议仲裁委员会收到仲裁申请之日起Ⅹ【○A. 5日　○B. 7日　○C. 10日　○D. 15日】内，认为符合受理条件的，应当受理，并通知申请人；认为不符合受理条件的，应当书面通知申请人不予受理，并说明理由。对劳动争议仲裁委员会不予受理或者逾期未作出决定的，申请人可以就该劳动争议事项向人民法院提起诉讼。劳动争议仲裁委员会受理仲裁申请后，应当在5日内将仲裁申请书副本送达被申请人。被申请人收到仲裁申请书副本后，应当在Ⅺ【○A. 5日　○B. 7日　○C. 10日　○D. 15日】内向劳动争议仲裁委员会提交答辩书。劳动争议仲裁委员会收到答辩书后，应当在5日内将答辩书副本送达申请人。被申请人未提交答辩书的，不影响仲裁程序的进行。

3）审理。仲裁庭应当在开庭5日前，将开庭日期、地点书面通知双方当事人。当事人有正当理由的，可以在开庭前5日请求延期开庭。是否延期，由劳动争议仲裁委员会决定。仲裁庭裁决劳动争议案件，应当自劳动争议仲裁委员会受理仲裁申请之日起Ⅻ【○A. 15日　○B. 20日　○C. 30日　○D. 45日】内结束。案情复杂需要延期的，经劳动争议仲裁委员会主任批准，可以延期并书面通知当事人，但是延长期限不得超过15日。逾期未作出仲裁裁决的，当事人可以就该劳动争议事项向人民法院提起诉讼。

4）执行。当事人对仲裁裁决不服的，自收到裁决书之日起XIII【○A. 10日　○B. 15日　○C. 20日　○D. 30日】内，可以向人民法院起诉；期满不起诉的，裁决书即发生法律效力。但是，下列劳动争议，除《劳动争议调解仲裁法》另有规定的外，仲裁裁决为终局裁决，裁决书自作出之日起发生法律效力：①追索劳动报酬、工伤医疗费、经济补偿或者赔偿金，不超过当地月最低工资标准12个月金额的争议；②因执行国家的劳动标准在工作时间、休息休假、社会保险等方面发生的争议。

当事人对发生法律效力的调解书和裁决书，应当依照规定的期限履行。一方当事人逾期不履行的，另一方当事人可以依照民事诉讼法的有关规定向ⅩⅣ【○A. 人民法院　○B. 司法行政机关　○C. 仲裁机构　○D. 公安机关】申请强制执行。

经典试题

（单选题）1. 下列争议中，属于劳动争议的是（　　）。

A. 企业职工沈某与某地方劳动保障行政部门工伤认定的争议

B. 公司股东李某因股息分配产生的争议

C. 王某与社会保险机构因退休费用产生的争议

D. 进程务工的黄某与劳务分包公司因工资报酬产生的争议

（单选题）2. 甲、乙、丙三人组成仲裁庭，甲为首席仲裁员，甲认为应该支持申请人的主张，乙、丙认为应该支持被申请人的主张，则下列正确的是（　　）。

A. 应按乙、丙的意见做出仲裁书

B. 应该按甲的意见做出仲裁书

C. 甲、乙、丙各自的意见全部列出交由仲裁委员会做出决定

D. 按照甲的意见做出仲裁书，仲裁书中如实记录乙、丙的意见

参考答案　Ⅰ A　Ⅱ C(2010 年考试涉及)　Ⅲ C　Ⅳ A　Ⅴ ABC　Ⅵ D　Ⅶ D　Ⅷ A(2005 年考试涉及)　Ⅸ C(2009 年考试涉及)　Ⅹ A　Ⅺ C　Ⅻ D　ⅩⅢ B　ⅩⅣ A(2011 年考试涉及)　1. D(2011 年考试涉及)　2. A(2011 年考试涉及)

第十八节　劳动合同法

考点 1：劳动合同的订立

重点等级：☆☆☆☆☆

1. 劳动关系的建立与劳动合同的订立

（1）劳动关系的建立。①确认建立劳动关系的时间。用人单位自Ⅰ【○A. 用工之日　○B. 订立劳动合同之日　○C. 正式用工 1 个月　○D. 正式用工 3 个月】起即与劳动者建立劳动关系。用人单位与劳动者在用工前订立劳动合同的，劳动关系自用工之日起建立。②建立劳动关系时当事人的权利和义务。用人单位招用劳动者时，应当如实告知劳动者工作内容、工作条件、工作地点、职业危害、安全生产状况、劳动报酬，以及劳动者要求了解的其他情况；用人单位有权了解劳动者与劳动合同直接相关的基本情况，劳动者应当如实说明。

（2）劳动合同的订立

1）劳动合同当事人。劳动合同的当事人为用人单位和劳动者。

2）订立劳动合同的时间限制。已建立劳动关系，未同时订立书面劳动合同的，应当自用工之日起Ⅱ【○A. 1 个月　○B. 2 个月　○C. 3 个月　○D. 6 个月】内订立书面劳动合同。①因劳动者的原因未能订立劳动合同的法律后果。自用工之日起 1 个月内，经用人单位书面通知后，劳动者不与用人单位订立书面劳动合同的，用人单位应当书面通知劳动者终止劳动关系，无需向劳动者支付经济补偿，但是应当依法向劳动者支付其实际工作时间的劳动

报酬。②因用人单位的原因未能订立劳动合同的法律后果。用人单位自用工之日起超过Ⅲ【○A. 超过1个月不满6个月　○B. 超过1个月不满9个月　○C. 超过1个月不满1年　○D. 超过6个月不满1年】未与劳动者订立书面劳动合同的，应当依照劳动合同法第82条的规定向劳动者每月支付2倍的工资，并与劳动者补订书面劳动合同；劳动者不与用人单位订立书面劳动合同的，用人单位应当书面通知劳动者终止劳动关系，并依照《劳动合同法》第47条的规定支付经济补偿。

(3) 劳动合同的生效。劳动合同由用人单位与劳动者协商一致，并经用人单位与劳动者在劳动合同文本上签字或者盖章生效。劳动合同文本由用人单位和劳动者各执一份。

2. 劳动合同的类型

(1) 固定期限劳动合同。固定期限劳动合同是指用人单位与劳动者约定合同终止时间的劳动合同。用人单位与劳动者协商一致，可以订立固定期限劳动合同。

(2) 无固定期限劳动合同。无固定期限劳动合同是指用人单位与劳动者约定无确定终止时间的劳动合同。用人单位与劳动者协商一致，可以订立无固定期限劳动合同。有下列情形之一，劳动者提出或者同意续订、订立劳动合同的，除劳动者提出订立固定期限劳动合同外，应当订立无固定期限劳动合同。

1) 劳动者在该用人单位连续工作满Ⅳ【○A. 5年　○B. 8年　○C. 10年　○D. 15年】的。

2) 用人单位初次实行劳动合同制度或者国有企业改制重新订立劳动合同时，劳动者在该用人单位连续工作满10年且距法定退休年龄不足10年的。

3) 连续订立两次固定期限劳动合同，且劳动者没有本法第39条（即用人单位可以解除劳动合同的条件）和第40条第1项、第2项规定（即劳动者患病或者非因工负伤，在规定的医疗期满后不能从事原工作，也不能从事由用人单位另行安排的工作的；劳动者不能胜任工作，经过培训或者调整工作岗位，仍不能胜任工作的）的情形，续订劳动合同的。

劳动者非因本人原因从原用人单位被安排到新用人单位工作的，劳动者在原用人单位的工作年限合并计算为新用人单位的工作年限。原用人单位已经向劳动者支付经济补偿的，新用人单位在依法解除、终止劳动合同计算支付经济补偿的工作年限时，不再计算劳动者在原用人单位的工作年限。

(3) 以完成一定工作任务为期限的劳动合同。Ⅴ【○A. 固定期限　○B. 无固定期限　○C. 以完成一定任务为期限　○D. 短期】的劳动合同是指用人单位与劳动者约定以某项工作的完成为合同期限的劳动合同。用人单位与劳动者协商一致，可以订立以完成一定工作任务为期限的劳动合同。

3. 劳动合同的条款

劳动合同应当具备以下条款：Ⅵ【□A. 用人单位的名称、住所和法定代表人或者主要负责人　□B. 劳动者的姓名、住址和居民身份证或者其他有效身份证件号码　□C. 劳动合同期限　□D. 工作内容和工作地点　□E. 试用期】；工作时间和休息休假；劳动报酬；社会保险；劳动保护、劳动条件和职业危害防护；法律、法规规定应当纳入劳动合同的其他事项。

4. 试用期

(1) 试用期的时间长度限制。劳动合同期限3个月以上不满1年的，试用期不得超过1个月；劳动合同期限1年以上不满3年的，试用期不得超过2个月；3年以上固定期限和无固定期限的劳动合同，试用期不得超过6个月。

(2) 试用期的次数限制。同一用人单位与同一劳动者只能约定一次试用期。以完成一定工作任务为期限的劳动合同或者劳动合同期限不满3个月的，不得约定试用期。试用期包含在劳动合同期限内。劳动合同仅约定试用期的，试用期不成立，Ⅶ【○A. 该试用期限为劳动合同期限　○B. 按无效劳动合同处理　○C. 按无固定期限合同处理　○D. 按完成一定工作任务为期限的合同处理】。

（3）试用期内的最低工资。《劳动合同法》规定，劳动者在试用期的工资不得低于本单位相同岗位最低档工资或者劳动合同约定工资的Ⅷ【○A. 60%　○B. 70%　○C. 80%　○D. 90%】，并不得低于用人单位所在地的最低工资标准。

5. 服务期

用人单位为劳动者提供专项培训费用，对其进行专业技术培训的，可以与该劳动者订立协议，约定服务期。劳动合同期满，但是用人单位与劳动者依照劳动合同法的规定约定的服务期尚未到期的，劳动合同应当续延至服务期满；双方另有约定的，从其约定。劳动者违反服务期约定的，应当按照约定向用人单位支付违约金。违约金的数额不得超过用人单位提供的Ⅸ【○A. 服务期工资　○B. 劳动期间的工资　○C. 解除合同费用　○D. 培训费用】。用人单位要求劳动者支付的违约金不得超过服务期尚未履行部分所应分摊的培训费用。

6. 保密协议与竞业限制条款

用人单位与劳动者可以在劳动合同中约定保守用人单位的商业秘密和与知识产权相关的保密事项。对负有保密义务的劳动者，用人单位可以在劳动合同或者保密协议中与劳动者约定竞业限制条款，并约定在解除或者终止劳动合同后，在竞业限制期限内按月给予劳动者经济补偿。劳动者违反竞业限制约定的，应当按照约定向用人单位支付Ⅹ【○A. 违约金　○B. 赔偿金　○C. 补偿金　○D. 损失费】。竞业限制的人员限于用人单位的高级管理人员、高级技术人员和其他负有保密义务的人员。竞业限制的范围、地域、期限由用人单位与劳动者约定，竞业限制的约定不得违反法律、法规的规定。在解除或者终止劳动合同后。前款规定的人员到与本单位生产或者经营同类产品，从事同类业务的有竞争关系的其他用人单位，或者自己开业生产或者经营同类产品、从事同类业务的竞业限制期限，不得超过2年。

经典试题

（单选题）1. 李某今年51岁，自1995年起就一直在某企业做临时工，担任厂区门卫。现企业首次与所有员工签订劳动合同。李某提出自己愿意长久在本单位工作，也应与单位签订合同，但被拒绝并责令其结算工资走人。根据《劳动合同法》规定，企业（　　）。

A. 应当与其签订固定期限劳动合同
B. 应当与其签订无固定期限的劳动合同
C. 应当与其签订以完成一定工作任务为期限的劳动合同
D. 可以不与之签订劳动合同，因其是临时工

（单选题）2. 某施工单位与王先生签订了为期2年的劳动合同，按照劳动合同法的规定，王先生的试用期不得超过（　　）。

A. 1个月　　B. 2个月　　C. 3个月　　D. 6个月

（单选题）3. 甲某与某建筑施工企业签订了劳动合同，其劳动合同期限为6个月，则甲的试用期应在（　　）的期间范围内确定。

A. 15日　　B. 1个月　　C. 2个月　　D. 3个月

参考答案　ⅠA　ⅡA　ⅢC　ⅣC　ⅤC(2011年考试涉及)　ⅥABCD(2011年考试涉及)　ⅦA(2011年考试涉及)　ⅧC　ⅨD　ⅩA　1. B(2009年考试涉及)　2. B(2009年考试涉及)　3. B(2010年考试涉及)

考点 2：劳动合同的履行和变更

重点等级：☆☆

1. 劳动合同的履行

用人单位与劳动者应当按照劳动合同的约定，全面履行各自的义务。用人单位应当按照劳动合同约定和国家规定，向劳动Ⅰ【○A. 及时足额 ○B. 提前 ○C. 及时分期 ○D. 提前足额】支付劳动报酬。用人单位拖欠或者未足额支付劳动报酬的，劳动者可以依法Ⅱ【○A. 向省级人民法院提起诉讼 ○B. 向仲裁委员会申请经济仲裁 ○C. 向仲裁委员会申请劳动仲裁 ○D. 向当地人民法院申请支付令】。用人单位应当严格执行劳动定额标准，不得强迫或者变相强迫劳动者加班。用人单位安排加班的，应当按照国家有关规定向劳动者支付加班费。

劳动者拒绝用人单位管理人员违章指挥、强令冒险作业的，不视为违反劳动合同。劳动者对危害生命安全和身体健康的劳动条件，有权对用人单位提出批评、检举和控告。

2. 劳动合同的变更

用人单位变更名称、法定代表人、主要负责人或者投资人等事项，不影响劳动合同的履行。用人单位发生合并或者分立等情况，原劳动合同继续有效，劳动合同由承继其权利和义务的用人单位继续履行。用人单位与劳动者协商一致，可以变更劳动合同约定的内容。变更劳动合同，应当采用书面形式。变更后的劳动合同文本由用人单位和劳动者各执一份。

参考答案 Ⅰ A Ⅱ D

考点 3：劳动合同的解除和终止

重点等级：☆☆☆☆☆

1. 劳动者可以解除劳动合同的情形

《劳动合同法》规定，用人单位有下列情形之一的，劳动者可以解除劳动合同，用人单位应当向劳动者支付经济补偿：①未按照劳动合同约定提供劳动保护或者劳动条件的；②未及时足额支付劳动报酬的；③未依法为劳动者缴纳社会保险费的；④用人单位的规章制度违反法律、法规的规定，损害劳动者权益的；⑤因《劳动合同法》第 26 条第 1 款（即以欺诈、胁迫的手段或者乘人之危，使对方在违背真实意思的情况下订立或者变更劳动合同的）规定的情形致使劳动合同无效的；⑥法律、行政法规规定劳动者可以解除劳动合同的其他情形。

用人单位以暴力、威胁或者非法限制人身自由的手段强迫劳动者劳动的，或者用人单位违章指挥、强令冒险作业危及劳动者人身安全的，劳动者可以立即解除劳动合同，不需事先告知用人单位。在此基础上，《劳动合同法实施条例》进一步规定，具备下列情形之一的，劳动者可以与用人单位解除固定期限劳动合同、无固定期限劳动合同或者以完成一定工作任务为期限的劳动合同：①劳动者与用人单位协商一致的；②劳动者提前Ⅰ【○A. 10 日 ○B. 15 日 ○C. 20 日 ○D. 30 日】以书面形式通知用人单位的；③劳动者在试用期内提前 3 日通知用人单位的；④用人单位在劳动合同中免除自己的法定责任、排除劳动者权利的；⑤用人单位违反法律、行政法规强制性规定的。

2. 用人单位可以解除劳动合同的情形

（1）随时解除。劳动者有下列情形之一的，用人单位可以解除劳动合同：①在试用期间被证明不符合录用条件的；②严重违反用人单位的规章制度的；③严重失职，营私舞弊，给用人单位造成重大损害的；④劳动者同时与其他用人单位建立劳动关系，对完成本单位的工作任务造成严重影响，或者经用人单位提出，拒不改正的；⑤因《劳动合同法》第26条第1款第1项（即：以欺诈、胁迫的手段或者乘人之危，使对方在违背真实意思的情况下订立或者变更劳动合同的）规定的情形致使劳动合同无效的；⑥被依法追究刑事责任的。

（2）预告解除。有下列情形之一的，用人单位提前Ⅱ【○A. 15日　○B. 20日　○C. 30日　○D. 60日】以书面形式通知劳动者本人或者额外支付劳动者1个月工资后，可以解除劳动合同，用人单位应当向劳动者支付经济补偿：①劳动者患病或者非因工负伤，在规定的医疗期满后不能从事原工作，也不能从事由用人单位另行安排的工作的；②劳动者不能胜任工作，经过培训或者调整工作岗位，仍不能胜任工作的；③劳动合同订立时所依据的客观情况发生重大变化，致使劳动合同无法履行，经用人单位与劳动者协商，未能就变更劳动合同内容达成协议的。

（3）经济性裁员。有下列情形之一，需要裁减人员20人以上或者裁减不足20人但占企业职工总数10%以上的，用人单位提前30日向工会或者全体职工说明情况，听取工会或者职工的意见后，裁减人员方案经向劳动行政部门报告，可以裁减人员，用人单位应当向劳动者支付经济补偿：①依照企业破产法规定进行重整的；②生产经营发生严重困难的；③企业转产、重大技术革新或者经营方式调整，经变更劳动合同后，仍需裁减人员的；④其他因劳动合同订立时所依据的客观经济情况发生重大变化，致使劳动合同无法履行的。

裁减人员时，应当优先留用Ⅲ【□A. 与本单位订立较长期限的固定期限劳动合同的　□B. 与本单位订立无固定期限劳动合同的　□C. 家庭无其他就业人员，有需要扶养的老人或者未成年人的　□D. 高级技术人员　□E. 高级管理人员】。

用人单位依照本条第1款规定裁减人员，在Ⅳ【○A. 2个月　○B. 3个月　○C. 5个月　○D. 6个月】内重新招用人员的，应当通知被裁减的人员，并在同等条件下优先招用被裁减的人员。

（4）用人单位不得解除劳动合同的情形。劳动者有下列情形之一的，用人单位不得依照《劳动合同法》第40条、第41条的规定解除劳动合同：①从事接触职业病危害作业的劳动者未进行离岗前职业健康检查，或者疑似职业病病人在诊断或者医学观察期间的；②在本单位患职业病或者因工负伤并被确认丧失或者部分丧失劳动能力的；③患病或者非因工负伤，在规定的医疗期内的；④女职工在孕期、产期、哺乳期的；⑤在本单位连续工作满15年，且距法定退休年龄不足5年的；⑥法律、行政法规规定的其他情形。

3. 劳动合同终止

《劳动合同法》规定，有下列情形之一的，劳动合同终止。用人单位与劳动者不得在劳动合同法规定的劳动合同终止情形之外约定其他的劳动合同终止条件：①劳动者达到法定退休年龄的，劳动合同终止；②劳动合同期满的；③劳动者开始依法享受基本养老保险待遇的；④劳动者死亡，或者被人民法院宣告死亡或者宣告失踪的；⑤用人单位被依法宣告破产的，依照本项规定终止劳动合同的，用人单位应当向劳动者支付经济补偿；⑥用人单位被吊销营业执照、责令关闭、撤销或者用人单位决定提前解散的，依照本项规定终止劳动合同的，用人单位应当向劳动者支付经济补偿；⑦法律、行政法规规定的其他情形。

4. 终止合同的经济补偿

（1）经济补偿的情形。①以完成一定工作任务为期限的劳动合同终止的补偿；②工伤职工的劳动合同终止的补偿；③违反劳动合同法的规定解除或者终止劳动合同的补偿。

（2）补偿标准。《劳动合同法》第47条规定了终止劳动合同的补偿标准，具体标准为：经济补偿按劳动者在本单位工作的年限，每满1年支付Ⅴ【○A. 半个月　○B. 1个月　○C. 2个月　○D. 3个月】工资的标准向劳动者支付。6个月以上不满1年的，按1年计算；不满6个月的，向劳动者支付半个月工资的经济补偿。劳动者月工资高于用人单位所在直辖市、设区的市级人民政府公布的本地区上年度职工月平均工资3倍的，向其支付经济补偿的标准按职工月平均工资3倍的数额支付，向其支付经济补偿的年限最高不超过Ⅵ【○A. 6年 ○B. 10年 ○C. 12年 ○D. 15年】。

经典试题

（单选题）1. 职工李某因参与打架斗殴被判处有期徒刑1年，缓期2年执行，用人单位决定解除与李某的劳动合同。考虑到李某在单位工作多年，决定向其多支付1个月的额外工资，随后书面通知了李某。这种劳动合同解除的方式称为（ ）。

A. 随时解除 B. 预告解除 C. 经济性裁员 D. 刑事性裁员

（多选题）2. 根据《劳动合同法》规定，下列属于用人单位不得解除劳动合同的情形是（ ）。

A. 在本单位患职业病被确认部分丧失劳动能力的

B. 在本单位连续工作15年，且距法定退休年龄不足5年的

C. 劳动者家庭无其他就业人员，有需要抚养的家属的

D. 女职工在产期的

E. 因工负伤被确认丧失劳动能力的

参考答案 Ⅰ D(2007年考试涉及) Ⅱ C Ⅲ ABC Ⅳ D Ⅴ B Ⅵ C 1. A(2009年考试涉及) 2. ABDE(2010年考试涉及)

考点4：集体合同、劳务派遣、非全日制用工

重点等级：☆☆☆☆☆

1. 集体合同

（1）集体合同的当事人。集体合同的当事人一方是由工会代表的企业职工，另一方当事人是用人单位。集体合同草案应当提交职工代表大会或者全体职工讨论通过。集体合同由Ⅰ【○A. 企业工会代表企业职工 ○B. 企业每一名职工 ○C. 企业10名以上职工 ○D. 企业绝大部分职工】一方与用人单位订立，尚未建立工会的用人单位，由上级工会指导劳动者推举的代表与用人单位订立。

（2）集体合同的分类。集体合同可分为专项集体合同、行业性集体合同和区域性集体合同。企业职工一方与用人单位可以订立劳动安全卫生、女职工权益保护、工资调整机制等Ⅱ【○A. 专项集体合同 ○B. 行业性集体合同 ○C. 专门集体合同 ○D. 专业集体合同】。在县级以下区域内，建筑业、采矿业、餐饮服务业等行业可以由工会与企业方面代表订立行业性集体合同，或者订立区域性集体合同。

（3）集体合同的效力。①集体合同的生效。集体合同订立后，应当报送劳动行政部门；劳动行政部门自收到集体合同文本之日起Ⅲ【○A. 5日 ○ B. 7日 ○C. 10日 ○D. 15日】内未提出异议的，集体合同即行生效。②集体合同的约束范围。依法订立的集体合同对用人单位和劳动者具有约束力。行业性、区域性集体合同对当地本行业、本区域的用人单位和劳动者具有约束力。③集体合同中劳动报酬和劳动条件条款的效力。集体合同中劳动报酬和劳动条件等标准不得低于当地人民政府规定的最低标准；用人单位与劳动者订立的劳动合同中劳动报酬和劳动条件等标准不得低于集体合同规定的标准。④集体合同的维权。用人单位违反集体合同，侵犯职工劳动权益的，工会可以依法要求用人单位承担责任；因履行集体合同

发生争议，经协商解决不成的。工会可以依法申请仲裁、提起诉讼。

2. 劳务派遣

(1) 劳务派遣当事人。劳务派遣当事人包括劳务派遣单位、劳动者和用工单位。

(2) 劳务派遣的劳动合同。劳务派遣的劳动合同由劳务派遣单位与劳动者签订。该劳动合同除了应当具备一般劳动合同应当具备的条款外，还应当载明被派遣劳动者的用工单位以及派遣期限、工作岗位等情况。劳务派遣单位应当与被派遣劳动者订立Ⅳ【○A. 6 个月　○B. 1 年　○C. 2 年　○D. 5 年】以上的固定期限劳动合同，按月支付劳动报酬；被派遣劳动者在无工作期间，劳务派遣单位应当按照所在地人民政府规定的最低工资标准，向其按月支付报酬。

(3) 劳务派遣协议。劳务派遣单位派遣劳动者应当与接受以劳务派遣形式用工的单位（以下称用工单位）订立劳务派遣协议。劳务派遣协议应当约定派遣岗位和人员数量、派遣期限、劳动报酬和社会保险费的数额与支付方式Ⅴ【□A. 派遣岗位和人员数量　□B. 派遣期限　□C. 劳动报酬　□D. 社会保险费的数额与支付方式　□E. 派遣地点】以及违反协议的责任。用工单位应当根据工作岗位的实际需要与劳务派遣单位确定派遣期限，不得将连续用工期限分割订立数个短期劳务派遣协议。

(4) 劳务派遣当事人的权利与义务

1) 劳务派遣单位。被派遣劳动者具有下列情形的，劳务派遣单位可以与劳动者解除劳动合同：①在试用期间被证明不符合录用条件的；②严重违反用人单位的规章制度的；③严重失职，营私舞弊，给用人单位造成重大损害的；④劳动者同时与其他用人单位建立劳动关系，对完成本单位的工作任务造成严重影响，或者经用人单位提出，拒不改正的；⑤以欺诈、胁迫的手段或者乘人之危，使对方在违背真实意思的情况下订立或者变更劳动合同，致使劳动合同无效的；⑥被依法追究刑事责任的；⑦劳动者患病或者非因工负伤，在规定的医疗期满后不能从事原工作，也不能从事由用人单位另行安排的工作的；⑧劳动者不能胜任工作，经过培训或者调整工作岗位，仍不能胜任工作的。劳务派遣单位的义务分为以下几种：①告知的义务，劳务派遣单位应当将劳务派遣协议的内容告知被派遣劳动者；②不得克扣劳务报酬的义务，劳务派遣单位不得克扣用工单位按照劳务派遣协议支付给被派遣劳动者的劳动报酬；③无偿派遣的义务，劳务派遣单位和用工单位不得向被派遣劳动者收取费用。

2) 用工单位。被派遣劳动者具备上述劳务派遣单位可以与劳动者解除劳动合同的八种情形的，用工单位可以将劳动者退回劳务派遣单位。用工单位应当履行下列义务：Ⅵ【□A. 执行国家劳动标准，提供相应的劳动条件和劳动保护　□B. 告知被派遣劳动者的工作要求和劳动报酬　□C. 支付加班费、绩效奖金，提供与工作岗位相关的福利待遇　□D. 对在岗被派遣劳动者进行工作岗位所必需的培训　□E. 将被派遣劳动者派遣到福利待遇较好的其他用人单位】；连续用工的，实行正常的工资调整机制。

3) 劳动者。劳动者享有的权利包括：①享有最低劳动报酬和劳动条件的权利；②参加或者组织工会的权利；③依法解除劳动合同的权利。除用人单位与劳动者协商一致，可以解除劳动合同外，用人单位有下列情形之一的，劳动者可以与劳务派遣单位解除劳动合同。a. 未按照劳动合同约定提供劳动保护或者劳动条件的；b. 未及时足额支付劳动报酬的；c. 未依法为劳动者缴纳社会保险费的；d. 用人单位的规章制度违反法律、法规的规定，损害劳动者权益的；e. 以欺诈、胁迫的手段或者乘人之危，使对方在违背真实意思的情况下订立或者变更劳动合同，致使劳动合同无效的；f. 法律、行政法规规定劳动者可以解除劳动合同的其他情形。

用人单位以暴力、威胁或者非法限制人身自由的手段强迫劳动者劳动的，或者用人单位违章指挥、强令冒险作业危及劳动者人身安全的，劳动者可以立即解除劳动合同，不需事先告知用人单位。上文中劳务派遣单位享有的权利就是劳动者的义务。此处不再赘述。

3. 非全日制用工

非全日制用工是指以小时计酬为主，劳动者在同一用人单位一般平均每日工作时间不超过四小时，每周工作时间累计不超过24小时的用工形式。非全日制用工双方当事人可以订立口头协议。从事非全日制用工的劳动者可以与一个或者一个以上用人单位订立劳动合同；但是，后订立的劳动合同不得影响先订立的劳动合同的履行。非全日制用工双方当事人不得约定试用期。非全日制用工双方当事人任何一方都可以随时通知对方终止用工。终止用工，用人单位不向劳动者支付经济补偿。非全日制用工小时计酬标准不得低于用人单位所在地人民政府规定的最低小时工资标准。非全日制用工劳动报酬结算支付周期最长不得超过Ⅶ【○A. 7天　○B. 15天　○C. 20天　○D. 30天】。《劳动合同法实施条例》规定：劳务派遣单位不得以非全日制用工形式招用被派遣劳动者。

参考答案　Ⅰ A(2009年考试涉及)　Ⅱ A　Ⅲ D　Ⅳ C(2011年考试涉及)　Ⅴ ABCD　Ⅵ ABCD　Ⅶ B(2010年考试涉及)

第十九节　档　案　法

考点1：建设工程档案的种类

重点等级：☆☆☆☆☆

根据国家标准《建设工程文件归档整理规范》(GB/T 50328—2001)，"建设工程档案"是指"Ⅰ【○A. 在工程建设活动中直接形成的具有归档保存价值的文字、图表、声像等各种形式的历史记录　○B. 在工程设计、施工等阶段形成的文件　○C. 在工程竣工验收后，真实反映建设工程项目施工结果的图样　○D. 在工程立项、勘察、设计和招标等工程准备阶段形成的文件】"。根据该国家标准，应当归档的建设工程文件主要包括以下内容。

1. 工程准备阶段文件

工程准备阶段文件指工程开工以前，在立项、审批、征地、勘察、设计、招投标等工程准备阶段形成的文件。主要包括以下文件。

(1) 立项文件。它包括：Ⅱ【□A. 项目建议书　□B. 项目建议书审批意见及前期工作通知书　□C. 可行性研究报告及附件　□D. 可行性研究报告审批意见　□E. 建设用地规划许可证及其附件】；关于立项有关的会议纪要、领导讲话；专家建议文件；调查资料及项目评估研究材料等。

(2) 建设用地、征地、拆迁文件。它包括：Ⅲ【□A. 选址申请及选址规划意见通知书　□B. 用地申请报告及县级以上人民政府城乡建设用地批准书　□C. 拆迁安置意见、协议、方案等　□D. 建设用地规划许可证及其附件　□E. 地形测量和拨地测量成果报告】；划拨建设用地文件；国有土地使用证。

(3) 勘察、测绘、设计文件。它包括：工程地质勘察报告；水文地质勘察报告、自然条件、地震调查；建设用地钉桩通知单(书)；地形测量和拨地测量成果报告；申报的规划设计条件和规划设计条件通知书；初步设计图纸和说明；技术设计图纸和说明；审定设计方案通知书及审查意见；有关行政主管部门(人防、环保、消防、交通、园林、市政、文物、通信、保密、河湖、教育、白蚁防治、卫生等)批准文件或取得的有关协议；施工图及其说明；设计计算书；政府有关部门对施工图设计文件的审批意见等。

（4）招投标文件。它包括：Ⅳ【□A. 勘察设计招投标文件　□B. 勘察设计承包合同　□C. 施工招投标文件　□D. 施工承包合同　□E. 划拨建设用地文件】；工程监理招投标文件；监理委托合同等。

（5）开工审批文件。它包括：建设项目列入年度计划的申报文件；建设项目列入年度的批复文件或年度计划项目表；规划审批申报表及报送的文件和图纸；建设工程规划许可证及其附件；建设工程开工审查表；建设工程施工许可证；投资许可证、审计证明、缴纳绿化建设费等证明；工程质量监督手续等。

（6）财务文件。它包括：工程投资估算材料；工程设计概算材料；施工图预算材料；施工预算等。

（7）建设、施工、监理机构及负责人名单。它包括：工程项目管理机构（项目经理部）及负责人名单；工程项目监理机构（项目监理部）及负责人名单；工程项目施工管理机构（施工项目经理部）及负责人名单等。

2. 监理文件

监理文件是指工程监理单位在工程监理过程中形成的文件。

3. 施工文件

施工文件是指施工单位在工程施工过程中形成的文件。不同专业的工程对施工文件的要求不尽相同，一般包括：①施工技术准备文件，包括施工组织设计、技术交底、图纸会审记录、施工预算的编制和审查、施工日志等；②施工现场准备文件，包括控制网设置资料、工程定位测量资料、基槽开挖线测量资料、施工安全措施、施工环保措施等；③地基处理记录；④工程图纸变更记录，包括设计会议会审记录、Ⅴ【○A. 设计变更记录　○B. 图纸修改意见记录　○C. 设计交底记录　○D. 设计评定记录】、工程洽商记录等；⑤施工材料、预制构件质量证明文件及复试试验报告；⑥设备、产品质量检查、安装记录，包括设备、产品质量合格证、质量保证书，设备装箱单、商检证明和说明书、开箱报告，设备安装记录，设备试运行记录，设备明细表等；⑦施工试验记录、隐蔽工程检查记录；⑧施工记录，包括工程定位测量检查记录、预检工程检查记录、沉降观测记录、结构吊装记录、工程竣工测量、新型建筑材料、施工新技术等；⑨工程质量事故处理记录；⑩工程质量检验记录，包括检验批质量验收记录、分面工程质量验收记录、基础、主体工程验收记录、分部（子分部）工程质量验收记录等。

4. 竣工图和竣工验收文件

竣工图是指工程竣工验收后，真实反映建设工程项目施工结果的图样。竣工验收文件是指建设工程项目竣工验收活动中形成的文件。竣工验收文件主要包括：①工程竣工总结，包括工程概况表、工程竣工总结；②竣工验收记录，包括单位（子单位）工程质量验收记录、竣工验收证明书、竣工验收报告、Ⅵ【○A. 竣工验收备案表　○B. 竣工验收鉴定书　○C. 竣工验收意见书　○D. 竣工验收人员一览表】、工程质量保修书等；③财务文件，包括决算文件、交付使用财产总表和财产明细表；④声像、缩微、电子档案，包括工程照片、录音、录像材料、各种光盘、磁盘等。

经典试题

（多选题）1. 应当归档的建设工程文件主要包括（　　）。

A. 工程准备阶段文件　　B. 设计文件　　C. 监理文件
D. 施工文件　　E. 竣工图和竣工验收文件

参考答案　Ⅰ A　Ⅱ ABCD　Ⅲ ABCD　Ⅳ ABCD　Ⅴ A　Ⅵ A　1. ACDE

考点 2：建设工程档案的移交程序

重点等级：☆☆☆☆☆

1. 各主要参建单位向建设单位移交工程文件

(1) 基本规定。Ⅰ【○A. 建设单位　○B. 施工单位　○C. 监理单位　○D. 设计单位】应当收集和整理工程准备阶段、竣工验收阶段形成的文件，并应进行立卷归档。建设单位还应当负责组织、监督和检查勘察、设计、施工、监理等单位的工程文件的形成、积累和立卷归档工作，并收集和汇总勘察、设计、施工、监理等单位立卷归档的工程档案。建设工程项目实行总承包的，总包单位负责收集、汇总各分包单位形成的工程档案，并应及时向建设单位移交；各分包单位应将本单位形成的工程文件整理、立卷后及时移交总包单位。建设工程项目由几个单位承包的，各承包单位负责收集、整理立卷其承包项目的工程文件，并应及时向建设单位移交。

(2) 工程文件的归档范围及质量要求。对与工程建设有关的重要活动，记载工程建设Ⅱ【○A. 主要阶段和质量状况　○B. 安全和质量状况　○C. 主要过程和现状　○D. 进度与质量状况】、具有保存价值的各种载体的文件，均应收集齐全，整理立卷后归档。归档的工程文件应为原件。工程文件的内容及其深度必须符合国家有关工程勘察、设计、施工、监理等方面的技术规范、标准和规程。

(3) 工程文件的归档。归档文件必须完整、准确、系统，能够反映工程建设活动的全过程。归档的文件必须经过Ⅲ【○A. 分类　○B. 立卷　○C. 归档　○D. 科学】整理，并应组成符合要求的案卷。根据建设程序和工程特点，归档可以分阶段进行，也可以在单位或分部工程通过竣工验收后进行。勘察、设计单位应当在任务完成时，施工、监理单位应当在工程竣工验收前，将各自形成的有关工程档案向建设单位归档。凡设计，施工及监理单位需要向本单位归档的文件，应按国家有关规定单独立卷归档。

勘察、设计、施工单位在收齐工程文件并整理立卷后，建设单位、监理单位应根据城建管理机构的要求对档案文件完整、准确、系统情况和案卷质量进行审查。审查合格后向建设单位移交。工程档案一般不少于两套，一套由建设单位保管，一套（原件）移交当地城建档案馆（室）。勘察、设计、施工、监理等单位向建设单位移交档案时，应编制Ⅳ【○A. 移交说明　○B. 移交证明　○C. 移交公证　○D. 移交清单】，双方签字、盖章后方可交接。

2. 建设单位向政府主管机构移交建设项目档案

列及城建档案馆（室）档案接收范围的工程，建设单位在组织工程竣工验收前，应提请Ⅴ【○A. 建设主管部门　○B. 质量检验部门　○C. 规划主管部门　○D. 城建档案管理机构】对工程档案进行预验收。建设单位未取得城建档案管理机构出具的认可文件，不得组织工程竣工验收。列入城建档案馆（室）接收范围的工程，建设单位在工程竣工验收后Ⅵ【○A. 1个月　○B. 2个月　○C. 3个月　○D. 5个月】内，必须向城建档案馆（室）移交一套符合规定的工程档案。停建、缓建建设工程的档案，暂由建设单位保管。对改建、扩建和维修工程，建设单位应当组织设计、施工单位据实修改、补充和完善原工程档案。对改变的部件，应当重新编制工程档案，并在工程竣工验收后 3 个月内向城建档案馆（室）移交。建设单位向城建档案馆（室）移交工程档案时，应办理移交手续，填写移交目录，双方签字、盖章后交接。

3. 重大建设项目档案验收

(1) 项目档案验收组的组成。①国家档案局组织的项目档案验收，验收组由国家档案局、中央主管部门、项目所在地省级档案行政管理部门等单位组成；②中央主管部门档案机构组织的项目档案验收，验收组由中央主管部门档案机构及项目所在地省级档案行政管理部门等单位组成；③省级及省以下各级档案行政管理部门组织的项目档案验收，由档案行政管理部门、项目主管部门等单位组成；④凡在城市规划区范围内建设的项目，项目档案验收组成员应包括项目所在地的城建档案接收单位；⑤项目档案验收组人数为不少于Ⅶ【○A. 3人　○B. 5人　○C. 7人　○D. 9人】的单数，组长由验收组织单位人员担任。必要时可邀请有关专业人员参加验收组。

（2）验收申请。项目建设单位（法人）应向项目档案验收组织单位报送档案验收申请报告，并填报《重大建设项目档案验收申请表》。项目档案验收组织单位应在收到档案验收申请报告的Ⅶ【○A. 5个工作日　○B. 7日　○C. 10个工作日　○D. 10日】内作出答复。

1）申请项目档案验收应具备下列条件：Ⅷ【□A. 项目主体工程和辅助设施已按照设计建成，能满足生产或使用的需要　□B. 项目试运行指标考核合格或者达到设计能力　□C. 完成了项目建设全过程文件材料的收集、整理与归档工作　□D. 文件材料的收集、整理与归档工作基本结束　□E. 基本完成了项目档案的分类、组卷、编目等整理工作】。

2）项目档案验收申请报告的主要内容包括：①项目建设及项目档案管理概况；②保证项目档案的完整、准确、系统所采取的控制措施；③项目文件材料的形成、收集、整理与归档情况，竣工图的编制情况及质量状况；④档案在项目建设、管理、试运行中的作用；⑤存在的问题及解决措施。

（3）验收要求

1）项目档案验收会议。项目档案验收应在项目竣工验收Ⅸ【○A. 1　○B. 2　○C. 3　○D. 4】个月之前完成。项目档案验收以验收组织单位召集验收会议的形式进行。项目档案验收组全体成员参加项目档案验收会议，项目的建设单位（法人）、设计、施工、监理和生产运行管理或使用单位的有关人员列席会议。

项目档案验收会议的主要议程包括：①项目建设单位（法人）汇报项目建设概况、项目档案工作情况；②监理单位汇报项目档案质量的审核情况；③项目档案验收组检查项目档案及档案管理情况；④项目档案验收组对项目档案质量进行综合评价；⑤项目档案验收组形成并宣布项目档案验收意见。

2）档案质量的评价。检查项目档案，采用Ⅹ【□A. 质询　□B. 现场查验　□C. 抽查案卷　□D. 问卷调查　□E. 随机走访】的方式。抽查档案的数量应不少于Ⅺ【○A. 50卷　○B. 60卷　○C. 100卷　○D. 120卷】，抽查重点为项目前期管理性文件、隐蔽工程文件、竣工文件、质检文件、重要合同、协议等。项目档案验收应根据《国家重大建设项目文件归档要求与档案整理规范》（DA/T 28—2002），对项目档案的完整性、准确性、系统性进行评价。

参考答案　ⅠA　ⅡC　ⅢA　ⅣD　ⅤD　ⅥC　ⅦB　ⅧABCE　ⅨC(2009年考试涉及)　Ⅹ ABC　ⅪC

第二十节　税　法

考点1：纳税人的权利和义务

重点等级：☆☆☆

1. 纳税人的权利

（1）特殊情况下延期纳税的权利。根据《税收征收管理法》的有关规定，纳税人因有特殊困难，不能按期缴纳税款的，经批准可以延期缴纳税款，但是最长不得超过Ⅰ【○A. 1个月　○B. 2个月　○C. 3个月　○D. 6个月】。纳税人未按照规定期限缴纳税款的，扣缴义务人未按照规定期限解缴税款的，税务机关除责令限期缴纳外，从滞纳税款之日起，按日加收滞纳税款Ⅱ【○A. 0.1‰　○B. 0.5‰　○C. 1‰　○D. 5‰】的滞纳金。

（2）收取完税凭证的权利。税务机关征收税款时，必须给纳税人开具完税凭证。扣缴义务人代扣、代收税款时，纳税人要求扣缴义务人开具代扣、代收税款凭证的，扣缴义务人应当开具。

2. 纳税人的义务

（1）依法纳税。纳税人、扣缴义务人应按照法律、行政法规规定或者税务机关依照法律、行政法规的规定确定的期限，缴纳或者解缴税款。

未按规定解缴税款是指扣缴义务人已将纳税人应缴的税款代扣、代收，但没有按时缴入国库的行为。

（2）出境清税。欠缴税款的纳税人或者他的法定代表人需要出境的，应当在出境前向税务机关结清应纳税款、滞纳金或者提供担保。未结清税款、滞纳金，又不提供担保的，税务机关可以通知出境管理机关阻止其出境。

（3）纳税人报告制度。欠缴税款数额较大的纳税人在处分其不动产或者大额资产之前，应当Ⅲ【○A. 向税务机关报告　○B. 向税务机关提交登记报告　○C. 向税务机关提交账簿凭证　○D. 向税务机关提供纳税担保】。

参考答案　Ⅰ C　Ⅱ D（2010年、2009年考试涉及）　Ⅲ A

考点2：税务管理的制度

重点等级：☆☆☆☆

税务管理是税收征管程序中的基础性环节，主要包括Ⅰ【□A. 税务登记制度　□B. 账簿凭证管理制度　□C. 纳税申报制度　□D. 税务登记变更制度　□E. 纳税担保制度】。

1. 税务登记制度

（1）开业、变更及注销登记。根据《中华人民共和国税收征收管理法》（以下简称《税收征收管理法》）的有关规定，企业及其在外地设立的分支机构等从事生产、经营的纳税人，应当自领取营业执照之日起Ⅱ【○A. 10日　○B. 15日　○C. 20日　○D. 30日】内，向税务机关申报办理税务登记。税务登记内容发生变化的，纳税人应当自办理工商变更登记之日起30日内或办理工商注销登记前，向税务机关申报办理变更或者注销税务登记。从事生产、经营的纳税人应当按照国家有关规定，持税务登记证件，在银行或者其他金融机构开立Ⅲ【○A. 一般存款账户　○B. 基本存款账户　○C. 临时存款账户　○D. 专用存款账户】和其他账户，并将其全部账号向税务机关报告。

（2）税务登记证件。纳税人应当按照国家有关规定使用税务登记证件，不得转借、涂改、损毁、买卖或者伪造税务登记证件。税务登记证件具有重要作用，除按照规定不需要发给税务登记证件的，纳税人办理下列事项时，必须持税务登记证件：①开立银行账户；②申请减税、免税、退税；③申请办理延期申报、延期缴纳税款；④领购发票；⑤申请开具外出经营活动税收管理证明；⑥办理停业、歇业等。

2. 账簿凭证管理制度

根据《税收征收管理法》的有关规定，纳税人、扣缴义务人按照有关法律、行政法规和国务院财政、税务主管部门的规定设置账簿，根据合法、有效凭证记账，进行核算。从事生产、经营的纳税人、扣缴义务人必须按照国务院财政、税务主管部门规定的保管期限保管Ⅳ【○A. 账簿、记账凭证、完税凭证　○B. 公司经营活动分析资料　○C. 减税、免税、退税证件　○D. 经营活动税收管理证明】及其他有关资料，账簿、记账凭证、完税凭证及其他有关资料不得伪造、变造或者擅自损毁。

参考答案　Ⅰ ABC　Ⅱ D　Ⅲ B　Ⅳ A

第二十一节　建设工程法律责任

考点 1：民事责任的种类和承担民事责任的方式　　重点等级：☆☆☆☆☆

1. 民事责任的种类

民事责任是指行为人违反民事法律上的约定或者法定义务所应承担的对其不利的法律后果，其目的主要是恢复受害人的权利和补偿权利人的损失。我国《民法通则》根据民事责任的承担原因将民事责任主要划分为两类，即Ⅰ【○A. 违约责任和侵权责任　○B. 违约责任和行政责任　○C. 行政责任和侵权责任　○D. 刑事责任和侵权责任】。

（1）违约责任（详见本书第二章第六节违约责任）。

（2）侵权责任。侵权行为是指民事主体违反民事义务，侵害他人合法的民事权益，依法应承担民事法律责任的行为。侵权责任是指由于侵权行为而应承担的民事责任。侵权行为可分为Ⅱ【○A. 单独侵权行为与特殊侵权行业　○B. 积极侵权行业与消极侵权行业　○C. 侵害财产权的行为与侵害人身权的行为　○D. 一般侵权行为与特殊侵权行为】。《民法通则》第 121 条至第 127 条规定了特殊侵权行为。其中，与工程建设密切相关的有：①违反国家保护环境防止污染的规定，污染环境造成他人损害的，应当依法承担民事责任；②在公共场所、道旁或者通道上挖坑、修缮安装地下设施等，没有设置明显标志和采取安全措施造成他人损害的，施工人员应当承担民事责任；③建筑物或者其他设施以及建筑物上的搁置物、悬挂物发生倒塌、脱落、坠落造成他人损害的，它的所有人或者管理人应当承担民事责任，但能够证明自己没有过错的除外。

2. 承担民事责任的方式

《民法通则》第 134 条规定，承担民事责任的方式主要有以下几种。

（1）停止侵害。停止侵害是指侵害人终止其正在进行或者延续的损害他人合法权益的行为。其目的在于及时制止侵害行为，防止损失的扩大。

（2）Ⅲ【○A. 排除妨碍　○B. 停止侵害　○C. 赔偿损失　○D. 消除危险】是指侵害人排除由其行为引起的妨碍他人权利正常行使和利益实现的客观事实状态。其目的在于保证他人能够行使自己的合法权益。

（3）消除危险。消除危险是指侵害人消除由其行为或者物件引起的现实存在的某种有可能对他人的合法权益造成损害的紧急事实状态。其目的在于防止损害或妨碍的发生。

（4）返还财产。返还财产是指侵害人将其非法占有或者获得的财产转移给所有人或者权利人。返还的财产包括三种情形：①因不当得利所获得的财产；②民事行为被确认无效或者被撤销而应当返还的财产；③非法侵占他人的财产。

（5）恢复原状。恢复原状是指使受害人的财产恢复到受侵害之前的状态。使用这种责任形势需要具有两个前提条件：财产恢复的可能性与财产恢复的必要性。

(6) 修理、重作、更换

(7) 赔偿损失

(8) 支付违约金。在违约责任中Ⅳ【○A. 警告 ○B. 罚款 ○C. 支付违约金 ○D. 没收财产】属于民事责任承担方式。

(9) 消除影响、恢复名誉

(10) 赔礼道歉。

经典试题

(单选题) 1. 下列选项中,当事人应承担侵权责任的是( )

A. 工地的塔吊倒塌造成临近的民房被砸塌

B. 某施工单位未按照合同约定工期竣工

C. 因台风导致工程损害

D. 某工程存在质量问题

(多选题) 2. 下列属于承担民事责任的方式是( )。

A. 赔偿损失 B. 返还财产 C. 支付利息

D. 支付违约金 E. 支付定金

参考答案 Ⅰ A Ⅱ D Ⅲ A Ⅳ C(2011年考试涉及) 1. A(2010年考试涉及) 2. ABD (2009年考试涉及)

考点2:工程建设领域常见行政责任种类和行政处罚程序 重点等级:☆☆☆☆

1. 工程建设领域常见行政责任种类

(1) 行政处罚。行政处罚是指国家行政机关及其他依法可以实施行政处罚权的组织,对违反经济、行政管理法律、法规、规章,尚不构成犯罪的公民、法人及其他组织实施的一种法律制裁。

根据《行政处罚法》第8条的规定,行政处罚的种类包括:Ⅰ【○A. 没收财产 ○B. 罚金 ○C. 撤职 ○D. 责令停产停业】;警告;罚款;没收违法所得、没收非法财物;暂扣或者吊销许可证、暂扣或者吊销执照;行政拘留;法律、行政法规规定的其他行政处罚。

(2) 行政处分。行政处分是国家行政机关依照行政隶属关系对违法失职的公务员给予的惩戒。国家公务员有《公务员法》所列违纪行为,尚未构成犯罪的,或者虽然构成犯罪但是依法不追究刑事责任的,应当给予行政处分;违纪行为情节轻微,经过批评教育后改正的,也可以免予行政处分。

依据《公务员法》,行政处分分为:警告、记过、记大过、降级、撤职、开除。公务员在受处分期间不得晋升职务和级别,其中受Ⅱ【□A. 记过 □B. 记大过 □C. 降级 □D. 撤职 □E. 警告】处分的,不得晋升工资档次。受撤职处分的,按照规定降低级别。公务员受开除以外的处分,在受处分期间有悔改表现,并且没有再发生违纪行为的,处分期满后,由处分决定机关解除处分并以书面形式通知本人。解除处分后,晋升工资档次、级别和职务不再受原处分的影响。但是,解除降级、撤职处分的,不视为恢复原级别、原职务。

2. 行政处罚程序

《行政处罚法》明确规定,公民、法人或者其他组织违反行政管理秩序的行为。应当根据法律、法规或规章给予行政处罚的，行政机关应当依法定程序实施，“没有法定依据或者不遵守法定程序的，行政处罚无效”。据此，具有法定依据和遵守法定程序，是行政机关实施的行政处罚具备合法性所必需满足的前提条件。另一方面，《行政处罚法》还明确规定，公民、法人或者其他组织对行政机关所给予的行政处罚，享有Ⅲ【□A. 陈述权 □B. 申辩权 □C. 反驳权 □D. 复核权 □E. 调查权】；对行政处罚不服的，有权依法申请行政复议或者提起行政诉讼。公民、法人或者其他组织因行政机关违法给予行政处罚造成损害的，有权依法提出赔偿要求。

(1) 行政处罚的决定程序

1) 一般规则。公民、法人或者其他组织违反行政管理秩序的行为，依法应当给予行政处罚的，行政机关必须查明事实。违法事实不清的，不得给予行政处罚。行政机关在作出行政处罚决定之前，应当告知当事人作出行政处罚决定的事实理由和依据，并告知当事人依法享有的权利。行政机关及其执法人员违反该规定，未向当事人告知行政处罚的事实、理由和依据的，行政处罚决定不能成立。当事人有权进行陈述和申辩。行政机关必须充分听取当事人的意见，对当事人提出的事实、理由和证据，应当进行复核；当事人提出的事实、理由或者证据成立的，行政机关应当采纳。行政机关不得因当事人申辩而加重处罚。行政机关及其执法人员违反该规定，拒绝听取当事人的陈述、申辩的，行政处罚决定不成立。

2) 程序种类。《行政处罚法》、《建设行政处罚程序暂行规定》基于建设行政处罚的不同情况，规定了Ⅳ【□A. 简易程序 □B. 一般程序 □C. 听证程序 □D. 特别程序 □E. 完整程序】。简易程序是指针对违法事实确凿并有法定依据，对公民处以 50 元以下、对法人或者其他组织处以Ⅴ【○A. 500 元 ○B. 800 元 ○C. 1000 元 ○D. 1500 元】以下罚款或警告的行政处罚而设定的行政处罚程序。一般程序是指普遍适用的行政处罚程序，适用于除适用简易程序的行政处罚以外的其他行政处罚。听证程序是指针对行政执法机关作出吊销资质证书、执业资格证书、责令停产停业、责令停业整顿（包括属于停业整顿性质的，责令在规定的时限内不得承接新的业务）、责令停止执业业务、没收违法建筑物、构筑物和其他设施以及处以较大数额罚款等行政处罚，而设定的行政处罚程序。对于适用听证程序的行政处罚，行政机关在作出行政处罚决定前，应当告知当事人有要求举行听证的权利；当事人要求听证的，行政机关应当组织听证。当事人不承担行政机关组织听证的费用。

(2) 行政处罚的执行程序。行政处罚的执行程序是指确保行政处罚决定所确定的内容得以实现的程序。行政处罚决定一旦作出，就具有法律效力，当事人应当在行政处罚决定的期限内予以履行。当事人对行政处罚决定不服申请行政复议或者提起行政诉讼的，除法律另有规定的以外，行政处罚不停止执行。

参考答案 Ⅰ D(2009 年考试涉及) Ⅱ ABCD Ⅲ AB Ⅳ ABC Ⅴ C

考点 3：犯罪构成与刑罚种类

重点等级：☆☆☆☆

1. 犯罪构成

犯罪是指具有社会危害性、刑事违法性并应受到刑事处罚的违法行为。按照我国犯罪构成的一般理论，我国刑法规定的犯罪都必须具备犯罪客体、犯罪的客观方面、犯罪主体、犯罪的主观方面四个共同要件。根据我国《刑法》规定，一个人只有在故意或过失地实施某种危害社会的行为时，才负刑事责任。所以，故意或过失作为Ⅰ【○A. 犯罪客体 ○B. 犯罪的客观方面 ○C. 犯罪主体 ○D. 犯罪的主观方面】，也是构成犯罪必不可少的要件之一。

2. 刑罚种类

（1）主刑。根据《刑法》第33条的规定，主刑的种类有以下几种。

1）管制。管制是对罪犯不予关押，但限制其一定自由，由公安机关执行和群众监督改造的刑罚方法。管制具有一定的期限，管制的期限为3个月以上2年以下，数罪并罚时不得超过Ⅱ【○A. 3年 ○B. 4年 ○C. 5年 ○D. 6年】。管制的刑期从判决执行之日起计算，判决前先行羁押的，羁押1日抵折刑期2日。

2）拘役。拘役是短期剥夺犯罪人自由，就近实行劳动的刑罚方法。拘役的期限为Ⅲ【○A. 1个月以上3个月以下 ○B. 1个月以上5个月以下 ○C. 1个月以上6个月以下 ○D. 3个月以上6个月以下】，数罪并罚时不得超过1年。拘役的刑期从判决执行之日起计算，判决执行前先行羁押的，羁押1日抵折刑期1日。拘役由公安机关在就近的拘役所、看守所或者其他监管场所执行。在执行期间，受刑人每月可以回家一天至两天。参加劳动的，可以酌量发给报酬。

3）有期徒刑。有期徒刑是剥夺犯罪人一定期限的自由，实行强制劳动改造的刑罚方法。有期徒刑的犯罪人拘押于监狱或其他执行场所。有期徒刑的基本内容是对犯罪人实行劳动改造。《刑法》第46条规定，被判处徒刑的人凡有劳动能力的，都应当参加劳动，接受教育和改造。

有期徒刑的刑期为6个月以上15年以下Ⅳ【○A. 6个月以上15年以下 B. ○1年以上10年以下 ○C. 2年以上10年以下 ○D. 3年以上15年以下】，数罪并罚时不得超过20年。刑期从判决执行之日起计算，判决执行以前先行羁押的，羁押1日抵折刑期1日。

4）无期徒刑。无期徒刑是剥夺犯罪人终身自由，实行强迫劳动改造的刑罚方法。无期徒刑的基本内容也是对犯罪人实施劳动改造。无期徒刑不可能孤立适用，即对于被判处无期徒刑的犯罪分子，应当附加剥夺政治权利终身。而对于被判处管制、拘役、有期徒刑的犯罪分子，不是必须附加剥夺政治权利。

5）死刑。死刑是剥夺犯罪人生命的刑罚方法，包括立即执行与缓期两年执行两种情况。死刑是刑法体系中最为严厉的刑罚方法。

（2）附加刑。根据《刑法》第34条的规定，附加刑的种类有以下几种。

1）罚金。罚金是人民法院判处犯罪分子向国家交纳一定数额金钱的刑罚方法。《刑法》第52条规定：判处刑罚，应当根据犯罪情节决定罚金数额。

2）剥夺政治权利。剥夺政治权利是指剥夺犯罪人参加管理国家和政治活动的权利的刑罚方法。剥夺政治权利是同时剥夺下列权利：选举权与被选举权；言论、出版、集会、结社、游行、示威自由的权利。

3）没收财产

参考答案 Ⅰ D Ⅱ A Ⅲ C Ⅳ A

考点4：工程建设领域犯罪构成

重点等级：☆☆☆☆☆

1. 重大责任事故罪

根据《刑法》第134条及《刑法修正案》（六）的规定，Ⅰ【○A. 重大责任事故罪 ○B. 重大劳动安全事故罪 ○C. 工程重大安全事故罪 ○D. 工程重大质量事故罪】是指在生产、作业中违反有关安全管理的规定，或者强令他人违章冒险作业，因而发生重大伤亡事故或者造成其他严重后果的行为。

2. 重大劳动安全事故罪

根据《刑法》第135条及《刑法修正案》（六）的规定，重大劳动安全事故罪主要指安全生产设施或者安全生产条件不符合国家规定，因而发生重大伤亡事故或者造成其他严重后果的行为。重大劳动安全事故罪的犯罪构成及其特征是：①犯罪客体，本罪的客体是劳动安全；②犯罪的客观方面，本罪的客观方面表现为安全生产设施或者安全生产条件不符合国家规定，因而发生重大伤亡事故或者造成其他严重后果的行为；③犯罪主体，本罪的主体是特殊主体，即直接负责的主管人员和其他直接责任人员，其中，“直接负责的主管人员”包括Ⅱ【□A. 生产经营单位的负责人　□B. 生产经营的指挥人员　□C. 实际控制人　□D. 投资人　□E. 生产经营的技术人员】，“其他直接责任人员”包括对安全生产设施、安全生产条件负有提供、维护、管理职责的人；④犯罪的主观方面，本罪的主观方面表现为过失，即在主观上都不希望发生危害社会的严重后果，但行为人对安全生产设施或者安全生产条件不符合国家规定，则可能是故意的，也可能是过失。

3. 工程重大安全事故罪

根据《刑法》第137条的规定，工程重大安全事故罪是指建设单位、设计单位、施工单位、工程监理单位违反国家规定，降低工程质量标准，造成重大安全事故的行为。工程重大安全事故罪的犯罪构成及其特征是：①犯罪客体，本罪的客体是公共安全和国家有关工程建设管理的法律制度；②犯罪的客观方面，本罪的客观方面表现违反国家规定，降低工程质量标准，造成重大安全事故的行为；③犯罪主体，本罪的主体是特殊主体，仅限于建设单位、设计单位、施工单位、工程监理单位；④犯罪的主观方面，本罪的主观方面表现为过失，至于行为人违反国家规定、降低质量标准则可能是故意，也可能是过失。

经典试题

（多选题）1. 与工程建设关系比较密切的刑事犯罪有（　　）。

A. 重大责任事故罪　　B. 重大劳动安全事故罪　　C. 渎职罪

D. 收受贿赂罪　　E. 工程重大安全事故罪

（单选题）2. 李某为某建筑公司的司机，在工地驾车作业时，由于违反操作规程，不慎将一名施工工人轧死。对李某的行为应当按（　　）处理。

A. 重大责任事故罪　　B. 过失致人死亡罪

C. 交通肇事罪　　D. 工程重大安全事故罪

（单选题）3. 甲公司承包了某楼盘的建筑施工，甲公司在施工中偷工减料，降低工程质量标准，结果造成5人死亡的安全事故。对甲公司的行为应当（　　）。

A. 按重大劳动安全事故罪论处　　B. 按重大责任事故罪论处

C. 按工程重大安全事故罪论处　　D. 按意外事件处理

（单选题）4. 施工单位偷工减料，降低工程质量标准，导致整栋建筑倒塌，12名工人被砸死。该行为涉嫌触犯（　　）。

A. 重大责任事故罪　　B. 重大劳动安全事故罪

C. 工程重大安全事故罪　　D. 以其他方式危害公共安全罪

参考答案　Ⅰ A　Ⅱ ABCD　1. ACD　2. A　3. C　4. C（2009年考试涉及）

第二章 合同法

第一节 合同法原则及合同分类

考点 1：合同法原则及调整范围

重点等级：☆☆☆☆

1. 合同法的基本原则

（1）平等原则。这一原则包括三方面内容：①合同当事人的法律地位一律平等。②合同中的权利义务对等。③合同当事人必须就合同条款充分协商，取得一致，合同才能成立。

（2）自愿原则。《合同法》第 4 条规定："当事人依法享有自愿订立合同的权利，任何单位和个人不得非法干预。"Ⅰ【○A. 平等原则 ○B. 自愿原则 ○C. 公开原则 ○D. 公平原则】体现了民事活动的基本特征，是民事关系区别于行政法律关系。自愿原则是贯彻合同活动全过程的，包括：Ⅱ【□A. 当事人订立合同、履行合同绝对自由 □B. 订不订立合同自愿，当事人依自己意愿自主决定是否签订合同 □C. 与谁订合同自愿，在签订合同时，有权选择对方当事人 □D. 合同内容由当事人在不违法的情况下自愿约定 □E. 在合同履行过程中，当事人可以协议补充、协议变更有关内容】；双方也可以协议解除合同；可以约定违约责任，在发生争议时，当事人可以自愿选择解决争议的方式。

（3）公平原则。《合同法》第 5 条规定："当事人应当遵循公平原则确定各方的权利和义务。"

（4）诚实信用原则。诚实信用原则具体包括：①在订立合同时，不得有欺诈或其他违背诚实信用的行为；②在履行合同义务时，当事人应当遵循诚实信用的原则，根据合同的性质、目的和交易习惯履行及时通知、协助、提供必要的条件、防止损失扩大、保密等义务；③合同终止后，当事人也应当遵循诚实信用的原则，根据交易习惯履行通知、协助、保密等义务，称为后契约义务。

（5）不得损害社会公共利益原则。《合同法》第 7 条规定："当事人订立、履行合同，应当遵守法律、行政法规，尊重社会公德，不得扰乱社会经济秩序，损害社会公共利益。"

2. 合同法的调整范围

（1）广义合同与狭义合同。合同有广义和狭义之分，狭义的合同是指债权合同，即两个以上的民事主体之间设立、变更、终止债权关系的协议。广义的合同是指两个以上的民事主体之间设立、变更、终止民事权利义务关系的协议；广义的合同除了民法中债权合同之外，还包括物权合同、身份合同，以及行政法中的行政合同和劳动法中的劳动合同等。

合同法的调整范围是指我国合同法调整对象的范围，并非所有的合同都受合同法调整，现行合同法只调整一部分合同，即Ⅲ【○A. 收养合同 ○B. 劳动合同 ○C. 债权合同

○D. 赠与合同】。

（2）不受合同法调整的主要关系类型。主要有如下几类：①有关身份关系的合同，如婚姻合同（婚约）适用《婚姻法》、收养合同适用《收养法》等专门法；②有关政府行使行政管理权的行政合同；③劳动合同，在我国，劳动者与用人单位之间的劳动合同适用《劳动法》、《劳动合同法》等专门法；④政府间协议，国家或者特别地区之间的协议，适用国际法，如国家之间各类条约、协定、议定书等。

经典试题

（单选题）1. 下列合同中，受合同法调整的是（　　）。

A. 婚姻　　B. 收养　　C. 买卖　　D. 行政

参考答案　Ⅰ B　Ⅱ BCDE　Ⅲ C(2009 年考试涉及)　1. C(2011 年考试涉及)

考点 2：合同的分类

重点等级：☆☆☆☆

1. 有名合同与无名合同

根据法律是否规定一定名称并有专门规定为标准，合同可以分为有名合同与无名合同。有名合同也称典型合同，是法律上已经确定一定的名称，并设定具体规则的合同，如《合同法》分则所规定的建设工程施工合同等 15 类合同。无名合同也称非典型合同，是法律上尚未确定专门名称和具体规则的合同。根据合同自由原则，合同当事人可以自由决定合同的内容，可见当事人可自由订立无名合同。从实践来看，无名合同大量存在，是合同的常态。

2. 双务合同与单务合同

依当事人双方是否互负对待给付义务为标准，合同可以分为双务合同与单务合同。双务合同是当事人之间互负义务的合同。例如买卖合同、租赁合同、借款合同、加工承揽合同与建设工程合同等。单务合同是只有一方当事人负担义务的合同，例如，赠与合同、借用合同等。

3. 有偿合同与无偿合同

根据当事人是否可以从合同中获取某种利益为标准，可以将合同分为有偿合同与无偿合同。有偿合同是指当事人一方享有合同规定的权益，须向另一方付出相应代价的合同。有偿合同是商品交换最典型的法律形式。在实践中，绝大多数合同都是有偿的。有偿合同是常见的合同形式，诸如买卖、租赁、运输、承揽等。无偿合同是一方当事人享有合同约定的权益，但无须向另一方付出相应对价的合同，例如赠与合同、借用合同等。

4. 诺成合同与实践合同

以合同的成立是否必须交付标的物为标准，合同分为诺成合同与实践合同。诺成合同是指当事人各方的意思表示一致即告成立的合同，如委托合同、勘察、设计合同等。实践合同又称要物合同，是指除双方当事人的意思表示一致以后，尚须交付标的物才能成立的合同，如保管合同、定金合同等。

5. 要式合同与不要式合同

根据合同的成立是否必须采取一定形式为标准，可以将合同划分为要式合同与不要式合同。要式合同是法律或当事人必须具备特定形式的合同。例如，建设工程合同应当采用书面形式，是Ⅰ【□A. 有名合同　□B. 实践合同　□C. 要式合同　□D. 有偿合同　□E. 单务合同】。不要式合同是指法律或当事人不要求必须具备一定形式的合同。实践中以不要式合同居多。

6. 格式合同与非格式合同

按条款是否预先拟定，可以将合同分为格式合同与非格式合同。格式合同又称为定式合同、附和合同或一般交易条件，它是当事人一方为与不特定的多数人进行交易而预先拟定的，且不允许相对人对其内容作任何变更的合同。反之，为非格式合同。格式条款具有《合同法》规定的导致合同无效的情形的，或者提供格式条款一方免除其责任、加重对方责任、排除对方主要权利的，该条款无效。对格式条款的理解发生争议的，应当按照通常理解予以解释。对格式条款有两种以上解释的，应当作出不利于提供格式条款一方的解释。格式条款和非格式条款不一致的，应当采用非格式条款。

7. 主合同与从合同

以合同相互间的主从关系为标准，合同分为主合同与从合同。主合同是指不需要其他合同存在即可独立存在的合同；从合同就是以其他合同为存在前提的合同。例如，对于保证合同而言。设立主债务的合同就是主合同，保证合同是从合同。

经典试题

（单选题）1. 下列关于《合同法》中格式合同的表述，错误的是（　　）。

A. 合适合同由提供方事先拟定，可以重复使用

B. 提供格式条款的一方免除对方的责任、加重自己责任的，该条款无效

C. 对格式条款的理解发生争议的，应当按照通常理解予以解释

D. 对格式条款有两种以上解释的，应当作出不利于格式条款提供方的解释

（单选题）2. 根据《合同法》规定，建设工程施工合同不属于（　　）。

A. 双务合同　　B. 有偿合同　　C. 实践合同　　D. 要式合同

（单选题）3. 在下列选项中，不属于要式合同的是（　　）

A. 建设工程设计合同　　B. 企业与银行之间的借款合同

C. 法人之间签订的保证合同　　D. 自然人之间签订的借款合同

（多选题）4. 6月1日，甲乙双方签订建材买卖合同，总价款为100万元，约定由买方支付定金30万元。由于资金周转困难，买方于6月10日交付了25万元，买方予以签收。下列说法正确的是（　　）。

A. 买卖合同是主合同，定金合同是从合同

B. 买卖合同自6月10日成立

C. 买卖合同自6月1日成立

D. 若卖方不能交付货物，应返还50万元

E. 若买方不履行购买义务，仍可以要求卖方返还5万元

参考答案　Ⅰ CD(2011年考试涉及)　1. A(2009年考试涉及)　2. C(2010年考试涉及)3. D(2010年考试涉及)　4. ABD(2009年考试涉及)

第二节　合同的订立

考点1：要约

重点等级：☆☆☆☆☆

1. 要约的概念

要约，在商业活动中又称发盘、发价、出盘、出价、报价。《合同法》第14条规定了要

约的概念，要约是希望和他人订立合同的意思表示。可见，要约是一方当事人以缔结合同为目的，向对方当事人所作的意思表示。发出要约的人称为要约人，接受要约的人称为受要约人。

2. 要约的构成要件

要约的构成要件是指一项要约发生法律效力必须具备的条件。根据《合同法》第 14 条的规定，要约的构成要件如下：①要约人是特定当事人以缔结合同的目的向相对人所作的意思表示；②要约内容应当具体确定；③要约应表明一旦经受要约人承诺，要约人受该意思表示约束。

3. 要约的方式

要约的方式包括：①书面形式，如寄送订货单、信函、电报、传真、电子邮件等在内的数据电文等；②口头形式，可以是当面对话，也可以打电话；③行为，除法律明确规定外，要约人可以视具体情况自主选择要约形式。

4. 要约的生效

要约的生效是指要约开始发生法律效力。自要约生效起，其一旦被有效承诺。合同即告成立。《合同法》第 16 条规定：“Ⅰ【○A. 要约人发出要约时 ○B. 要约达到受要约人时 ○C. 受要约人做出承诺时 ○D. 受要约人承诺到达时】生效。”要约可以以书面形式作出，也可以以口头对话形式，而书面形式包括了信函、电报、传真、电子邮件等数据电文等可以有形地表现所载内容的形式。除法律明确规定外，要约人可以视具体情况自主选择要约的形式。生效的情形具体可表现为：①口头形式的要约自受要约人了解要约内容时发生效力；②书面形式的要约自到达受要约人时发生效力；③采用数据电子文件形式的要约，当收件人指定特定系统接收电文的，自该数据电文进入该特定系统的时间（视为到达时间），该要约发生效力；若收件人未指定特定系统接收电文的，自该数据电文进入收件人任何系统的首次时间（视为到达时间），该要约发生效力。

5. 要约的撤回

要约的撤回指在要约发生法律效力之前，要约人使其不发生法律效力而取消要约的行为。《合同法》第 17 条规定：“要约可以撤回。撤回要约的通知应当在要约到达受要约人之前或者与要约同时到达受要约人。”

6. 要约的撤销

要约的撤销是指在要约发生法律效力之后，要约人使其丧失法律效力而取消要约的行为。《合同法》第 18 条规定：“要约可以撤销。撤销要约的通知应当Ⅱ【○A. 在受要约人发出承诺通知之前 ○B. 在合同成立之前 ○C. 在受要约人发出承诺通知之前 ○D. 在承诺通知到达要约人之前】到达受要约人。”为了保护当事人的利益，《合同法》第 19 条同时规定了有下列情形之一的，要约不得撤销：①要约人确定了承诺期限或者以其他形式明示要约不可撤销；②受要约人有理由认为要约是不可撤销的，并已经为履行合同作了准备工作。

7. 要约的消灭

要约的消灭即要约的失效，是指要约生效后，因特定事由而使其丧失法律效力，要约人和受要约人均不受其约束。要约因如下原因而消灭：①要约人依法撤销要约；②拒绝要约的通知到达要约人；③承诺期限届满，受要约人未作出承诺；④受要约人对要约内容作出实质性变，在受要约人回复时，对要约的内容作实质性变更的，视为Ⅲ【○A. 承诺超时 ○B. 承诺延误 ○C. 新承诺 ○D. 新要约】，原要约失效。

经典试题

（单选题）1. 甲企业于2月1日向乙企业发出签订合同的信函。2月5日乙企业收到了该信函，第二天又收到了通知该信函作废的传真，甲企业发出传真，通知信函作废的行为属于要约（　）的行为。

A. 发出　　B. 撤回　　C. 撤销　　D. 变更

（单选题）2. 从性质上讲，施工企业的投标行为属于（　）。

A. 要约　　B. 要约邀请　　C. 承诺　　D. 询价

（单选题）3. 甲施工单位由于施工需要大量钢材，逐向乙供应商发出要约，要求其在一个月内供货，但数量待定，乙回函表示一个月内可供货2000吨，甲未作表示，下列表述正确的是（　）。

A. 该供货合同成立　　B. 该供货合同已生效

C. 该供货合同效力特定　　D. 该供货合同未成立

（单选题）4. 经评标，甲被推荐为第一中标人，但在中标通知书发出之前，招标人受到甲推出此次投标的书面通知，关于甲行为的正确说法是（　）。

A. 属于在投标有效期内撤回投标文件（属于要约的撤回）

B. 属于放弃中标

C. 甲的要求不能被接受，必须继续参加投标

D. 甲可向招标人申请退还部分投标保证金

参考答案　Ⅰ B(2011年考试涉及)　Ⅱ A(2005年考试涉及)　Ⅲ D(2011年考试涉及)　1. C(2009年考试涉及)　2. A(2010年考试涉及)　3. D(2010年考试涉及)　4. A(2011年考试涉及)

考点2：承诺

重点等级：☆☆☆☆

1. 承诺的概念

承诺是指受要约人同意要约的意思表示，即受要约人同意接受要约的条件以成立合同的意思表示。一般而言，要约一经承诺并送达于要约人，合同即告成立。

2. 承诺的构成要件

承诺必须符合一定条件才能发生法律效力。承诺必须具备以下条件：Ⅰ【□A. 承诺必须由要约人向受要约人作出　□B. 承诺必须由受要约人向要约人作出　□C. 承诺应在要约规定的期限内作出　□D. 承诺的内容应当与要约的内容一致　□E. 承诺的方式必须符合要约要求】。

3. 承诺生效

《合同法》规定，承诺应当在要约确定的期限内到达要约人。承诺不需要通知的，根据交易习惯或者要约的要求作出承诺的行为时生效。采用数据电文形式订立合同的，收件人指定特定系统接收数据电文的，该数据电文进入该特定系统的时间，视为到达时间；未指定特定系统的，该数据电文进入收件人的任何系统的首次时间，视为到达时间。

要约没有确定承诺期限的，承诺应当依照下列规定到达：①要约以对话方式作出的，应当即时作出承诺，但当事人另有约定的除外；②要约以非对话方式作出的，承诺应当在合理期限内到达。

4. 承诺超期与承诺延误

承诺超期是指受要约人主观上超过承诺期限而发出承诺导致承诺迟延到达要约人。受要约人超过承诺期限发出承诺的，除要约人及时通知受要约人该承诺有效的以外，为Ⅱ【○A. 新要约 ○B. 反要约 ○C. 要约邀请 ○D. 原要约】。承诺延误是指受要约人发出的承诺由于外界原因而延迟到达要约人。受要约人在承诺期限内发出承诺，按照通常情形能够及时到达要约人，但因其他原因承诺到达要约人时超过承诺期限的，除要约人及时通知受要约人因承诺超过期限不接受该承诺的以外，该承诺有效。

5. 承诺的撤回

承诺的撤回是指承诺发出后，承诺人阻止承诺发生法律效力的意思表示。承诺可以撤回。撤回承诺的通知应当在承诺通知到达要约人之前或者与承诺通知同时到达要约人。鉴于承诺一经送达要约人即发生法律效力，合同也随之成立，所以撤回承诺的通知应当在承诺通知到达要约人之前或者与承诺通知同时到达要约人。若撤回承诺的通知晚于承诺通知到达要约人，此对承诺已然发生法律效力，合同已经成立，则承诺人就不得撤回其承诺。需要注意的是，要约可以撤回，也可以撤销。但是承诺却只可以撤回，而不可以撤销。

经典试题

(单选题) 1. 下列选项中，没有发生承诺撤回效力的情形是（　　）。

A. 撤回承诺的通知在承诺通知到达要约人之前到达要约人

B. 撤回承诺的通知与承诺通知同时到达要约人

C. 撤回承诺的通知在承诺通知到达要约人之后到达要约人

D. 撤回承诺的通知于合同成立之前到达要约人

(多选题) 2. 下列关于承诺的表述中，正确的有（　　）。

A. 受要约人发出承诺，表示价格再降一成即可成交

B. 承诺超期的后果是承诺不可能发生法律效力

C. 承诺一经送达要约人即发生法律效力

D. 撤销承诺的通知应当在双方签订书面合同前到达要约人

E. 承诺可以由受要约人的代理人向要约人授权的代理人作出

参考答案 Ⅰ BCDE Ⅱ A 1. C(2010 年考试涉及) 2. CE(2009 年考试涉及)

考点 3：合同的一般条款 重点等级：☆☆☆☆

《合同法》12 条规定了合同的一般条款，具体内容如下。

1. 当事人的名称或姓名和住所

该条款主要反映合同当事人基本情况。自然人的姓名是指经户籍登记管理机关核准登记的正式用名，自然人的户口所在地为住所地，若其经常居住地与户口所在地不一致的，以其经常居住地作为住所地。法人、其他组织的名称是指经登记主管机关核准登记的名称，如公司必须以营业执照上的名称为准，法人和其他组织的住所是指它们的主要办事机构所在地或主要营业地为住所地。

2. 标的

标的是合同当事人权利义务指向的对象。法律禁止的行为或者禁止流通物不得作为合同

标的。按合同标的内容可以分为财产、行为、工作成果。财产包括有形财产和无形财产。所谓有形财产是具有一定实物形态且具备价值及使用价值的客观实体，如货币、房产等。所谓无形财产是不具实物形态但具备价值及使用价值的财产，如电力、著作权、发明专利权等。Ⅰ【□A. 物资采购合同 □B. 设备租赁合同 □C. 借款合同 □D. 工程承包合同 □E. 委托监理合同】都是以财产为标的的合同。行为指以人的活动为表现形式的劳动或服务等，如委托监理合同的标的就是行为。Ⅱ【○A. 有形财产 ○B. 无形财产 ○C. 工作成果 ○D. 行为】是通过工作获得的满足特定要求的结果。Ⅲ【○A. 物资采购合同 ○B. 设备租赁合同 ○C. 借款合同 ○D. 建设工程施工合同】就是一种以特定工作成果为标的的合同。

3. 数量

数量是以数字和计量单位来衡量合同标的的尺度。以Ⅳ【○A. 物 ○B. 行为 ○C. 智力成果 ○D. 劳务】为标的的合同，其数量主要表现为一定的长度、体积或者重量；以行为为标的的合同，其数量主要表现为一定的工作量；以智力成果为标的的合同，其数量主要表现为智力成果的多少、价值。

4. 质量

质量是标的内在质的规定性和外观形态的综合，包括标的内在的物理、化学、机械、生物等性质的规定性，以及性能、稳定性、能耗指标、工艺要求等等。例如在建设工程施工合同中，质量条款是通过适用的标准或者规范要求、图纸标示或者描述、合同条款的界定。

5. 价款或酬金

价款或酬金是指取得标的物或接受劳务的当事人所支付的对价。在以Ⅴ【○A. 财产 ○B. 行为 ○C. 智力成果 ○D. 劳务】为标的的合同中，这一对价称为价款，如买卖合同中的价金、租赁合同中的租金、借款合同中的利息等；在以劳务和工作成果为标的的合同中，这一对价称为酬金，如建设工程合同中的工程费、保管合同中的保管费、运输合同中的运费等。

6. 履行期限、地点和方式

（1）履行期限。合同的履行期限是指享有权利的一方要求义务相对方履行义务的时间范围。它是权利方要求义务方履行合同的依据，也是检验义务方是否按期履行或迟延履行的标准。

（2）履行地点。合同履行地点是合同当事人履行和接受履行合同义务的地点。例如建设工程施工合同的主要履行地点条款内容相对容易确定，即项目土地所在地。

（3）履行方式。履行方式是指当事人采取什么办法来履行合同规定的义务。

7. 违约责任

违约责任是指违反合同义务应当承担的责任。违约责任条款设定的意义在于督促当事人自觉适当地履行合同，保护非违约方的合法权利。但是，违约责任的承担不一定通过合同约定。即使合同未约定违约条款，只要一方违约并造成他方损失且无合法免责事由，就应依法承担违约责任。

8. 解决争议的方法

解决争议的方法是指一旦发生纠纷，将以何种方式解决纠纷。合同当事人可以在合同中约定争议解决方式。约定争议解决方式，主要是在仲裁与法院诉讼之间作选择。和解与调解并非争议解决的必经阶段。

参考答案 Ⅰ ABC Ⅱ C Ⅲ D Ⅳ A Ⅴ A

考点 4：合同的形式　　重点等级：☆☆

1. 口头形式

口头形式合同是当事人以言语而不以文字形式作出意思表示订立的合同。口头合同在现实生活中广泛应用，凡当事人无约定或法律未规定特定形式的合同，均可采取口头形式，如Ⅰ【□A. 买卖合同　□B. 租赁合同　□C. 建设工程施工合同　□D. 委托监理合同　□E. 工程承包合同】等。

2. 书面形式

书面形式是指合同书、信件和数据电文（包括电报、电传、传真、电子数据交换和电子邮件）等可以有形地表现所载内容的形式。《合同法》第 10 条规定："法律、行政法规规定采用书面形式的，应当采用书面形式。"根据法律规定，建设工程施工合同应当采用Ⅱ【○A. 书面形式　○B. 口头形式　○C. 委托形式　○D. 行为推定形式】。一般而言，其书面形式包括：合同协议书、中标通知书、投标书及其附件、合同专用条款、合同通用条款、洽商、变更等明确双方权利、义务的纪要、协议、工程报价单或工程预算书、图纸以及标准、规范和其他有关技术资料、技术要求等。当事人在合同履行过程中订有数份合同，当事人就同一建设工程另行订立的建设工程施工合同与经过备案的中标合同实质性内容不一致的，应当以备案的中标合同作为结算工程价款的根据。

3. 其他形式

其他形式是口头形式、书面形式之外的合同形式，即行为推定形式。行为推定方式只适用于法律明确规定、交易习惯许可时或者要约明确表明时，并不能普遍适用。

参考答案　Ⅰ AB　Ⅱ A

考点 5：缔约过失责任　　重点等级：☆☆☆☆

1. 缔约过失责任概念

缔约过失责任是指一方因违背诚实信用原则所要求的义务而致使合同不成立，或者虽已成立但被确认无效或被撤销时，造成确信该合同有效成立的当事人信赖利益损失，而依法应承担的民事责任。缔约过失责任与违约责任的显著区别是Ⅰ【○A. 前者产生于订立合同阶段，后者产生于履行合同阶段　○B. 前者须主观故意，后者须主观过失　○C. 前者是侵权责任，后者是合同责任　○D. 前者无须约定，后者须有约定】。

2. 缔约过失责任构成要件

(1) 缔约过失责任发生在Ⅱ【○A. 订立合同的过程中　○B. 合同成立后　○C. 合同生效后　○D. 合同履行阶段】。这是违约责任与缔约过失责任的根本区别。只有合同尚未生效，或者虽已生效但被确认无效或被撤销时，才可能发生缔约过失责任。Ⅲ【○A. 是否假借订立合同恶意进行磋商　○B. 是否提供虚假情况　○C. 是否故意隐瞒与订立合同有关的重要事实　○D. 合同是否有效存在】，是判定是否存在缔约过失责任的关键。

(2) 当事人违反了诚实信用原则所要求的义务。由于合同未成立，因此当事人并不承担合同义务。但是，在订约阶段，依据诚实信用原则，当事人人负有保密、诚实等法定义务，这种义务也称先合同义务。若当事人因过错违反此义务，则可能产生缔约过失责任。

(3) 受害方的信赖利益遭受损失。所谓信赖利益损失，指一方实施某种行为（如订约建议）后，另一方对此产生信赖（如相信对方可能与自己立约），并为此发生了费用，后因前者违反诚实信用原则导致合同未成立或者无效，该费用未得到补偿而受到的损失。

3. 缔约过失责任适用情形

违反先合同义务是认定缔约过失责任的重要依据，有以下几种情况：①假借订立合同，恶意进行磋商；②故意隐瞒与订立合同有关的重要事实或者提供虚假情况；③违反有效要约或要约邀请，违反初步协议，未尽保护、照顾、通知、保密等附随义务，违反强制缔约义务；④泄露或不正当使用商业秘密。

经典试题

（单选题）1. 某建筑公司以欺骗手段超越资质等级承揽某工程施工项目，开工在即，建设单位得知真相，遂主张合同无效，要求建筑公司承担（ ）。

A. 违约责任　B. 侵权责任　C. 缔约过失责任　D. 行政责任

参考答案　Ⅰ A(2010 年考试涉及)　Ⅱ A　Ⅲ D　1. C(2009 年考试涉及)

第三节　合同的效力

考点 1：合同的生效　　重点等级：☆☆☆☆

1. 合同的成立

Ⅰ【○A. 合同成立　○B. 合同生效　○C. 合同履行　○D. 合同终止】是指当事人完成了签订合同过程，并就合同内容协商一致。合同生效是法律认可合同效力，强调合同内容合法性。合同成立体现了当事人的意志，而合同生效体现国家意志。合同成立是合同生效的前提条件，如果合同不成立，是不可能生效的。但是合同成立也并不意味着合同就生效了。

（1）合同成立的一般要件。①存在订约当事人。合同成立首先应具备双方或者多方订约当事人，只有一方当事人不可能成立合同。②订约当事人对主要条款达成一致。合同成立的根本标志是订约双方或者多方经协商，就合同主要条款达成一致意见。③经历要约与承诺两个阶段。《合同法》第 13 条规定："当事人订立合同，采取要约、承诺方式。"缔约当事人就订立合同达成合意，一般应经过要约、承诺阶段。若只停留在要约阶段，合同根本未成立。

（2）合同成立时间。确定合同成立时间，遵守如下规则：当事人采用合同书形式订立合同的，自Ⅱ【○A. 合同书送达双方当事人　○B. 双方当事人签字或者盖章的次日　○C. 一方当事人签字或者盖章　○D. 双方当事人签字或者盖章】时合同成立。各方当事人签字或者盖章的时间不在同一时间的，最后一方签字或者盖章时合同成立。当事人采用信件、数据电文等形式订立合同的，可以在合同成立之前要求签订确认书。Ⅲ【○A. 双方就主要条款达成一致时　○B. 签订合同确认书时　○C. 双方意思表示一致时　○D. 双方当事人签字时】合同成立。此时，确认书具有最终正式承诺的意义。

（3）合同成立地点。合同成立地点可能成为确定法院管辖的依据，因此具有重要意义。确定合同成立地点，遵守如下规则：承诺生效的地点为合同成立的地点。采用数据电文形式订立合同的，收件人的主营业地为合同成立的地点；没有主营业地的，其经常居住地为合同成立的地点。当事人另有约定的，按照其约定。当事人采用合同书形式订立合同的，双方当事人签字或者盖章的地点为合同成立的地点。

2. 合同生效

合同生效是指法律按照一定标准对合同评价后而赋予强制力。已经成立的合同，必须具备一定的生效要件，才能产生法律拘束力。合同生效要件是判断合同是否具有法律效力的评价标准。合同的生效要件有：Ⅳ【○A. 订立合同的当事人必须具有相应的民事权利能力和民事行为能力 ○B. 意思表示真实 ○C. 意思表示一致 ○D. 不违反法律、行政法规的强制性规定，不损害社会公共利益 ○E. 具备法律所要求的订立合同程序与合同表现形式】。

参考答案 Ⅰ A Ⅱ D Ⅲ B Ⅳ ABDE

考点 2：无效合同

重点等级：☆☆☆☆

1. 无效合同概述

(1) 合同自始无效。无效合同自订立时起就不具有法律效力，而不是从合同无效原因发现之日或合同无效确认之日起，合同才失去效力。

(2) 合同绝对无效。合同自订立时起就无效，当事人不能通过同意或追认使其生效。

(3) 合同当然无效。无论当事人是否知道其无效情况，无论当事人是否提出主张无效，法院或仲裁机构可以主动审查决定该合同无效。

(4) 合同无效，可能是全部无效，也可能是部分无效。如果合同部分无效，不影响其他部分效力的，其他部分仍然有效。

(5) 合同无效。不影响合同中独立存在的有关解决争议方法的条款的效力。

2. 无效合同的原因

(1) 一方以欺诈手段订立合同，损害国家利益。所谓欺诈是指一方当事人故意告知对方虚假情况，或者故意隐瞒真实情况。诱使对方当事人作出错误意思表示的行为。其构成条件有：Ⅰ【□A. 欺诈方具有欺诈的故意 □B. 欺诈方有欺诈的想法和意图 □C. 欺诈方实施了欺诈行为 □D. 被欺诈方因欺诈行为陷入错误的认识 □E. 由于错误认识而作出了违反其真实意思表示的行为、欺诈行为损害了国家利益】。

(2) 一方以胁迫手段订立合同，损害国家利益。所谓胁迫是指以给公民及其亲友的生命健康、荣誉、名誉、财产等造成损害或者以给法人的荣誉、名誉、财产等造成损害为要挟，迫使对方作出违背真实的意思表示的行为。其构成条件有：①胁迫人具有胁迫的故意；②胁迫人实施了胁迫行为；③胁迫行为是非法或不当；④受胁迫者因胁迫而订立合同以及胁迫行为损害了国家利益。

(3) 恶意串通，损害国家、集体或第三人利益的合同。

(4) 以合法形式掩盖非法目的。

(5) 损害社会公共利益。

(6) 违反法律、行政法规的强制性规定。合同无效应当以Ⅱ【□A. 全国人大及其常委会制定的法律 □B. 国务院制定的行政法规 □C. 地方性行政法规 □D. 地方性行政规章 □E. 地方性行政条例】为依据。同时，必须是违反了法律、行政法规的强制性规范才导致合同无效，违反其中任意性规范并不导致合同无效。所谓任意性规范是指当事人可以通过约定排除其适用的规范，即任意性规范赋予当事人依法进行意思自治。

3. 无效的免责条款

免责条款是当事人在合同中确立的排除或限制其未来责任的条款。合同中的下列免责条款无效：Ⅲ【□A. 合同履行结果只有对方受益 □B. 不可抗力造成对方财产损失 □C.

履行合同造成对方人身伤害　□D. 对方不履行合同义务造成损失　□E. 故意或重大过失造成对方财产损失】。

4. 合同无效的法律后果

（1）返还财产。合同被确认无效后，因该合同取得的财产，应当予以返还。

（2）折价补偿。不能返还或者没有必要返还的，应当折价补偿。

（3）赔偿损失。赔偿损失以过错为要件，有过错的一方应当赔偿对方因此所受到的损失，双方都有过错的，应当各自承担相应的责任。

（4）收归国库所有。

经典试题

（单选题）1. 某建筑材料买卖合同被认定为无效合同，则其民事法律后果不可能是（　　）。

A. 返还财产　　B. 赔偿损失　　C. 罚金　　D. 折价补偿

（单选题）2. 在合同法中，以下情形属于无效合同的是（　　）。

A. 当事人无履约能力　　B. 当事人对合同有重大误解

C. 违反法律规定的强制性规定　　D. 违反法定的形式

参考答案　Ⅰ ACDE　Ⅱ AB　Ⅲ CE（2010 年考试涉及）　1. C（2009 年考试涉及）　2. C（2011 年考试涉及）

考点 3：可变更、可撤销合同

重点等级：☆☆☆☆

1. 可变更、可撤销合同的概念

合同的变更、撤销是指因意思表示Ⅰ【○A. 不真实　○B. 不准确　○C. 不一致　○D. 不清楚】，法律允许撤销权人通过行使撤销权，使已经生效的合同效力归于消灭或使合同内容变更。可变更、可撤销合同与无效合同存在显著区别。无效合同是自始无效、当然无效，即从订立起就是无效，且不必取决于当事人是否主张无效。但是，可变更、可撤销合同在被撤销之前存在效力，尤其是对无撤销权的一方具有完全拘束力；而且，其效力取决于撤销权人是否向法院或者仲裁机构主张行使撤销权以及是否被支持。

2. 导致合同变更与撤销的原因

（1）重大误解。重大误解是指合同当事人因自己过错（如误认或者不知情等）对合同的内容发生错误认识而订立了合同并造成了重大损失的情形。其构成条件有：Ⅱ【□A. 表意人因为误解作出了意思表示　□B. 表意人保留了其真实意思　□C. 表意人的误解是重大的　□D. 误解是由表意人自己的过失造成的　□E. 误解不应是表意人故意发生的】。

（2）显失公平。显失公平是指一方当事人利用优势或利用对方没有经验，致使双方的权利、义务明显不对等，使对方遭受重大不利，而自己获得不平衡的重大利益。其构成要件为：Ⅲ【□A. 合同在订立时就显失公平　□B. 一方获得的利益超过了预期的利益　□C. 合同的内容在客观上利益严重失衡　□D. 受有过高利益的当事人在主观上具有利用对方的故意　□E. 合同订立后由于非当事人原因导致合同对一方当事人很不公平】。

（3）因欺诈、胁迫而订立的合同。前文已经述及，根据我国合同法，因欺诈、胁迫而订立的合同应区分为两类：①以欺诈、胁迫的手段订立合同而损害国家利益的，应作为无效合同对待；②以欺诈、胁迫的手段订立合同但未损害国家利益的，应作为可撤销合同处理，即被欺诈人、被胁迫人有权将合同撤销。

（4）乘人之危而订立的合同未损害国家利益。乘人之危是指一方当事人乘对方处于危难之机，为牟取不正当利益，迫使对方作出不真实的意思表示，从而严重损害对方利益的行为。其构成要件为：①不法行为人乘对方危难或者急迫之际逼迫对方；②受害人因为自身危难或者急迫而订立合同；③不法行为人所获得的利益超出了法律允许的程度。

3. 撤销权行使

（1）行使撤销权的主体。任何一方当事人认为合同是由重大误解订立的或者显失公平订立的，都可以向法院提出变更或撤销的请求。而以欺诈、胁迫或者乘人之危订立合同的，请求变更、撤销权只有受损害方才能行使。

（2）撤销权的救济。对于可变更、可撤销合同，撤销权人可以申请法院或者仲裁机构撤销合同，也可以申请法院或者仲裁机构变更合同，当然，还可以不行使撤销权，继续认可该合同效力。如果撤销权人请求变更的，法院或者仲裁机构不得撤销。当事人请求撤销的，人民法院可以变更。

（3）撤销权的消灭。《合同法》第55条规定，“有下列情形之一的，撤销权消灭：①具有撤销权的当事人自知道或者应当知道撤销事由之日起Ⅳ【○A. 1个月　○B. 3个月　○C. 6个月　○D. 1年】内没有行使撤销权；②具有撤销权的当事人知道撤销事由后明确表示或者以自己的行为放弃撤销权。”

（4）可撤销合同被撤销的后果。在可变更、可撤销合同被撤销之前，该合同具有效力。根据《合同法》第56条，在被撤销之后，该合同即不具有效力，且将溯及既往，即自合同成立之始起就不具有效力，当事人不受该合同约束，不得基于该合同主张认可权利或承担任何义务。可变更、可撤销合同被撤销后，其法律后果与无效合同后果相同。

经典试题

（多选题）1. 对于可撤销合同，具有撤销权的当事人（　　），撤销权消灭。

A. 自知道或者应当知道权利受到侵害之日起一年内没有行使撤销权的

B. 自知道或者应当知道撤销事由之日起六个月内没有行使撤销权的

C. 自知道或者应当知道撤销事由之日起一年内没有行使撤销权的

D. 知道撤销事由后明确表示放弃撤销权的

E. 知道撤销事由后以自己的行为放弃撤销权的

参考答案　Ⅰ A　Ⅱ ACDE　Ⅲ ACD　Ⅳ D(2011年考试涉及)　1. CDE(2011年考试涉及)

考点4：效力待定合同

重点等级：☆☆☆☆

1. 效力待定合同的概述

效力待定合同是指合同成立之后，是否具有效力还未确定，有待于其他行为或者事实使之确定的合同。效力待定合同不同于无效合同。二者主要区别在于：无效合同具有违法性，其不具有效力是自始确定的，不会因其他行为而产生法律效力；效力待定合同并无违法性，只是效力尚不确定，法律并不强行干预，而将选择合同效力的权利赋予相关当事人或者真正权利人。

效力待定合同不同于可撤销合同。二者主要区别在于：可撤销合同在未被撤销前是有效的，效力待定合同是欠缺某种生效要件，是否有效未确定；可撤销合同只能通过法院或者仲裁机构进行撤销，效力待定合同不必通过法院或者仲裁机构，而是通过私人之间的行为（诸如追认、催告）或者一定事实来确定合同效力。

2. 效力待定合同的类型及其处理

(1) 限制民事行为能力人依法不能独立签订的合同。若限制民事行为能力人未经其法定代理人事先同意，独立签订了其依法不能独立签订的合同，则构成效力待定合同，但是纯获利益的合同除外。

(2) 无权代理人以被代理人名义订立的合同。行为人没有代理权、超越代理权或代理权终止后仍以被代理人的名义与相对人订立合同。未经代理人追认的，对被代理人不发生效力，由行为人承担责任。Ⅰ【○A. 善意相对人不享有撤销的权利　○B. 效力特定合同的相对人拥有催告权　○C. 待定合同是生效合同　○D. 待定合同是无效合同】。相对人可以催告被代理人在Ⅱ【○A. 1 个月　○B. 2 个月　○C. 3 个月　○D. 5 个月】内予以追认；被代理人未作表示的，视为拒绝追认，合同没有效力。合同被追认之前，善意相对人有撤销的权利，撤销应当以通知的方式作出。

《合同法》第 49 条规定，“行为人没有代理权、超越代理权或者代理权终止后以被代理人名义订立合同，相对人有理由相信行为人有代理权的，该代理行为有效。”这就是表见代理在合同领域的具体规定。可见，Ⅲ【○A. 在相对人催告后一个月内，当事人之法定代理人未作表示，合同即可生效　○B. 效力待定合同的善意相对人有撤销的权利，撤销期限自行为作出之日起一年　○C. 表见代理实质上属于无权代理，却产生有效代理的后果　○D. 超越代理权签订的合同，若未经被代理追认，则必定属于效力待定合同】，即由被代理人对第三人承担授权责任。因表见代理订立的合同如无其他导致合同无效的原因，该合同有效。

(3) 越权订立的合同。法人或者其他组织的法定代表人、负责人超越权限订立的合同，除相对人知道或者应当知道其超越权限的以外，该代表行为有效。超越权限订立的合同是否有效取决于相对人是否知道行为人超越权限。如果明知其超越权限还依然与之签订合同，合同就是无效的；如果不知道其越权而与之签订合同，则合同就是有效的。

(4) 无处分权人所订立合同。所有权人或法律授权的人才能对财产行使处分权，如财产的转让、赠与等。无处分权人只能对财产享有占有、使用权。无处分权人处分他人财产与相对人订立的合同，经权利人追认或者无权处分权人订立合同后取得处分权的，该合同有效。无处分权人与相对人订立的合同，若未获追认或者无权处分人在订立合同后未获处分权，则该合同不生效。

经典试题

(单选题) 1. 某建筑公司从本市租赁若干工程模板到外地施工，施工完毕后，因觉得模板运回来费用很高，建筑公司就擅自将该批模板处理了，后租赁公司同意将该批模板卖给该建筑公司，则建筑公司处理该批模板的行为（　　）。

A. 无效　　B. 有效　　C. 效力特定　　D. 失效

参考答案　Ⅰ B(2011 年考试涉及)　Ⅱ A　Ⅲ C(2009 年考试涉及)　1. B(2010 年考试涉及)

考点 5：附条件和附期限合同

重点等级：☆☆☆

1. 附条件合同

所谓附条件合同是指在合同中约定了一定的条件，并且把该条件的成就或者不成就作为合同效力发生或者消灭的根据的合同。根据条件对合同效力的影响，可将所附条件分为生效条件和解除条件。

在附条件合同的条件成就之前，当事人不应违背法律或者诚实信用原则，为自己利益不当促成或者阻止条件的成就，而应听任条件的自然发生，否则，应承担不利后果。

《合同法》第45条规定，"当事人对合同的效力可以约定附条件。Ⅰ【□A. 附生效条件的合同，自条件成就时生效 □B. 附解除条件的合同，当事人为自己的利益不正当地阻止条件成就时，该合同生效 □C. 附生效条件的合同，当事人为自己的利益不正当地促成条件成就时，该合同生效 □D. 附解除条件的合同，当事人为自己的利益不正当地促成条件成就时，该合同生效 □E. 附生效条件的合同，当事人为自己的利益不正当地阻止条件成就时，该合同生效】"。

2. 附期限合同

附期限合同是指当事人在合同中设定一定的期限，并把未来期限的到来作为合同效力发生或者效力消灭的根据的合同。根据期限对合同效力的影响，可将所附期限分为生效期限和终止期限。

《合同法》第46条规定："当事人对合同的效力可以约定附期限。附生效期限的合同，自期限届至时生效。附终止期限的合同，自期限届满时失效。"

对附生效期限的合同而言，在期限到来之前，合同虽然已经成立，但暂时未发生效力，此时，权利人不能行使权利，义务人无须履行义务；但是，期限一旦届至，当事人即受合同约束。

对附终止期限的合同而言，在期限到来之前，合同已经发生效力，且正持续约束当事人；当期限届满，合同效力消灭，不再约束当事人。

经典试题

(单选题) 1. 某建筑公司为承揽一工程施工项目与某设备租赁公司签订了一份塔吊租赁合同，其中约定租赁期限至施工合同约定的工程竣工之日，则该合同是（　）。

A. 附条件合同，条件成就合同解除　　B. 附条件合同，条件成就合同生效

C. 附期限合同，期限届满合同解除　　D. 附期限合同，期限届满合同生效

(单选题) 2. 甲乙采购合同约定，甲方交付20%定金时，采购合同生效，该合同是（　）。

A. 附生效时间的合同　　B. 附生效条件的合同

C. 附解除条件的合同　　D. 附终止时间的合同

参考答案　Ⅰ ADE　1. C(2009年考试涉及)　2. B(2010年考试涉及)

第四节　合同的履行

考点1：合同履行的规定　　重点等级：☆☆☆☆☆

1. 合同履行的一般规定

(1) 合同履行的原则。合同当事人履行合同时，应遵循以下原则：Ⅰ【□A. 全面、适当履行的原则 □B. 遵循诚实信用的原则 □C. 公平合理，促进合同履行的原则 □D. 平等自愿的原则 □E. 当事人一方不得擅自变更合同的原则】。

(2) 合同履行的主体。合同履行的主体包括完成履行的一方（履行人）和接受履行的一

方（履行受领人）。完成履行的一方首先是债务人，也包括债务人的代理人。但是法律规定、当事人约定或者性质上必须由债务人本人亲自履行者除外。另外，当事人约定的债务人之外第三人也可为履行人。但是，约定代为履行债务的第三人的不履行责任却要由原债务人承担。《合同法》第65条："第三人不履行债务或者履行债务不符合约定，债务人应当向债权人承担违约责任。"

（3）合同条款空缺。依据《合同法》第62条，当事人就有关合同内容约定不明确，依照本法第61条的规定仍不能确定的，适用下列规定。①质量要求不明确的，按照国家标准、行业标准履行；没有国家标准、行业标准的，按照通常标准或者符合合同目的的特定标准履行。②价款或者报酬不明确的，按照订立合同时履行地的市场价格履行；依法应当执行政府定价或者政府指导价的，按照规定履行。③履行地点不明确，给付货币的，在接受货币一方所在地履行；交付不动产的，在不动产所在地履行；其他标的，在履行义务一方所在地履行。④履行期限不明确的，债务人可以随时履行，债权人也可以随时要求履行，但应当给对方必要的准备时间。⑤履行方式不明确的，按照有利于实现合同目的的方式履行。⑥履行费用的负担不明确的，由履行义务一方负担。

2. 建设工程合同履行纠纷的处理

（1）解除建设工程施工合同的条件问题

1）发包人请求解除合同的条件。承包人具有下列情形之一，发包人请求解除建设工程施工合同的，应予支持：Ⅱ【□A. 不履行合同约定的协助义务　□B. 明确表示或者以行为表明不履行合同主要义务的　□C. 合同约定的期限内没有完工，且在发包人催告的合理期限内仍未完工的　□D. 已经完成的建设工程质量不合格，并拒绝修复的　□E. 将承包的建设工程非法转包、违法分包的】。

2）承包人请求解除合同的条件。发包人具有下列情形之一，致使承包人无法施工，且在催告的合理期限内仍未履行相应义务，承包人请求解除建设工程施工合同的，应予支持：Ⅲ【□A. 未按约定支付工程价款的　□B. 提供的主要建筑材料，建筑构配件和设备不符合强制性标准的　□C. 施工现场安装摄像设备全程监控　□D. 施工现场安排大量人员　□E. 不履行合同约定的协助义务的】。

（2）建设工程质量不符合约定情况下责任承担问题

1）因承包商过错导致质量不符合约定的处理。《合同法》第281条规定："因施工人的原因致使建设工程质量不符合约定的，发包人有权要求施工人在合理期限内无偿修理或者返工、改建。经过修理或者返工、改建后，造成逾期交付的，施工人应当承担违约责任。"

2）因发包人过错导致质量不符合约定的处理。《建设工程质量管理条例》第9条规定："建设单位必须向有关的勘察、设计、施工、工程监理等单位提供与建设工程有关的原始资料。原始资料必须真实、准确、齐全。"《建设工程质量管理条例》第14条规定："按照合同约定，由建设单位采购建筑材料、建筑构配件和设备的，建设单位应当保证建筑材料、建筑构配件和设备符合设计文件和合同要求。建设单位不得明示或者暗示施工单位使用不合格的建筑材料、建筑构配件和设备。"

《建设工程质量管理条例》第56条规定："违反本条例规定，建设单位有下列行为之一的，责令改正，处Ⅳ【○A. 10万元以上30万元以下　○B. 10万元以上50万元以下　○C. 20万元以上40万元以下　○D. 20万元以上50万元以下】的罚款：①迫使承包方以低于成本的价格竞标的；②任意压缩合理工期的；③明示或者暗示设计单位或者施工单位违反工程建设强制性标准，降低工程质量的；④施工图设计文件未经审查或者审查不合格，擅自施工的；⑤建设项目必须实行工程监理而未实行工程监理的；⑥未按照国家规定办理工程质量监督手续的；⑦明示或者暗示施工单位使用不合格的建筑材料、建筑构配件和设备的；⑧未按照国家规定将竣工验收报告、有关认可文件或者准许使用文件报送备案的。”

3）发包人擅自使用后出现质量问题的处理。《解释》第 23 条也对于工程质量产生的争议如何进行鉴定做出了原则性规定：“当事人对部分案件事实有争议的，仅对有争议的事实进行鉴定，但争议事实范围不能确定，或者双方当事人请求对全部事实鉴定的除外。”《解释》第 13 条规定：“建设工程未经竣工验收，发包人擅自使用后，又以使用部分质量不符合约定为由主张权利的，不予支持；但是承包人应当在建设工程的合理使用寿命内对地基基础工程和主体结构质量承担民事责任。”《建设工程质量管理条例》第 58 条规定：“违反本条例规定，建设单位有下列行为之一的，责令改正，处工程合同价款Ⅴ【○A. 1%以上 2%以下　○B. 2%以上 3%以下　○C. 1%以上 4%以下　○D. 2%以上 4%以下】的罚款；造成损失的，依法承担赔偿责任：①未组织竣工验收，擅自交付使用的；②验收不合格，擅自交付使用的；③对不合格的建设工程按照合格工程验收的。”

（3）对竣工日期的争议问题。在实际操作过程中，容易出现一些特殊的情形并最终导致关于竣工日期的争议的产生。这些情形主要表现在：①由于建设单位和施工单位对于工程质量是否符合合同约定产生争议而导致对竣工日期的争议；②由于发包人拖延验收而产生的对实际竣工日期的争议；③由于发包人擅自使用工程而产生的对于实际竣工验收日期的争议。

（4）对计价方法的争议问题。对计价方法的纠纷主要表现在以下几个方面。①因变更引起的纠纷。在工程建设过程中，变更是普遍存在的，尽管变更的表现形式纷繁复杂，但是其对于工程款的支付的影响却仅仅表现在两个方面：a. 工程量的变化导致价格的纠纷；b. 工程质量标准的变化导致价格的纠纷。②因工程质量验收不合格导致的纠纷。③因利息而产生的纠纷。在实践中，对于利息的支付容易在两个方面产生纠纷：a. 利息的计付标准；b. 何时开始计付利息。④因合同计价方式产生的纠纷。

经典试题

（单选题）1. 甲市某企业向乙市某公司购买一批物资商品，合同对于付款地点和交货期限没有约定，发生争议时，依据合同法规定，下列说法正确的是（　　）。

A. 甲市某企业付款给乙市某公司应在乙市履行

B. 甲市某企业可以随时请求乙市某公司交货，而且可以不给该企业必要的准备时间

C. 甲市某企业付款给乙市某公司应在甲市履行

D. 乙市某公司可随时交货给甲市某企业，且可以不给该企业必要的准备时间

（单选题）2. 某建筑工程承包商于 2011 年 6 月 1 日提交工程项目竣工验收报告，2011 年 6 月 10 日发包人组织竣工验收。在竣工验收过程中，发包人对某一部位的质量发生争议，提请工程质量鉴定。2011 年 7 月 1 日质量鉴定单位提交鉴定报告，认为该部位的工程质量是合格的，承包商于 2011 年 7 月 20 日将工程交付给发包人使用，则该工程的竣工日期是（　　）。

A. 2011 年 6 月 1 日　　B. 2011 年 6 月 10 日

C. 2011 年 7 月 1 日　　D. 2011 年 7 月 20 日

（单选题）3. 甲公司向乙公司购买钢材，双方合同中约定由丙公司向乙公司付款。当丙公司不支付公司货款时，应当由（　　）承担违约责任。

A. 甲公司向乙公司　　B. 乙公司自己

C. 丙公司向乙公司　　D. 甲公司和丙公司共同向乙公司

（单选题）4. 某建筑公司向供货商采购某种国家定价的特种材料，合同签订时价格为 4000 元/吨，约定 6 月 1 日运至某工地。后供货商迟迟不予交货。8 月下旬，国家调整价格为

3400 元/吨，供货商急忙交货。双方为结算价格产生争议。下列说法正确的是（　　）。

A. 应按合同约定的价格 4000 元/吨结算

B. 应按国家确定的最新价格 3400 元/吨结算

C. 应当按新旧价格的平均值结算

D. 双方协商确定，协商不成的应当解除合同

（多选题）5. 某建设工程施工合同履行期间，建设单位要求变更为国家新推荐的施工工艺，在其后的施工中予以采用，则下列说法正确的是（　　）。

A. 建设单位不能以前期工程未采用新工艺为由，主张工程不合格

B. 施工单位可就采用新工艺增加的费用向建设单位索赔

C. 由此延误的工期由施工单位承担违约责任

D. 只要双方协商一致且不违反地区强制性标准，可以变更施工工艺

E. 从法律关系构成要素分析，采用新工艺属于合同主体的变更

参考答案　Ⅰ ABCE　Ⅱ BCDE　Ⅲ ABE(2010 年考试涉及)　Ⅳ D　Ⅴ D　1. A　2. A　3. A(2009 年考试涉及)　4. B(2009 年考试涉及)　5. ABD(2009 年考试涉及)

考点 2：抗辩权

重点等级：☆☆☆☆

1. 同时履行抗辩权

（1）同时履行抗辩权的概念。同时履行是指合同订立后，在合同有效期限内，当事人双方不分先后地履行各自的义务的行为。同时履行抗辩权是指在没有规定履行顺序的双务合同中，当事人一方在当事人另一方未为对待给付以前，有权拒绝先为给付的权利。

《合同法》第 66 条规定："当事人互负债务，没有先后履行顺序的，应当同时履行。一方在对方履行之前有权拒绝其履行要求。一方在对方履行债务不符合约定时，有权拒绝其相应的履行要求。"

（2）同时履行抗辩权的成立要件：Ⅰ【□A. 由同一双务合同产生互负的债务　□B. 在合同中未约定履行顺序　□C. 当事人另一方未履行债务　□D. 对方的对待给付是可能履行的义务　□E. 有义务先履行债务的一方未履行或者履行不符合约定】。

（3）同时履行抗辩权的行使与效力。同时履行抗辩权只能由当事人行使。法院不能依职权主动适用。同时履行抗辩权有阻却对方请求权的效力，没有消灭对方请求权的效力。即在对方没有履行或提出履行前，可以拒绝履行；当对方履行或提出履行时，应当恢复履行。

2. 先履行抗辩权

（1）先履行抗辩权的概念。先履行抗辩权是指当事人互负债务，有先后履行顺序，先履行一方未履行或者履行债务不符合约定的，后履行一方有权拒绝先履行一方的履行要求。

（2）先履行抗辩权的成立要件：Ⅱ【□A. 双方基于同一双务合同且互负债务　□B. 在合同中未约定履行顺序　□C. 履行债务有先后顺序　□D. 有义务先履行债务的一方未履行或者履行不符合约定　□E. 对方的对待给付是可能履行的义务】。

（3）先履行抗辩权的行使与效力。先履行抗辩权在当事人行使时，可采取明示或采取默示。行使先履行抗辩权，在他方未先履行义务前，可拒绝自己履行义务，并不承担违约责任。行使先履行抗辩权没有消除合同的效力，在先履行方适当履行后，先履行抗辩权消灭。

3. 不安抗辩权

（1）不安抗辩权的概念。不安抗辩权是指先履行合同的当事人一方因后履行合同一方当

事人欠缺履行债务能力或信用，而拒绝履行合同的权利。

(2) 不安抗辩权的成立要件。①双方当事人基于同一双务合同而互负债务。②债务履行有先后顺序，且由履行顺序在先的当事人行使。③履行顺序在后的一方履行能力明显下降，有丧失或者可能丧失履行债务能力的情形。不安抗辩权制度在于保护履行顺序在先的当事人，但不是无条件的，而是以该当事人的债权实现受到存在于对方当事人的现实危险威胁为条件。根据《合同法》68条规定："应当先履行债务的当事人，有确切证据证明对方有下列情形之一的，可以中止履行：Ⅲ【□A. 经营状况严重恶化　□B. 转移财产、抽逃资金以逃避债务　□C. 转移财产、抽逃资金以逃避债务　□D. 出现表见代理情况　□E. 有丧失或者可能丧失履行债务能力的其他情形】。当事人没有确切证据中止履行的，应当承担违约责任。"④履行顺序在后的当事人未提供适当担保。履行顺序在后的当事人履行能力明显下降，可能严重危及履行顺序在先当事人的债权。但是，如果后履行方提供适当担保，则先履行方的债权不会受到损害，所以，就不得行使不安抗辩权。

(3) 不安抗辩权行使与效力。中止履行的一方，即行使不安抗辩权的一方负有对相对人欠缺信用、欠缺履行能力的举证责任。当事人依照本法第68条的规定中止履行的，应当及时通知对方。对方提供适当担保时，应当恢复履行。中止履行后，对方在合理期限内未恢复履行能力并且未提供适当担保的，中止履行的一方可以解除合同。

经典试题

(单选题) 1. 在某建设单位与供应商之间的建筑材料采购合同中约定，工程竣工验收后1个月内支付材料款，期间，建设单位经营状况严重恶化，供应商逐暂停供应建筑材料，要求先付款，否则终止供货，则供应商的行为属于行使（　　）。

A. 同时履行抗辩权　　B. 先履行抗辩权　　C. 不安抗辩权　　D. 先诉抗辩权

参考答案　Ⅰ ABCD　Ⅱ ACD　Ⅲ ABCE　1. C(2010年考试涉及)

考点3：代位权

重点等级：☆☆☆☆

1. 代位权的概述

代位权是指债权人为了保障其债权不受损害，而Ⅰ【○A. 以债权人自己的名义代替债务人行使债权的权利　○B. 以债务人的名义代替债权人行使债权的权利　○C. 以第三人的名义行使债权的权利　○D. 向仲裁机构请求以债务人的名义行使债权的权利】。《合同法》第73条规定："因债务人怠于行使到期债权，对债权人造成损害的，债权人可以向人民法院请求以自己的名义代位行使债务人的债权，但该债权专属于债务人自身的除外。代位权的行使范围以债权人的债权为限。债权人行使代位权的必要费用，由债务人负担。"

2. 代位权的成立要件

根据《最高人民法院关于适用（中华人民共和国合同法）若干问题的解释（一）》第11条规定，债权人提起代位权诉讼，应当符合下列条件：Ⅱ【□A. 债权人对债务人的债权合法　□B. 债务人怠于行使其到期债权　□C. 债务人的债权已到期　□D. 债务人的债权未到期　□E. 债务人的债权不是专属于债务人自身的债权】。

3. 代位权的行使

(1) 代位权行使的主体与方式。债权人行使代位权的，必须以自己的名义提起诉讼，因此，代位权诉讼的原告只能是债权人。代位权必须通过诉讼程序行使。

（2）代位权的行使范围。代位权的行使范围以债权人的债权为限，其含义包括如下两方面：①债权人行使代位权，只能以自身的债权为基础，而不应以债务人的其他债权人的债权为基础；②债权人代位行使的债权数额应当与其对债务人享有的债权数额为上限，即债务人所享有的债权超过了债权人所享有的债权，债权人不得就超过的部分行使代位权。

4. 代位权行使的效力

在债务链中，如果原债务人的债务人向原债务人履行债务，原债务人拒绝受领时，则债权人有权代原债务人受领。但在接受之后，应当将该财产交给原债务人，而不能直接独占财产。然后，再由原债务人向债权人履行其债务，如原债务人不主动履行债务时，债权人可请求强制履行受偿。

经典试题

（单选题）1. 甲公司欠刘某100万元，丙公司欠甲公司150万元，均已届清偿期。甲公司一直拖延不行使对丙公司的债权，致使其自身无力向刘某清偿。下列关于代位权的说法正确的是（　　）。

A. 刘某可以以甲公司的名义向丙公司提出偿债请求

B. 刘某可以通过仲裁方式行使代位权

C. 刘某行使代位权的必要费用应当由甲公司承担

D. 代位权顺利行使后，丙公司对甲公司所负债务消灭

（单选题）2. 甲欠乙50万元工程款，乙欠丙20万元货款，因乙怠于行使到期债权，又不能偿还丙的欠款，为此丙起诉甲支付欠款，下列说法正确的是（　　）。

A. 丙不能以自己名义起诉甲　　B. 丙起诉甲实在行使代位权

C. 丙起诉甲以50万元为限　　D. 丙的起诉费用由自己支付

参考答案　Ⅰ A　Ⅱ ABCE　1. C(2009年考试涉及)　2. B(2011年考试涉及)

考点4：撤销权

重点等级：☆☆☆☆

1. 撤销权的概念

所谓撤销权是指因债务人实施了减少自身财产的行为，对债权人的债权造成损害，债权人可以请求法院撤销债务人该行为的权利。

2. 撤销权的成立要件

（1）债务人实施了处分财产的行为。可能导致债权人行使撤销权的债务人行为包括：Ⅰ【□A. 债务人放弃到期债权　□B. 债务人无偿转让财产　□C. 债务人以明显不合理的低价转让财产　□D. 债务人经营状况严重恶化　□E. 债务人丧失商业信誉】。

（2）债务人处分财产的行为发生在债权人的债权成立之后。

（3）债权人处分财产的行为已经发生效力。

（4）债务人处分财产的行为侵害债权人债权。

3. 撤销权的行使

（1）撤销权行使的主体与方式。债权人行使撤销权的。撤销权诉讼的原告只能是债权人。债权人行使撤销权必须通过向法院起诉的方式进行，并由法院作出撤销判决才能发生撤销的效果。若撤销权实现，即撤销了债务人与第三人之间的民事行为。

（2）撤销权行使的期间。《合同法》第75条规定："撤销权自债权人知道或者应当知道

撤销事由之日起Ⅱ【○A. 1 年　○B. 2 年　○C. 5 年　○D. 20 年】内行使。自债务人的行为发生之日起 5 年内没有行使撤销权的，该撤销权消灭。”

（3）撤销权的行使范围。根据《合同法》第 74 条规定，“撤销权的行使范围以债权人的债权为限”。其含义包括如下几点：①债权人行使撤销权，只能以自身的债权为基础，而不能以债务人的其他债权人的债权为保全对象；②债权人在行使撤销权时，其请求撤销的数额应当与其债权数额相一致，但不要求完全相等（也不可能做到完全相等），而应当是大致相当。

经典试题

（单选题）1. 甲某欠乙某 40 万元、欠丙某 50 万元，甲某现仅有一处价值 90 万元的房产，甲某为了逃避债务，将其房产赠送给其妹妹。下列判断正确的是（　　）。

A. 乙某可以撤销甲某 90 万元房产的处分行为，其中 40 万元用于清偿自己债权、剩下的 50 万元用来清偿丙某的债权

B. 乙某和丙某对甲某的同一处分行为不能同时行使撤销权

C. 乙某只能撤销甲某 40 万元财产的处分行为并对该 40 万元财产有优先受偿的权利

D. 丙某可以撤销甲某 90 万元房产的处分行为，其中 50 万元用于清偿自己债权、剩下的 40 万元用来清偿乙某的债权

（单选题）2. 下列情形中，债权人不能行使法定撤销权的是（　　）。

A. 受让人明知债务人以不合理低价转让财产

B. 债务人放弃到期的债权

C. 债务人将巨额财产赠予他人

D. 债务人将其全部财产转让

参考答案　Ⅰ ABC　Ⅱ A（2010 年考试涉及）　1. C　2. D（2011 年考试涉及）

第五节　合同的变更、转让与权利义务终止

考点 1：合同的变更

重点等级：☆☆☆

1. 合同变更的类型

合同变更分为约定变更和法定变更。

（1）约定变更就是当事人经过协商达成一致意见，可以变更合同。《合同法》第 77 条规定：“当事人协商一致，可以变更合同。”

（2）《合同法》第 308 条规定：“在承运人将货物交付收货人之前，托运人可以要求承运人中止运输、返还货物、变更到达地或者将货物交给其他收货人，但应当赔偿承运人因此受到的损失。”此种变更即为Ⅰ【○A. 约定变更　○B. 法定变更　○C. 协商变更　○D. 判决变更】。

2. 合同变更的条件与程序

（1）合同关系已经存在。合同变更是针对已经存在的合同，无合同关系就无从变更。合同无效、合同被撤销，视为无合同关系，也不存在合同变更的可能。

（2）合同内容需要变更。合同内容变更可能涉及合同标的变更、数量、质量、价款或者酬金、期限、地点、计价方式等等。合同生效后，当事人不得因其主体名称的变更或者法定

代表人、负责人、承办人的变动而主张和请求合同变更。

（3）经合同当事人协商一致，或者法院判决、仲裁庭裁决，或者援引法律直接规定。

（4）符合法律、行政法规要求的方式。如果法律、行政法规对合同变更方式有要求，则应遵守这种要求。《合同法》第77条同时规定："法律、行政法规规定变更合同应当办理批准、登记等手续的，依照其规定。"

3. 合同变更的效力

合同的变更效力仅及于发生变更的部分，已经发生变更的部分以变更后的为准；已经履行的部分不因合同变更而失去法律依据；未变更部分继续原有的效力。同时，合同变更不影响当事人要求赔偿损失的权利。

经典试题

（单选题）1. 某建材供应商与某货运公司签订了一批钢材运输合同，该合同履行中先后发生了多次变更。在钢材运输过程中，建材供应商因销售合同变更要求货运公司变更钢材交货地点，并承担货运公司增加的运输费用。该合同的变更不包括（　　）。

A. 主体变更　　B. 客体变更　　C. 内容变更　　D. 权利、义务变更

（单选题）2. 甲、乙签订了建筑材料买卖合同，经当事人双方协商一致才能变更的情形是（　　）。

A. 甲公司名称变更　　B. 乙公司的法人代表变更

C. 合同签约人变更　　D. 采购数量变更

参考答案　Ⅰ B　1. A　2. D(2011年考试涉及)

考点2：合同的转让

重点等级：☆☆☆☆☆

1. 合同转让概述

（1）合同转让的概念。合同转让是指合同当事人一方依法将合同权利、义务全部或者部分转让给他人。

（2）合同转让的类型。①Ⅰ【○A. 合同权利转让　○B. 合同义务转让　○C. 合同义务转让　○D. 合同约定转让】又称为债权转让、债权让与，它分为合同权利部分转让和合同权利全部转让；②合同义务转让又称为债务承担、债务转移，它分为合同义务部分转让和合同义务全部转让；③合同权利义务概括转让又称为概括承受、概括转移，它分为合同权利义务全部转移和合同权利义务部分转移。

（3）合同转让的特征。①合同转让只是Ⅱ【○A. 合同主体　○B. 合同客体　○C. 合同权利　○D. 合同义务】（合同当事人）发生变化；②合同转让的核心在于处理好原合同当事人之间，以及原合同当事人中的转让人与原合同当事人之外的受让人之间，因合同转让而产生的权利义务关系。

（4）导致合同权利义务转让的事由。①依法律规定而产生权利转让。②依法律行为而发生转让。

2. 债权转让

（1）债权转让概述。债权转让是指在不改变合同权利义务内容基础上。享有合同权利的当事人将其权利转让给第三人享有。

（2）债权转让的条件。①须存在有效的债权，无效合同或者已经被终止的合同不产生有

效的债权，不产生债权转让。②被转让的债权应具有可转让性。下列三种债权不得转让：Ⅲ【□A. 根据合同性质不得转让的 □B. 根据合同内容不得转让的 □C. 按照当事人约定不得转让的 □D. 合同有瑕疵不得转让的 □E. 依照法律规定不得转让的合同权利不具有可转让性】。

(3) 债权转让的效力

1) 受让人成为合同新债权人。有效的合同转让将使转让人（原债权人）脱离原合同，受让人取代其法律地位而成为新的债权人。但是，在债权部分转让时，只发生部分取代，而由转让人和受让人共同享有合同债权。

2) 其他权利随之转移。①从权利随之转移：主合同中的权利和义务称为主权利、主义务，从合同中的权利和义务称为从权利、从义务。②抗辩权随之转移：由于债权已经转让，原合同的债权人已经由第三人代替，所以，债务人的抗辩权就不能再向原合同的债权人行使了，而要向接受债权的第三人行使。③抵消权的转移：如果原合同当事人存在可以依法抵消的债务，则在债权转让后，债务人的抵消权可以向Ⅳ【○A. 原合同当事人 ○B. 债权人 ○C. 让与人 ○D. 受让人】主张。

3. 债务转移

(1) 债务转移概述。债务转移是指在不改变合同权利义务内容基础上，承担合同义务的当事人将其义务转由第三人承担。

(2) 债务转移的条件。①被转移的债务有效存在。②被转移的债务应具有可转移性。③须经债权人同意。

(3) 债务转移的效力。①承担人成为合同新债务人。就合同义务全部转移而言，承担人取代债务人成为新的合同债务人，若承担人不履行债务，将由Ⅴ【○A. 让与人 ○B. 受让人 ○C. 债务人 ○D. 承担人】直接向债权人承担违约责任，原债务人脱离合同关系。②抗辩权随之转移。由于债务已经转移，原合同的债务人已经由第三人代替，所以债务人的抗辩权就只能由接受债务的第三人行使了。③从债务随之转移。债务人转移义务的，新债务人应当承担与主债务有关的从债务，但该从债务专属于原债务人自身的除外。

4. 合同权利义务概括转让

(1) 债权债务的概括转移的条件。①转让人与承受人达成合同转让协议。如果承受人不接受该债权债务，则无法发生债权债务的转移。②原合同必须有效。③原合同为双务合同。只有Ⅵ【○A. 双务合同 ○B. 单务合同 ○C. 有偿合同 ○D. 诺成合同】才可能将债权债务一并转移，否则只能为债权转让或者是债务转移。④符合法定的程序。

(2) 企业的合并与分立涉及权利义务概括转移。企业合并指两个或者两个以上企业合并为一个企业。企业分立则指一个企业分立为两个及两个以上企业。《合同法》第 90 条规定："当事人订立合同后合并的，由合并后的法人或者其他组织行使合同权利，履行合同义务。当事人订立合同后分立的，除债权人和债务人另有约定的以外，由分立的法人或者其他组织对合同的权利和义务享有连带债权，承担连带债务。"

企业合并或者分立，原企业的合同权利义务将全部转移给新企业，这属于法定的权利义务概括转移，因此，不需要取得合同相对人的同意。

经典试题

(多选题) 1. 按照合同法的规定，债权人转让权利应当通知债务人，债权人转让权利的通知(　　)。

A. 不得自行撤销　　　　　　　　B. 有权自行撤销
C. 经受让人同意可以撤销　　　　D. 经债务人同意可以撤销
E. 定金

参考答案 Ⅰ A Ⅱ A Ⅲ ACE Ⅳ D Ⅴ D Ⅵ A 1. AC(2010 年考试涉及)

考点 3：合同的权利义务终止

重点等级：☆☆☆☆

1. 合同的权利义务终止概述

合同的权利义务终止是指合同权利和合同义务归于消灭，合同关系不复存在。合同终止使合同的担保等附属于合同的权利义务也归于消灭。合同权利义务的终止不影响合同中结算、清理条款和独立存在的解决争议方法的条款（如仲裁条款）的效力。

2. 合同权利义务因解除而终止

（1）合同解除的概念。合同解除是指当具备解除条件时，因合同当事人一方或双方意思表示，使有效成立的合同效力消灭的行为。

（2）合同解除的分类。合同解除分为协议解除与单方解除。协议解除是当事人双方就消灭有效合同达成意思表示一致。单方解除又分为约定解除和法定解除。单方解除是当事人双方根据法律规定和合同事项约定，当出现特定情形时，以单方意思解除合同。Ⅰ【○A. 单方约定解除　○B. 单方法定解除　○C. 单方强制解除　○D. 协议解除】是指当合同约定的解除情形出现时，享有解除权的一方以单方意思表示使合同解除。单方法定解除是以法律的直接规定行使解除权。

（3）协议解除的条件与程序。协议解除又称双方解除、合意解除，只要当事人双方协商一致即可。以成立合同的方式解除原有合同的，即通过要约、承诺的方式产生新的合同，以新的合同来解除原合同的，依照合同订立程序进行。法律、行政法规规定解除合同应当办理批准、登记等手续的，依照其规定。

（4）单方解除的条件与程序

1）条件。单方解除的条件是当事人在订立合同时可以预先设定，解除合同的条件成就时，解除权人可以通知对方解除合同。法定解除的条件，依据《合同法》规定，有下列情形：①因不可抗力致使不能实现合同目的；②在履行期限届满之前，当事人一方明确表示或者以自己的行为表明不履行主要债务；③当事人一方迟延履行主要债务，经催告后在合理期限内仍未履行；④当事人一方迟延履行债务或者有其他违约行为致使不能实现合同目的。

2）程序。法律规定或者当事人约定解除权行使期限，期限届满当事人不行使的，该权利消灭。法律没有规定或者当事人没有约定解除权行使期限，经对方催告后在合理期限内不行使的，该权利消灭。当事人一方依照规定主张解除合同的，应当通知对方。合同Ⅱ【○A. 自通知到达对方时　○B. 自通知发出时　○C. 自对方对通知进行确认时　○D. 自通知到达对方次日起】解除。对方有异议的，可以请求人民法院或者仲裁机构确认解除合同的效力。解除人和相对人均有权请求法院或者仲裁机构确认解除合同的效力。法律、行政法规规定解除合同应当办理批准、登记等手续的，依照其规定。

（5）合同解除的法律后果。①尚未履行的债务，终止履行。合同解除后，发生合同效力消灭的效果，因此，尚未履行的义务也随合同效力消灭而丧失履行的基础。②已经履行的，根据履行情况和合同性质，当事人可以要求恢复原状、采取其他补救措施，并有权要求赔偿损失。

3. 合同权利义务因其他原因而终止

合同权利义务终止是指由于一定的法律事实发生，使合同设定的权利义务归于消灭的法律现象。合同终止与债的消灭很近似。合同终止后，当事人就不需要再履行义务了。但是，合同终止与债的消灭并不等价，其他的合同终止的原因主要有：①合同因履行而终止；②合同因抵销而终止；③合同因提存而终止；④合同因免除债务而终止；⑤合同因混同而终止。

经典试题

（单选题）1. 某施工合同因合同解除而终止，但（ ）条款随着该合同的终止而效力不受影响。

A. 质量条款 B. 标的条款 C. 担保条款 D. 结算条款、清理条款

（单选题）2. 合同的权利义务终止，不影响合同中（ ）条款的效力。

A. 履行时间 B. 履行地点 C. 争议解决 D. 质量检验

（多选题）3. 致使承包人单位行使建设工程施工合同解除权的情形包括（ ）。

A. 发包人严重拖欠工程价款

B. 发包人提供的建筑材料不符合国家强制性标准

C. 发包人坚决要求工程设计变更

D. 项目经理与总监理工程师积怨太深

E. 要求承担保修责任期限过长

参考答案 Ⅰ A Ⅱ A 1. D 2. C(2010 年考试涉及) 3. AB(2009 年考试涉及)

第六节 违约责任

考点 1：违约责任的承担方式 重点等级：☆☆☆☆☆

1. 违约责任与违约行为

（1）违约责任。违约责任是指合同当事人不履行合同或者履行合同不符合约定而应承担的民事责任。违约责任的构成要件包括主观要件和客观要件。

1）主观要件。主观要件是指作为合同当事人，在履行合同中不论其主观上是否有过错，即主观上有无故意或过失，只要造成违约的事实，均应承担违约法律责任。

2）客观要件。客观要件是指合同依法成立、生效后，合同当事人一方或者双方未按照法定或约定全面地履行应尽的义务，也即出现了客观地违约事实，即应承担违约的法律责任。违约责任实行Ⅰ【○A. 严格责任原则 ○B. 过错责任原则 ○C. 过错推定原则 ○D. 合理分担原则】。严格责任原则是指有违约行为即构成违约责任，只有存在免责事由的时候才可以免除违约责任。

（2）违约行为。违约责任源于违约行为。违约行为是指合同当事人不履行合同义务或者履行合同义务不符合约定条件的行为。根据不同标准，可以将违约行为根据不同标准，可将违约行为作以下分类：①单方违约与双方违约；②预期违约与实际违约。

2. 承担违约责任的基本形式

《合同法》第 107 条规定：“当事人一方不履行合同义务或者履行合同义务不符合约定的，应当承担Ⅱ【□A. 继续履行 □B. 采取补救措施 □C. 赔偿损失 □D. 支付违约金

□E. 定金】等违约责任。”

（1）继续履行。实际履行是指在某合同当事人违反合同后，非违约方有权要求其依照合同约定继续履行合同，也称强制实际履行。《合同法》第109条规定：“当事人一方未支付价款或者报酬的，对方可以要求其支付价款或者报酬。”这就是关于实际履行的法律规定。继续履行必须建立在能够并应该实际履行的基础上。《合同法》第110条规定：当事人一方不履行非金钱债务或者履行非金钱债务不符合约定的，对方可以要求履行，但有下列情形之一的除外：Ⅲ【□A. 法律上或者事实上不能履行　□B. 债务的标的不适于强制履行或者履行费用过高　□C. 债权人在合理期限内未要求履行　□D. 当事人以自己的行为表明不履行　□E. 当事人愿意履行金钱债务来替代】。

（2）采取补救措施。违约方采取补救措施可以减少非违约方所受的损失。根据《合同法》第111条，质量不符合约定的，应当按照当事人的约定承担违约责任。对违约责任没有约定或者约定不明确，或不能确定的，受损害方根据标的的性质以及损失的大小，可以合理选择要求对方承担修理、更换、重作、退货、减少价款或者报酬等违约责任。

（3）赔偿损失。根据《合同法》，当事人一方不履行合同义务或者履行合同义务不符合约定的，在履行义务或者采取补救措施后，对方还有其他损失的，应当赔偿损失。

3. 违约金与定金

（1）违约金。违约金是指当事人在合同中或合同订立后约定因一方违约而应向另一方支付一定数额的金钱。违约金可分为约定违约金和法定违约金。当事人可以约定一方违约时应当根据违约情况向对方支付一定数额的违约金，也可以约定因违约产生的损失赔偿额的计算方法。约定的违约金低于造成的损失的，当事人可以请求人民法院或者仲裁机构予以增加；约定的违约金过分高于造成的损失的，当事人可以请求人民法院或者仲裁机构予以适当减少。当事人就迟延履行约定违约金的，违约方支付违约金后，还应当履行债务。

（2）定金。定金是合同当事人一方预先支付给对方的款项，其目的在于担保合同债权的实现。定金是债权担保的一种形式，定金之债是从债务，因此，合同当事人对定金的约定是一种从属于被担保债权所依附的合同的从合同。当事人可以依照《中华人民共和国担保法》约定一方向对方给付定金作为债权的担保。债务人履行债务后，定金应当抵作价款或者收回。给付定金的一方不履行约定的债务的，无权要求返还定金；收受定金的一方不履行约定的债务的，应当双倍返还定金。

（3）违约金与定金的选择。违约金存在于主合同之中，定金存在于从合同之中。它们可能单独存在，也可能同时存在。当事人既约定违约金，又约定定金的，一方违约时，对方Ⅳ【○A. 应当适用违约金　○B. 应当适用定金　○C. 可以选择适用违约金或者定金　○D. 可以同时适用违约金和定金】条款。

4. 承担违约责任的特殊情形

（1）先期违约。先期违约也叫预期违约，是指当事人一方在合同约定的期限届满之前，明示或默示其将来不能履行合同。《合同法》规定：“当事人一方明确表示或者以自己的行为表明不履行合同义务的，对方可以在履行期限届满之前要求其承担违约责任。”先期违约的构成要件有：Ⅴ【□A. 违约的时间必须在合同有效成立后至合同履行期限截止前　□B. 违约必须是对根本性合同义务的违反，即导致合同目的落空　□C. 当事人一方因第三人的原因造成违约，且可以向对方抗辩　□D. 当事人一方与第三人之间的纠纷可以按照法律的规定或者依照约定解决　□E. 当事人一方因第三人的原因造成违约，且违约的时间在合同有效成立后】。

（2）当事人双方都违约的情形。《合同法》第120条规定：“当事人双方都违反合同的，应当各自承担相应的责任。”当事人双方违约是指当事人双方分别违反了自身的义务。依照法律规定，双方违约责任承担的方式是由违约方分别各自承担相应的违约责任，即由违约方向非违约方各自独立地承担自己的违约责任。

（3）因第三人原因违约的情形。当事人一方因第三人的原因造成违约的，应当向对方承担违约责任。当事人一方和第三人之间的纠纷，依照法律规定或者按照约定解决。

（4）违约与侵权竞合的情形。因当事人一方的违约行为，侵害对方人身、财产权益的，受损害方有权选择依照本法要求其承担违约责任或者依照其他法律要求其承担侵权责任。

经典试题

（多选题）1. 下列违约责任承担方式可以并用的有（　　）。

A. 赔偿损失与继续履行　　B. 实际发行与解除合同

C. 定金与支付违约金　　D. 赔偿损失与修理、重作、更换

E. 违约金与解除合同

参考答案　Ⅰ A　Ⅱ ABC（2010 年考试涉及）　Ⅲ ABC　Ⅳ C（2010 年考试涉及）　Ⅴ AB　1. ABDE（2010 年考试涉及）

考点 2：不可抗力及违约责任的免除

重点等级：☆☆

1. 不可抗力

不可抗力是指不能预见、不能避免并不能克服的客观情况。不可抗力包括如下情况：①自然事件，如地震、洪水、火山爆发、海啸等；②社会事件，如战争、暴乱、骚乱、特定的政府行为等。根据《合同法》，Ⅰ【□A. 当事人一方因不可抗力不能履行合同的，应当及时通知对方，以减轻可能给对方造成的损失，并应当在合理期限内提供证明　□B. 当事人一方违约后，对方应当采取适当措施防止损失的扩大　□C. 当事人一方违约后，对方没有采取适当措施致使损失扩大的，不得就扩大的损失要求赔偿　□D. 当事人因防止损失扩大而支出的合理费用，由违约方承担　□E. 当事人一方违约后，对方因防止损失扩大而支出的合理费用，由双方共同承担】。

2. 违约责任的免除

所谓违约责任免责是指在履行合同的过程中，因出现法定的免责条件或者合同约定的免责事由导致合同不履行的，合同债务人将被免除合同履行义务。

（1）约定的免责。合同中可以约定在一方违约的情况下免除其责任的条件，这个条款称为免责条款。免责条款并非全部有效，《合同法》第 53 条规定：“合同中的下列免责条款无效：①造成对方人身伤害的；②因故意或者重大过失造成对方财产损失的。”造成对方人身伤害侵犯了对方的人身权，造成对方财产损失侵犯了对方的财产权，均属于违法行为，因而这样的免责条款是无效的。

（2）法定的免责。法定的免责是指出现了法律规定的特定情形，即使当事人违约也可以免除违约责任。《合同法》第 117 条规定：“因不可抗力不能履行合同的，根据不可抗力的影响，部分或者全部免除责任，但法律另有规定的除外。当事人迟延履行后发生不可抗力的，不能免除责任。”

经典试题

（单选题）1. 下列情形中，可以导致施工单位免除违约责任的是（　　）。

A. 施工单位因严重安全事故隐患且拒不改正而被监理工程师责令暂停施工，致使工期延误

B. 因拖延民工工资，部分民工停工抗议导致工期延误

C. 地震导致已完工程被爆破拆除重建，造成建设单位费用增加

D. 由于为工人投保意外伤害险，因公致残工人的医疗等费用由保险公司支付

参考答案　Ⅰ ABCD　1. C(2009 年考试涉及)

第七节　合同的担保

考点 1：保证

重点等级：☆☆☆☆

1. 保证的概念

保证是指保证人和债权人约定，当债务人不履行债务时，保证人按照约定履行债务或者承担责任的行为。保证担保的当事人包括：债权人、债务人、保证人。保证人与债权人应当以书面形式订立保证合同。保证合同应当包括以下内容：Ⅰ【□A. 被保证的主债权种类、数额　□B. 债务人履行债务的期限　□C. 保证的方式　□D. 保证担保的范围　□E. 保证人的资格】；保证的期间；双方认为需要约定的其他事项。

2. 保证人的资格条件

《担保法》第 7 条规定："具有代为清偿债务能力的法人、其他组织或者公民，可以作保证人。"同时，《担保法》也规定了下列单位不可以作保证人：①国家机关不得为保证人，但经国务院批准为使用外国政府或者国际经济组织贷款进行转贷的除外；②学校、幼儿园、医院等以公益为目的的事业单位、社会团体不得为保证人；③企业法人的分支机构、职能部门不得为保证人，企业法人的分支机构有法人书面授权的，可以在授权范围内提供保证。

3. 保证方式

(1) 保证方式的分类。保证的方式分为：一般保证和连带责任保证。当事人对保证方式没有约定或者约定不明确的，按照Ⅱ【○A. 一般保证　○B. 特殊保证　○C. 留置保证　○D. 连带责任保证】承担保证责任。

(2) 一般保证。一般保证是指债权人和保证人约定，首先由债务人清偿债务，当债务人不能清偿债务时，才由保证人代为清偿债务的保证方式。Ⅲ【○A. 一般保证　○B. 特殊保证　○C. 留置保证　○D. 连带责任保证】的保证人在主合同纠纷未经审判或者仲裁，并就债务人财产依法强制执行仍不能履行债务前，对债权人可以拒绝承担保证责任。

(3) 连带责任保证。连带责任保证是指当事人在保证合同中约定保证人与债务人对债务承担连带责任的保证方式。连带责任保证的债务人在主合同规定的债务履行期届满没有履行债务的，债权人可以要求债务人履行债务，也可以要求保证人在其保证范围内承担保证责任。

4. 保证期间

(1) 保证期间的含义。保证期间是指保证人承担保证责任的期间。一般保证的保证人与债权人未约定保证期间的，保证期间为主债务履行期届满之日起Ⅳ【○A. 1 个月　○B. 2 个月　○C. 3 个月　○D. 6 个月】。在合同约定的保证期间和前款规定的保证期间，债权人未对债务人提起诉讼或者申请仲裁的，保证人免除保证责任；债权人已提起诉讼或者申请仲裁的，保证期间适用诉讼时效中断的规定。连带责任保证的保证人与债权人未约定保证期间

的，债权人有权自主债务履行期届满之日起Ⅴ【○A. 2个月　○B. 3个月　○C. 5个月　○D. 6个月】内要求保证人承担保证责任。在合同约定的保证期间和前款规定的保证期间，债权人未要求保证人承担保证责任的，保证人免除保证责任。

（2）保证期间的合同变更。保证期间，债权人依法将主债权转让给第三人的，保证人在原保证担保的范围内继续承担保证责任。保证合同另有约定的，按照约定。保证期间，债权人许可债务人转让债务的。应当取得保证人书面同意，保证人对未经其同意转让的债务，不再承担保证责任。债权人与债务人协议变更主合同的，应当取得保证人书面同意，未经保证人书面同意的，保证人不再承担保证责任。保证合同另有约定的，按照约定执行。

参考答案　Ⅰ ABCD　Ⅱ D　Ⅲ A　Ⅳ D　Ⅴ D

考点2：定金

重点等级：☆☆☆

1. 定金与违约金、预付款的区别

（1）定金与违约金的区别及适用规则。定金和违约金都是一方应给付给对方的一定款项，都有督促当事人履行合同的作用，但二者也有不同，其区别主要表现以下几方面：Ⅰ【□A. 定金须于合同履行前交付，而违约金只能发生违约行为以后交付　□B. 定金有证约和预先给付的作用，而违约金没有　□C. 定金主要起担保作用，而违约金主要是违反合同的民事责任形式　□D. 定金一般是约定的，而违约金可以是约定的，也可以是法定的　□E. 定金具有督促当事人履行合同的作用，而违约金没有】。

（2）定金与预付款的区别。定金与预付款都是在合同履行前一方当事人预先给付对方的一定数额的金钱，都具有预先给付的性质，在合同履行后。都可以抵作价款。但二者有着根本的区别，这表现在以下方面：①定金是合同的担保方式，主要作用是担保合同履行，而预付款的主要作用是为对方履行合同提供资金上的帮助，属于履行的一部分；②交付定金的协议是从合同，而交付预付款的协议一般为合同内容的一部分；③定金只有在交付后才能成立，而交付预付款的协议只要双方意思表示一致即可成立；④定金合同当事人不履行主合同时，适用定金罚则，而预付款交付后当事人不履行合同的，不发生丧失预付款或双倍返还预付款的效力。

2. 定金的生效条件

定金合同除具备合同成立的一般条件外，还须具备以下条件才能生效。①主合同有效。这是由定金合同的从属性决定的。②发生交付定金的行为。定金合同为实践性合同，如果只有双方当事人的意思表示一致，而没有一方向另一方交付定金的交付行为，定金合同不能生效。《担保法》第90条规定：“当事人在定金合同中应当约定交付定金的期限。定金合同从Ⅱ【○A. 当事人签字　○B. 合同备案　○C. 定金实际交付　○D. 主合同成立】之日起生效。”③定金的比例符合法律规定。定金的数额由当事人约定，但不得超过主合同标的数额的Ⅲ【○A. 5%　○B. 10%　○C. 15%　○D. 20%】。

参考答案　Ⅰ ABCD　Ⅱ C（2011年考试涉及）　Ⅲ D

考点3：担保方式及特点

重点等级：☆☆☆☆

1. 担保的形式

担保是债权人与债务人或者第三人根据法律规定或约定而实施的，以保证债权得以实现

为目的的民事法律行为。在担保法律关系中，债权人称为担保权人，债务人称为被担保人，第三人称为担保人。担保活动应当遵循Ⅰ【□A. 平等 □B. 自愿 □C. 公平 □D. 公开 □E. 诚实信用】的原则。担保合同是主合同的从合同，主合同无效，担保合同无效。担保合同另有约定的，按照约定。第三人为债务人向债权人提供担保时，可以要求债务人提供反担保。反担保适用本法担保的规定。我国《担保法》规定的担保形式有Ⅱ【□A. 保证 □B. 抵押 □C. 质押 □D. 留置 □E. 预付款】和定金。

2. 各种担保形式的特点

(1) 保证。保证是以保证人的保证承诺作为担保的，签订保证合同时并不涉及具体的财物。当债务人不能依主合同的约定清偿债务时，保证人负有代为清偿债务责任。

(2) 抵押。抵押是以抵押人提供的抵押物作为担保的，债务履行期届满抵押权人未受清偿的，可以与抵押人协议以抵押物折价或者以拍卖、变卖该抵押物所得的价款受偿。抵押不转移对抵押物的占有，这是其与质押的显著区别。

(3) 质押。质押也是以出质人所提供的质物作为担保的，债务履行期届满质权人未受清偿的，可以与出质人协议以质物折价，也可以依法拍卖、变卖质物。质押转移对抵押物的占有，出质人要将质物交由质权人保管。

(4) 留置。留置是以留置权人业已占有的留置人，即债务人的动产作为担保的，债权人留置财产后，债务人应当在不少于Ⅲ【○A. 1 个月 ○B. 2 个月 ○C. 3 个月 ○D. 6 个月】的期限内履行债务。债权人与债务人在合同中未约定的，债权人留置债务人财产后，应当确定Ⅳ【○A. 2 个月 ○B. 3 个月 ○C. 5 个月 ○D. 6 个月】以上的期限，通知债务人在该期限内履行债务。债务人逾期仍不履行的，债权人可以与债务人协议以留置物折价，也可以依法拍卖、变卖留置物。

(5) 定金。定金是以债务人提交给债权人的一定数额的金钱作为担保的。

经典试题

(单选题) 1. 根据《担保法》规定，必须由第三人为当事人提供担保的方式是 (　　)。

A. 保证　　B. 抵押　　C. 留置　　D. 定金

参考答案　Ⅰ ABCE　Ⅱ ABCD　Ⅲ B　Ⅳ A　1. A(2010 年考试涉及)

第三章 建设工程纠纷的处理

第一节 民事纠纷处理方式

考点 1：民事诉讼的特点

重点等级：☆☆☆☆

建设工程民事纠纷的处理方式主要有：Ⅰ【□A. 当事人自行和解 □B. 行政复议 □C. 行政机关调解 □D. 商事仲裁 □E. 民事诉讼】。

1. 民事诉讼的概念

民事诉讼是指人民法院在当事人和其他诉讼参与人的参加下，以审理、裁判、执行等方式解决民事纠纷的活动。在我国，《中华人民共和国民事诉讼法》（以下简称《民事诉讼法》）是调整和规范法院和诉讼参与人的各种民事诉讼活动的基本法律。诉讼参与人包括原告、被告、Ⅱ【□A. 当事人代表 □B. 第三人 □C. 鉴定人 □D. 证人 □E. 勘验人】等。

2. 民事诉讼的基本特点

与调解、仲裁这些非诉讼解决纠纷的方式相比，民事诉讼的特征主要有Ⅲ【□A. 公权性 □B. 强制性 □C. 程序性 □D. 独立性 □E. 经济性】。

（1）民事诉讼是由法院代表国家行使审判权解决民事争议。它既不同于群众自治组织性质的人民调解委员会以调解方式解决纠纷，也不同于由民间性质的仲裁委员会以仲裁方式解决纠纷。

（2）民事诉讼的Ⅳ【○A. 公权性 ○B. 强制性 ○C. 程序性 ○D. 独立性】既表现在案件的受理上又反映在裁判的执行上。调解、仲裁均建立在当事人自愿的基础上，只要有一方不愿意选择上述方式解决争议，调解、仲裁就无从进行。民事诉讼则不同，只要原告起诉符合民事诉讼法规定的条件，无论被告是否愿意，诉讼均会发生。同时，若当事人不自动履行生效裁判所确定的义务，法院可以依法强制执行。

（3）民事诉讼是依照法定程序进行的诉讼活动，无论是法院还是当事人或者其他诉讼参与人，都应按照《民事诉讼法》设定的程序实施诉讼行为，违反诉讼程序常常会引起一定的法律后果。而人民调解没有严格的程序规则，仲裁虽然也需要按预先设定的程序进行，但其程序相当灵活，当事人对程序的选择权也较大。

参考答案 Ⅰ ACDE(2010 年考试涉及) Ⅱ BCDE(2010 年考试涉及) Ⅲ ABC Ⅳ B

考点 2：仲裁的特点

重点等级：☆☆☆

1. 仲裁的概念

仲裁指发生争议的当事人（申请人与被申请人），根据其达成的仲裁协议，自愿将该争议提交中立的第三者（仲裁机构）进行裁判的争议解决的方式。

在我国，《中华人民共和国仲裁法》（以下简称《仲裁法》）是调整和规范仲裁制度的基本法律，但《仲裁法》的调整范围仅限于民商事仲裁，即“平等主体的公民、法人和其他组织之间发生的合同纠纷和其他财产权纠纷”仲裁，劳动争议仲裁和农业承包合同纠纷仲裁不受《仲裁法》的调整。此外，根据《仲裁法》第3条的规定，下列纠纷不能仲裁：Ⅰ【□A. 财产继承纠纷　□B. 劳动争议　□C. 婚姻纠纷　□D. 工程款纠纷　□E. 收养纠纷】、监护纠纷、扶养纠纷。

2. 仲裁的基本特点

（1）自愿性。当事人的自愿性是仲裁最突出的特点。仲裁以双方当事人的自愿为前提。即当事人之间的纠纷是否提交仲裁，交与谁仲裁，仲裁庭如何组成，由谁组成，以及仲裁的审理方式、开庭形式等都是在当事人自愿的基础上，由双方当事人协商确定的。因此，仲裁是最能充分体现当事人意思自治原则的争议解决方式。

（2）专业性。民商事纠纷往往涉及特殊的知识领域，会遇到许多复杂的法律、经济贸易和有关的技术性问题，故专家裁判更能体现专业权威性。因此，具有一定专业水平和能力的专家担任仲裁员，对当事人之间的纠纷进行裁决是仲裁公正性的重要保障。专家仲裁是民商事仲裁的重要特点之一。

（3）灵活性。由于仲裁充分体现当事人的意思自治，仲裁中的许多具体程序都是由当事人协商确定和选择的，因此，与诉讼相比，仲裁程序更加灵活更具弹性。

（4）保密性。仲裁以Ⅱ【○A. 不开庭审理　○B. 不允许代理人参加　○C. 不公开审理　○D. 不允许证人参加】为原则。有关的仲裁法律和仲裁规则也同时规定了仲裁员及仲裁秘书人员的保密义务。仲裁的保密性较强。

（5）快捷性。仲裁实行一裁终局制，仲裁裁决一经仲裁庭作出即发生法律效力。这使当事人之间的纠纷能够迅速得以解决。

（6）经济性。仲裁的经济性主要表现在：时间上的快捷性使得仲裁所需费用相对减少；仲裁无需多审级收费，使得仲裁费往往低于诉讼费；仲裁的自愿性、保密性使当事人之间通常没有激烈的对抗，且商业秘密不必公之于世，对当事人之间今后的商业机会影响较小。

（7）独立性。仲裁机构独立于行政机构，仲裁机构之间也无隶属关系，仲裁庭独立进行仲裁，不受任何机关、社会团体和个人的干涉。不受仲裁机构的干涉，显示出最大的独立性。

经典试题

（单选题）1. 一裁定终局体现了仲裁的（　　）特点。

A. 专业性　　B. 自愿性　　C. 独立性　　D. 快捷性

参考答案　Ⅰ ABCE(2010年考试涉及)　Ⅱ C(2011年考试涉及)　1. D(2011年考试涉及)

考点3：和解与调解

重点等级：☆☆☆☆

1. 和解

（1）和解的概念。和解是指当事人在自愿互谅的基础上，就已经发生的争议进行协商并达成协议，自行解决争议的一种方式。

（2）和解的适用。①未经仲裁和诉讼的和解。发生争议后，当事人及可以自行和解。如果达成一致意见，就不需要进行仲裁或诉讼了。②申请仲裁后的和解。当事人申请仲裁后，可以自行和解。达成和解协议的，可以请求仲裁庭根据和解协议作出裁决书，也可以撤回仲裁申请。当事人达成和解协议，撤回仲裁申请后反悔的，可以根据仲裁协议申请仲裁。③诉讼后的和解。当事人在诉讼中和解的，应由原告申请撤诉，经法院裁定撤诉后结束诉讼。④执行中的和解。在执行中，双方当事人在自愿协商的基础上，达成的和解协议，产生结束执行程序的效力。如果一方当事人不履行和解协议或者反悔的，对方当事人只可以Ⅰ【○A. 申请人民法院按照原生效法律文书强制执行　○B. 申请人民法院按照和解协议强制执行　○C. 请求人民法院撤销和解协议　○D. 申请仲裁机构撤销和解协议】。

2. 调解

（1）调解的概念。调解是指第三人（即调解人）应纠纷当事人的请求，依法或依合同约定，对双方当事人进行说服教育，居中调停，使其在互相谅解、互相让步的基础上解决其纠纷的一种途径。

（2）调解的形式。①民间调解。即在当事人以外的第三人或组织的主持下，通过相互谅解，使纠纷得到解决的方式。民间调解达成的协议不具有强制约束力。②行政调解。行政调解是指在有关行政机关的主持下，依据相关法律、行政法规、规章及政策，处理纠纷的方式。行政调解达成的协议也不具有强制约束力。③法院调解。法院调解是指在人民法院的主持下，在双方当事人自愿的基础上，以制作调解书的形式，从而解决纠纷的方式。Ⅱ【○A. 双方签收的由人民调解委员会制作的调解书　○B. 双方签收的仲裁调解书　○C. 人民法院依法作出但原告方拒绝签收的调解书　○D. 双方签收的由人民政府职能部门依法作出的调解书】具有法律效力。④仲裁调解。仲裁庭在作出裁决前进行调解的解决纠纷的方式。当事人自愿调解的，仲裁庭应当调解。仲裁的调解达成协议，仲裁庭应当制作调解书或者根据协议的结果制作裁决书。调解书与裁决书具有同等法律效力，调解书经当事人签收后即发生法律效力。

经典试题

（单选题）1. 下列选项中，对调解的理解错误的是（　　）。

A. 当事人庭外和解的，可以请求法院制作调解书

B. 仲裁调解生效后产生执行效力

C. 仲裁裁决生效后可以进行仲裁调解

D. 法院在强制执行时不能制作调解书

（单选题）2. 王某在施工工地工作时 不慎受伤，在监理工程师的调解下，王某与雇主达成协议，雇主一次性支付王某2万元作为补偿，王某放弃诉讼权利，这种调解方式为（　　）。

A. 行政调解　　B. 法院调解　　C. 仲裁调解　　D. 民间调解

参考答案　Ⅰ A　Ⅱ B(2009年考试涉及)　1. C(2010年考试涉及)　2. D(2011年考试涉及)

第二节　证　据

考点1：证据的种类　　重点等级：☆☆☆☆☆

民事诉讼证据的种类是指七种证据形式，即Ⅰ【□A. 书证　□B. 物证　□C. 视听资

料　□D. 科学实验　□E. 证人证言】、当事人陈述、鉴定结论、勘验笔录。

1. 书证

书证是指以文字、符号、图形等形式所记载的内容或表达的思想来证明案件事实的证据。书证具有以下特征：Ⅱ【□A. 书证以其表达的思想内容来证明案件事实　□B. 书证以其外形、质量等来证明案件事实　□C. 书证往往能够直接证明案件的主要事实　□D. 书证的真实性较强，不易伪造　□E. 书证往往以物质的存在来证明案件事实】。书证要具有证据力，必须满足两个基本条件：①书证是真实的；②书证所反映的内容对待证事实能起到证明作用。

2. 物证

物证是指证明案件真实情况的一切物品和痕迹。证明民事法律关系成立的物品，所有权有争议的物品、合同纠纷中质量有争议的物品、侵权损害的客体物等，都是常见的物证。行政诉讼中，被告行政机关提供的证明相对人违法行为的客体物，相对人提供的证明具体行政行为违法侵犯其合法权益的客体物等，都属于物证。物证以物质的存在、外部特征和属性等对案件事实起到证明作用。

3. 视听资料

视听资料是指利用录音、录像等技术手段反映的声音、图像以及电子计算机储存的数据证明案件事实的证据。最高人民法院《关于民事诉讼证据的若干规定》规定，存有疑点的Ⅲ【○A. 证人证言　○B. 视听资料　○C. 鉴定结论　○D. 勘验笔录】，不能单独作为认定案件事实的依据。对于未经对方当事人同意私自录制其谈话取得的资料，只要不是以侵害他人合法权益（如侵害隐私）或者违反法律禁止性规定的方法（如窃听）取得的，仍可以作为认定案件事实的依据。

4. 证人证言

证人是指了解案件事实情况并向法院或当事人提供证词的人。证言是指证人将其了解的案件事实向法院所作的陈述或证词。与当事人有亲属关系和其他密切关系的人虽然可以作为证人出庭作证，但由于上述关系的特殊性，其证言的证明力一般要小于其他证人的证言。下列几类人不能作为证人：不能正确表达意志的人；Ⅳ【□A. 审判员、陪审员、书记员　□B. 涉及案件的鉴定人员　□C. 诉讼代理人　□D. 被告的亲属　□E. 参与民事诉讼的检察人员】。

5. 当事人陈述

当事人陈述是指当事人在诉讼中就本案的事实向法院所作的说明。作为证据的当事人陈述是指那些能够证明案件事实的陈述。

6. 鉴定结论

（1）申请鉴定的主体与方式。当事人可以向人民法院申请鉴定，也可以由一方当事人自行委托有关部门鉴定。但一方自行委托有关部门作出的鉴定结论，另一方当事人有证据足以反驳并申请重新鉴定的，Ⅴ【○A. 人民法院　○B. 仲裁机构　○C. 鉴定机构　○D. 行政机关】应予准许。

（2）申请鉴定期间。当事人申请鉴定的，应当在举证期限内提出，只有在申请重新鉴定，并经人民法院同意时除外。对需要鉴定的事项负有举证责任的当事人，在人民法院指定的期限内无正当理由不提出鉴定申请或者不预缴交鉴定费用或者拒不提供相关资料，致使无法通过鉴定结论予以认定的，应当对该事实承担举证不能的后果。

（3）鉴定机构及鉴定人的确定方式。基于对当事人意思自治的尊重，当事人申请鉴定经人民法院同意后，双方协商确定有资格的鉴定机构和鉴定人员；协商不成的，由人民法院指定。

(4) 对法院委托鉴定申请重新鉴定的情形。当事人对人民法院委托的鉴定部门作出的鉴定结论有异议申请重新鉴定，提出证据证明存在下列情形之一的，人民法院应予准许：Ⅵ【□A. 鉴定程序或者鉴定人员不具备相关的鉴定资格的　□B. 鉴定程序严重违法的　□C. 有缺陷的鉴定结论通过补充鉴定解决的　□D. 鉴定结论明显依据不足的　□E. 经过质证认定不能作为证据使用的其他情形】。

7. 勘验笔录

勘验笔录是指人民法院审判人员或者行政机关工作人员对能够证明案件事实的现场或者对不能、不便拿到人民法院的物证，就地进行分析、检验、测量、勘察后所作的记录包括文字记录、绘图、照相、录像、模型等材料。

经典试题

(多选题) 1. 当事人提交给法院的以下材料中，不属于民事诉讼证据的有（　　）。

A. 建筑工程法规　　B. 建筑材料检验报告

C. 工程竣工验收现场录像　　D. 双方往来的电子邮件

E. 代理意见

参考答案　Ⅰ ABCE(2010 年、2009 年考试涉及)　Ⅱ ACD　Ⅲ B　Ⅳ ABCE(2009 年考试涉及)　Ⅴ A　Ⅵ ABDE(2008 年考试涉及)　1. AE(2010 年考试涉及)

考点 2：证据的保全和应用

重点等级：☆☆☆☆☆

1. 证据保全

《仲裁法》规定，在证据可能灭失或者以后难以取得的情况下，当事人可以申请Ⅰ【○A. 证据保全　○B. 先予执行　○C. 强制执行　○D. 财产保全】。

(1) 证据保全的申请。根据最高人民法院《关于民事诉讼证据的若干规定》第 23 条规定，当事人依据《民事诉讼法》第 74 条的规定向人民法院申请保全证据的，不得迟于举证期限届满前Ⅱ【○A. 3 日　○B. 5 日　○C. 7 日　○D. 10 日】。当事人申请保全证据的，人民法院可以要求其提供相应的担保。《仲裁法》第 46 条也规定："在证据可能灭失或者以后难以取得的情况下，当事人可以申请证据保全。当事人申请证据保全的，仲裁委员会应当将当事人的申请提交证据所在地的Ⅲ【○A. 基层人民法院　○B. 中级人民法院　○C. 高级人民法院　○D. 省级行政机关】。"

(2) 证据保全的实施。根据最高人民法院《关于民事诉讼证据的若干规定》第 24 条的规定，人民法院进行证据保全，可以根据具体情况，采用查封、扣押、拍照、录音、录像，复制、鉴定、勘验、制作笔录等方法。人民法院进行证据保全，可以要求当事人或者诉讼代理人到场。

2. 证据的应用

(1) 证明对象。证明对象就是需要证明主体运用证据加以证明的案件事实。它是证明的起点和终点。整个证明过程都是围绕证明对象进行的。

1) 证明对象的范围。在民事诉讼中，需要运用证据加以证明的对象包括：Ⅳ【□A. 当事人主张的实体权益的法律事实　□B. 免除自己法律责任　□C. 当事人主张的程序法事实　□D. 对方承认的事实　□E. 习惯、地方性法规】；证据事实，如书证是否客观真实，所反映内容与本案待证事实是否相关。

2）不需要证明的事实。根据最高人民法院《关于民事诉讼证据的若干规定》，对下列事实当事人无需举证证明：①众所周知的事实；②自然规律及定理；③根据法律规定或者已知事实和日常生活经验法则，能推定出的另一事实；④已为人民法院发生法律效力的裁判所确认的事实；⑤已为仲裁机构的生效裁决所确认的事实；⑥已为有效公证文书所证明的事实。

（2）举证责任

1）举证责任的概念。举证责任又称证明责任，即当事人对自己的主张的事实，应当提供证据加以证明，以及不能证明时将承担诉讼上的不利后果。

2）民事诉讼举证责任的分配。①一般原则。谁主张相应的事实，谁就应当对该事实加以证明。即"谁主张，谁举证"。在合同纠纷诉讼中，主张合同成立并生效的一方当事人对合同订立和生效的事实承担举证责任。主张合同Ⅴ【□A. 变更　□B. 解除　□C. 终止　□D. 中止　□E. 撤销】的一方当事人对引起合同变动的事实承担举证责任。对合同是否履行发生争议的，由负有履行义务的当事人承担举证责任。代理权发生争议的，由主张有代理权的一方当事人承担举证责任。在侵权纠纷诉讼中，主张损害赔偿的权利人应当对损害赔偿请求权产生的事实加以证明，即存在侵害事实、侵害行为与侵害事实之间存在因果关系、行为具有违法性以及行为人存在过错。另一方面，关于免责事由就应由行为人加以证明。②举证责任的倒置。举证责任倒置是为了弥补一般原则的不足，针对一些特殊的案件，将按照一般原则本应由己方承担的某些证明责任，改为由对方当事人承担的证明方法。证明责任倒置必须有法律的规定，法官不可以在诉讼中任意将证明责任分配加以倒置。

（3）证据的收集与固定。证据收集是指审判人员为了查明案件事实，按照法定获取证据的行为。一般可以通过以下方法收集证据：①当事人提供证据；②人民法院认为审理案件需要，依职权主动调查收集；③当事人依法申请人民法院调查收集证据。

（4）证明过程。证明过程是一个动态的过程。一般认为，证明过程由举证、质证与认证组成。

1）举证时限。所谓举证时限是指法律规定或法院、仲裁机构指定的当事人能够有效举证的期限。当事人应当在举证期限内向人民法院提交证据材料，当事人在举证期限内不提交的，视为放弃举证权利。对于当事人逾期提交的证据材料，人民法院审理时不组织质证。当事人增加、变更诉讼请求或者提起反诉的，也应当在Ⅵ【○A. 开庭前　○B. 判决前　○C. 举证期限届满前　○D. 提交答辩状前】提出。当事人在举证期限内提交证据材料确有困难的，应在举证期限内申请延期举证，经人民法院批准，可以适当延长举证期限。

2）证据交换。我国民事诉讼中的证据交换，是指在诉讼答辩期届满后开庭审理前，在人民法院的主持下，当事人之间相互明示其持有证据的过程。证据交换制度的设立，有利于当事人之间明确争议焦点，集中辩论；有利于法院尽快了解案件争议焦点，集中审理；有利于当事人尽快了解对方的事实依据，促进当事人进行和解和调解。根据最高人民法院《关于民事诉讼证据的若干规定》的有关规定，人民法院对于证据较多或者复杂疑难的案件，应当组织当事人在Ⅶ【○A. 答辩期届满后、开庭审理前　○B. 答辩期届满后、法庭调查前　○C. 法庭辩论前　○D. 举证期限届满前】交换证据。人民法院组织当事人交换证据的，交换证据之日举证期限届满。当事人申请延期举证经人民法院准许的，证据交换日相应顺延。

3）质证。质证是指当事人在法庭的主持下，围绕证据的Ⅷ【□A. 真实性　□B. 合法性　□C. 关联性　□D. 可靠性　□E. 排他性】，针对证据证明力有无以及证明力大小，进行质疑、说明与辩驳的过程。根据最高人民法院《关于民事诉讼证据的若干规定》第 47 条的规定，证据应当在法庭上出示，由当事人质证。未经质证的证据，不能作为认定案件事实的依据。

4）认证。认证即证据的审核认定是指人民法院对经过质证或当事人在证据交换中认可的各种证据材料作出审查判断，确认其能否作为认定案件事实的根据。

经典试题

（多选题）1. 根据最高人民法院《关于民事诉讼证据的若干规定》，当事人无需要举证证明的事实有（　）。

A. 太阳自东方升起，自西方落下

B. 人受重伤后若得不到及时救治，会有生命危险

C. 人所共知的某企业偷工减料

D. 已被仲裁机构生效的裁决书所确认的事实

E. 已被人民法院生效裁判所确认的事实

> 参考答案　Ⅰ A　Ⅱ C　Ⅲ A(2008 年考试涉及)　Ⅳ ABCE(2010 年考试涉及)　Ⅴ ABCE　Ⅵ C　Ⅶ A　Ⅷ ABC　1. ABDE(2009 年考试涉及)

第三节　民事诉讼法

考点 1：诉讼管辖与回避制度　　重点等级：☆☆☆☆☆

1. 诉讼管辖

民事诉讼中的管辖是指各级法院之间和同级法院之间受理第一审民事案件的分工和权限。

（1）级别管辖。级别管辖是指按照一定的标准，划分上下级法院之间受理第一审民事案件的分工和权限。我国《民事诉讼法》主要根据案件的Ⅰ【□A. 案件的性质　□B. 案件的复杂程度　□C. 案件影响　□D. 争议金额的大小　□E. 当事人的年龄】来确定级别管辖。各级人民法院都管辖第一审民事案件。①基层人民法院管辖第一审民事案件。法律另有规定除外。②中级人民法院管辖下列第一审民事案件：Ⅱ【□A. 重大涉外案件　□B. 在本辖区有重大影响的案件　□C. 最高人民法院确定由中级人民法院管辖的案件　□D. 在全国有重大影响的案件　□E. 认为应当由本院审理的案件】。③高级人民法院管辖在本辖区有重大影响的第一审民事案件。④最高人民法院管辖下列第一市民事案件：在全国有重大影响的案件；认为应当由本院审理的案件。

（2）地域管辖。地域管辖是指按照各法院的辖区和民事案件的隶属关系，划分同级法院受理第一审民事案件的分工和权限。地域管辖实际上是着重于法院与当事人、诉讼标的以及法律事实之间的隶属关系和关联关系来确定的，主要包括Ⅲ【□A. 一般地域管辖　□B. 特殊地域管辖　□C. 专属管辖　□D. 共同管辖　□E. 指定管辖】。

1）一般地域管辖通常实行“原告就被告”原则，即以被告住所地作为确定管辖的标准。根据《民事诉讼法》第 22 条规定：①对公民提起的民事诉讼，由Ⅳ【○A. 被告住所地人民法院　○B. 原告住所地人民法院　○C. 纠纷发生地人民法院　○D. 标的物所在地人民法院】管辖；②对法人或者其他组织提起的民事诉讼，由被告住所地人民法院管辖。

2）特殊地域管辖是指以被告住所地、诉讼标的所在地或法律事实所在地为标准确定的

管辖。我国《民事诉讼法》规定了9种特殊地域管辖的诉讼，其中与建设工程关系最为密切的是因合同纠纷提起的诉讼。《民事诉讼法》第24条规定："因合同纠纷提起的诉讼，由Ⅴ【○A. 被告住所地或者合同履行地人民法院 ○B. 原告住所地人民法院 ○C. 纠纷发生地人民法院 ○D. 合同签订地人民法院】管辖。"《民事诉讼法》第25条规定："合同的当事人可以在书面合同中协议选择被告住所地、合同履行地、合同签订地、原告住所地、标的物所在地人民法院管辖，但不得违反本法对级别管辖和专属管辖的规定。"

3）专属管辖是指法律规定某些特殊类型的案件专门由特定的法院管辖。专属管辖是排他性管辖，排除了诉讼当事人协议选择管辖法院的权利。专属管辖与一般地域管辖和特殊地域的关系是：凡法律规定为专属管辖的诉讼，均适用专属管辖。我国《民事诉讼法》第34条规定了三种适用专属管辖的案件。其中，因不动产纠纷提起的诉讼，由Ⅵ【○A. 被告住所地人民法院 ○B. 原告住所地人民法院 ○C. 合同签订地人民法院 ○D. 不动产所在地人民法院】管辖，如房屋买卖纠纷，土地使用权转让纠纷等。

（3）移送管辖和指定管辖。①移送管辖。人民法院发现受理的案件不属于本院管辖的，应当移送有管辖权的人民法院，受移送的人民法院应当受理。受移送的人民法院认为受移送的案件依照规定不属于本院管辖的，应当报请上级人民法院指定管辖，不得再自行移送。②指定管辖。有管辖权的人民法院由于特殊原因，不能行使管辖权的，由上级人民法院指定管辖。人民法院之间因管辖权发生争议，由争议双方协商解决；协商解决不了的，报请他们的共同上级人民法院指定管辖。

（4）管辖权异议。管辖权异议是指当事人向受诉法院提出的该法院对案件无管辖权的主张。《民事诉讼法》第38条规定："人民法院受理案件后，当事人对管辖权有异议的，应当在提交答辩状期间提出。人民法院对当事人提出的异议，应当审查。异议成立的，裁定将案件移交有管辖权的人民法院；异议不成立的，裁定驳回。"

2. 回避制度

根据《民事诉讼法》第45条规定，Ⅶ【□A. 法院的书记员 □B. 勘验人 □C. 鉴定人 □D. 出庭的证人 □E. 被告方的诉讼代理人】、审判人员、翻译人员、有下列情形之一的，必须回避，当事人有权用口头或者书面方式申请回避：①是本案当事人或者当事人、诉讼代理人的近亲属；②与本案有利害关系；③与本案当事人有其他关系，可能影响对案件公正审理的。

根据《民事诉讼法》的有关规定，当事人提出回避申请，应当说明理由，在案件开始审理时提出。回避事由在案件开始审理后知道的，也可以在法庭辩论终结前提出。院长担任审判长时的回避，由审判委员会决定；审判人员的回避，由院长决定；其他人员的回避，由审判长决定。人民法院对当事人提出的回避申请，应当在申请提出的Ⅷ【○A. 2日 ○B. 3日 ○C. 5日 ○D. 7日】内，以口头或者书面形式作出决定。申请人对决定不服的，可以在接到决定时申请复议一次。复议期间，被申请回避的人员，不停止参与本案的工作。人民法院对复议申请，应当在3日内作出复议决定，并通知复议申请人。

经典试题

（单选题）1. 下列关于诉讼管辖的表述正确的是（ ）。

A. 第一审重大涉外民事案件应当由中级人民法院管辖

B. 建设工程施工合同纠纷应当由不动产所在地人民法院管辖

C. 受移送人民法院认为移送的案件不属于本院管辖的，可继续移送有管辖权的人民法院

D. 房屋买卖纠纷实行“原告就被告”原则

参考答案　Ⅰ ABC　Ⅱ ABC　Ⅲ ABC　Ⅳ A　Ⅴ A　Ⅵ D　Ⅶ ABC(2010 年考试涉及)
Ⅷ B　1. A(2009 年考试涉及)

考点 2：诉讼参加人的规定

重点等级：☆☆☆☆

1. 当事人

民事诉讼中的当事人是指因民事权利和义务发生争议，以自己的名义进行诉讼，请求人民法院进行裁判的公民、法人或其他组织。民事诉讼当事人主要包括原告和被告。根据《民事诉讼法》第 49 条规定：“公民、法人和其他组织可以作为民事诉讼的当事人。法人由其法定代表人进行诉讼。其他组织由其主要负责人进行诉讼。”Ⅰ【□A. 法人的正职负责人是法人的法定代表人　□B. 没有正职负责人的，由主持工作的副职负责人担任法定代理人　□C. 设有董事会的法人，以董事长为法定代表人　□D. 没有董事长的法人，由监事会授权的负责人作为法人的法定代表人　□E. 没有董事长的法人，经董事会授权的负责人可作为法人的法定代表人】。公民、法人和其他组织虽然都可以成为民事诉讼中的原告或被告。

2. 诉讼代理人

诉讼代理人是指根据法律规定或当事人的委托，在民事诉讼活动中为维护当事人的合法权益而代为进行诉讼活动的人。民事诉讼代理人可分为法定诉讼代理人与委托诉讼代理人。

(1) 法定诉讼代理人。适用于无诉讼行为能力的当事人，依照法律规定代理当事人进行诉讼。

(2) 委托代理人。①委托人与委托代理人的范围。根据法律规定，委托人可以是当事人、法定代理人与代表人诉讼中的代表人。委托诉讼代理人既可以是律师，也可以是当事人的近亲属、有关的社会团体或者所在单位推荐的人，以及经人民法院许可的其他公民。②委托代理人的人数。《民事诉讼法》第 58 条第 1 款规定：“当事人、法定代理人可以委托Ⅱ【○A. 1～2 人　○B. 1～3 人　○C. 2～3 人　○D. 2～4 人】作为诉讼代理人。”③委托代理权的产生。委托代理是基于委托合同与单方授权而产生的。④授权委托书与委托代理权限。委托他人代为诉讼的，必须向人民法院提交由委托人签名或盖章的授权委托书，授权委托书必须记明委托事项和权限。委托权限分为一般授权与特别授权。一般授权，委托代理人仅有程序性的诉讼权利。特别授权可以行使实体性的诉讼权利，即代为承认、放弃、变更诉讼请求，进行和解，提起反诉或者上诉。若授权委托书仅写“全权代理”而无具体授权的情形，视为诉讼代理人没有获得特别授权，无权行使实体性诉讼权利。⑤委托代理权的消灭。委托代理权可以因Ⅲ【□A. 诉讼终结　□B. 当事人解除委托　□C. 代理人辞去委托　□D. 委托代理人死亡　□E. 委托代理人有过错】或委托人丧失行为能力而消灭。

经典试题

(单选题) 1. 当事人委托傅泽律师事务所的张律师做自己的诉讼代理人，授权委托书中委托权限一栏仅注明“全权代理”。则张律师有权代为（　　）。

A. 陈述事实、参加辩论　　B. 承认、放弃、变更诉讼请求

C. 进行和解　　D. 提起反诉或上诉

参考答案　Ⅰ ABCE　Ⅱ A　Ⅲ ABCD(2010 年考试涉及)　1. A(2009 年考试涉及)

考点 3：财产保全及先予执行的规定

重点等级：☆☆☆☆

1. 财产保全

(1) 财产保全的种类。财产保全有两种，即诉前财产保全和诉讼财产保全。

1) 诉前财产保全。诉前财产保全是指在起诉前，人民法院根据利害关系人的申请，对被申请人的有关财产采取的强制措施。采取诉前保全，须符合下列条件：Ⅰ【□A. 必须是紧急情况，不立即采取财产保全将会使申请人的合法权益受到难以弥补的损害　□B. 必须是紧急情况，不立即采取财产保全将会使申请人的合法权益受到难以弥补的损害　□C. 必须在诉讼过程中应当事人提出申请，或者必要时法院也可依职权作出　□D. 可能因当事人一方的行为或者其他原因，使判决不能执行或难以执行的案件　□E. 申请人必须提供担保，否则，法院驳回申请】。

人民法院接受申请后，必须在Ⅱ【○A. 12 小时　○B. 24 小时　○C. 48 小时　○D. 64 小时】内作出裁定。裁定采取诉前财产保全措施的，应当立即开始执行。当事人不服人民法院财产保全裁定的，可以申请复议一次，复议期间不停止裁定的执行。申请人在人民法院采取保全措施后Ⅲ【○A. 5 日　○B. 7 日　○C. 10 日　○D. 15 日】内不起诉的，人民法院应当解除财产保全。

2) 诉讼财产保全。诉讼财产保全是指人民法院在诉讼过程中，为保证将来生效判决的顺利执行，对当事人的财产或争议的标的物采取的强制措施。采取诉讼财产保全，应符合下列条件：①可能因当事人一方的行为或者其他原因，使判决不能执行或难以执行的案件；②须在诉讼过程中应当事人提出申请，或者必要时法院也可依职权作出；③人民法院可以责令申请人提供担保。

若情况紧急时，人民法院接受申请后，必须在 48 小时内作出裁定。

(2) 财产保全的对象及范围。根据《民事诉讼法》的有关规定，"财产保全限于请求的范围，或者与本案有关的财物"。其中，"请求的范围"一般指保全的财产其价值与诉讼请求相当或与利害关系人的请求相当；"与本案有关的财物"一般指本案的标的物。被申请人提供担保的，人民法院应当解除财产保全。申请有错误的，申请人应当赔偿被申请人因财产保全所遭受的损失。

(3) 财产保全措施。财产保全措施有查封、扣押、冻结或法律规定的其他方法。

2. 先予执行

(1) 先予执行的适用范围。根据《民事诉讼法》第 97 条规定："人民法院对下列案件，根据当事人的申请，可以书面裁定先予执行：①追索Ⅳ【□A. 赡养费　□B. 扶养费　□C. 抚育费　□D. 抚恤金　□E. 职工工资】、医疗费用的；②追索劳动报酬的；③因情况紧急需要先予执行的。"

(2) 先予执行的适用条件。①当事人之间权利义务关系明确；②申请人有实现权利的迫切需要，不先予执行将严重影响申请人的正常生活或生产经营；③被申请人有履行能力；④申请人向人民法院提出了申请，人民法院不得依职权适用；⑤在诉讼过程中，人民法院应当在受理案件后终审判决前采取。

经典试题

(单选题) 1. 某房地产开发商拖欠施工企业部分工程款，在多次催要未果的情形下，施工企业决定采用诉讼方式解决问题。起诉前，施工企业欲对开发商所有的一处房产进行保全，则以下说法正确的是（　　）。

A. 人民法院在接受申请后，必须在3日内作出裁定

B. 申请人在人民法院采取保全措施后15日内不起诉的，人民法院应当解除财产保全

C. 申请有错误的，人民法院应当赔偿被申请人因财产保全所遭受的损失

D. 开发商不服人民法院财产保全裁定的，可申请复议一次，复议期间停止裁定的执行

参考答案　Ⅰ ABE　Ⅱ C　Ⅲ D　Ⅳ ABCD　1. B

考点4：审判程序

重点等级：☆☆☆☆☆

审判程序是民事诉讼法规定的最为重要的内容，它是人民法院审理案件适用的程序，可以分为Ⅰ【□A. 原审程序　□B. 一审程序　□C. 二审程序　□D. 审判监督程序　□E. 终审程序】。

1. 一审程序

一审程序包括普通程序和简易程序，普通程序是指人民法院审理第一审民事案件通常适用的程序。普通程序分以下几个阶段。

（1）起诉。起诉是指公民、法人和其他组织在其民事权益受到侵害或者发生争议时，请求人民法院通过审判给予司法保护的诉讼行为。依照《民事诉讼法》第108条的规定，起诉的条件如下：Ⅱ【□A. 原告是与本案有直接利害关系的公民、法人和其他组织　□B. 有明确的被告　□C. 有具体的诉讼请求、事实和理由　□D. 有书面的起诉书　□E. 属于人民法院受理民事诉讼的范围和受诉人民法院管辖的范围】。起诉的方式分书面形式和口头形式两种。《民事诉讼法》第109条1款规定，起诉应向人民法院递交起诉状。

（2）审查与受理。人民法院对原告的起诉情况进行审查后，认为符合起诉条件的，即应在Ⅲ【○A. 5日　○B. 7日　○C. 10日　○D. 15日】内立案，并通知当事人。认为不符合起诉条件的，应当在7日内裁定不予受理，原告对不予受理裁定不服的，可以提起上诉。如果人民法院在立案后发现起诉不符合法定条件的，裁定驳回起诉，当事人对驳回起诉不服的，可以上诉。

（3）审理前的准备。审理前的准备是指人民法院接受原告起诉并决定立案受理后，在开庭审理之前，由承办案件的审判员依法所做的各种准备工作。

（4）开庭审理

1）准备开庭。即由书记员查明当事人和其他诉讼参与人是否到庭，宣布法庭纪律，由审判长核对当事人，宣布开庭并公布法庭组成人员。

2）法庭调查阶段。根据《民事诉讼法》第124条的规定，法庭调查按照下列程序进行：①当事人陈述；②告知证人的权利义务，证人作证，宣读未到庭的证人证言；③出示书证、物证和视听资料；④宣读鉴定结论；⑤宣读勘验笔录。

3）法庭辩论。

4）合议庭评议和宣判。法庭辩论结束后，调解又没达成协议的，合议庭成员退庭进行评议。评议是秘密进行的。合议庭评议完毕后应制作判决书，宣告判决公开进行。宣告判决时，须告知当事人上诉的权利、上诉期限和上诉法院。

人民法院适用普通程序审理的案件，应在立案之日起Ⅳ【○A. 2个月　○B. 3个月　○C. 5个月　○D. 6个月】内审结，有特殊情况需延长的，由本院院长批准，可延长Ⅴ【○A. 2个月　○B. 3个月　○C. 5个月　○D. 6个月】；还需要延长的，报请上级人民法院

批准。

2. 第二审程序

第二审程序又叫终审程序，是指民事诉讼当事人不服地方各级人民法院未生效的第一审裁判，在法定期限内向上级人民法院提起上诉，上一级人民法院对案件进行审理所适用的程序。

（1）上诉的提起和受理

1）上诉的条件。①上诉人都是第一审程序中的当事人。②上诉的对象必须是依法可以上诉的判决和裁定。③须在法定的上诉期限内提起。对判决不服，提起上诉的时间为Ⅵ【○A. 10天　○B. 15天　○C. 20天　○D. 30天】；对裁定不服，提起上诉的期限为10天。只有当双方的上诉期都届满，均未提起上诉的，裁判才发生法律效力。④须递交上诉状。

2）上诉的受理。上级人民法院接到上诉状后，认为符合法定条件的，应当立案审理。上诉人在第二审人民法院受理上诉后，到第二审作出终审判决以前，认为上诉理由不充分，或接受了第一审人民法院的裁判，而向第二审人民法院申请，要求撤回上诉。撤回是否准许，由第二审人民法院裁定。

（2）上诉的审理

1）审理范围。第二审人民法院应当对上诉请求的有关事实和适用法律进行审查。但判决违反法律禁止性规定、侵害社会公共利益或者他人利益者除外。当事人没有提出请求的，不予审查。被上诉人在答辩中要求变更或者补充第一审判决内容的，可以不予审查。

2）审理方式。第二审人民法院对上诉案件可以根据案件的具体情况分别采取以下两种方式进行审理：开庭审理和进行裁判。

（3）对上诉案件的裁判。二审法院经过审理后根据案件的情况分别作出以下处理：①维持原判。即原判认定事实清楚，适用法律正确的，判决驳回上诉，维持原判。②依法改判。如原判决适用法律错误的，依法改判。③发回重审。即原判决违反法定程序，可能影响案件正确判决的，裁定撤销原判决，发回原审人民法院重审。④发回重审或查清事实后改判。原判决认定事实错误或原判决认定事实不清，证据不足，裁定撤销原判，发回原审人民法院重审，或查清事实后改判。

（4）二审裁判的法律效力。我国实行两审终审制度，第二审法院对上诉案件作出裁判后，该裁判发生如下效力：①当事人不得再行上诉；②不得就同一诉讼标的，以同一事实和理由再行起诉；③对具有给付内容的裁判具有强制执行的效力。

3. 审判监督程序

（1）审判监督程序的概念。审判监督程序即再审程序，是指由有审判监督权的法定机关和人员提起，或由当事人申请，由人民法院对发生法律效力的判决、裁定、调解书再次审理的程序。

（2）审判监督程序的提起

1）人民法院提起再审的程序。人民法院提起再审必须是已经发生法律效力的判决裁定确有错误。其程序为：各级人民法院院长发现本院作出的已生效的判决、裁定确有错误，认为需要再审的，应当裁定中止原判决、裁定的执行。最高人民法院对地方各级人民法院已生效的判决、裁定，上级人民法院对下级人民法院已生效的判决、裁定，发现确有错误的，Ⅶ【○A. 应依法改判，改判的判决书上应写明中止原判决　○B. 应发回重审，但不停止判决、裁定的执行　○C. 有权提审，但不停止判决、裁定的执行　○D. 有权提审或指令下级人民法院再审，再审的裁定中同时写明中止原判决、裁定的执行】。

2）当事人申请再审的程序。当事人申请不一定引起审判监督程序，只有在同时符合下列条件的前提下，由人民法院依法决定，才可以启动再审程序。①当事人申请再审的条件。依据2007年10月28日第十届全国人民代表大会常务委员会第三十次会议通过的关于修改《中华人民共和国民事诉讼法》的决定，当事人对已经发生法律效力的判决、裁定，认为有错误的，Ⅷ【○A. 可以向上一级人民法院申请再审　○B. 只能向原审法院申请再审　○C. 可以向中级人民法院申请再审　○D. 可以向高级人民法院申请再审】，但不停止判决、裁定的执行。②当事人可以申请再审的时间。当事人申请再审，应当在判决、裁定发生法律效力后Ⅸ【○A. 1年　○B. 2年　○C. 3年　○D. 4年】内提出；2年后据以作出原判决、裁定的法律文书被撤销或者变更，以及发现审判人员在审理该案件时有贪污受贿，徇私舞弊，枉法裁判行为的，自知道或者应当知道之日起Ⅹ【○A. 2个月　○B. 3个月　○C. 5个月　○D. 6个月】内提出。

3）人民检察院。抗诉是指人民检察院对人民法院发生法律效力的判决、裁定，发现有提起抗诉的法定情形，提请人民法院对案件重新审理。最高人民检察院对各级人民法院已经发生法律效力的判决、裁定，上级人民检察院对下级人民法院已经发生法律效力的判决、裁定，发现有符合上文当事人可以申请再审情形之一的，应当按照审判监督程序提起抗诉。地方各级人民检察院对同级人民法院已经发生法律效力的判决、裁定，发现有符合上文当事人可以申请再审情形之一的，应当提请上级人民检察院向同级人民法院提出抗诉。

参考答案　Ⅰ BCD　Ⅱ ABCE　Ⅲ B　Ⅳ D　Ⅴ D　Ⅵ B　Ⅶ D　Ⅷ A（2007年考试涉及）
Ⅸ B　Ⅹ B

考点5：执行程序

重点等级：☆☆☆☆☆

1. 执行程序的概念

执行程序是指人民法院的执行组织依照法定的程序，对发生法律效力的法律文书确定的给付内容，以国家强制力为后盾，依法采取强制措施，迫使义务人履行义务的行为。执行应当具备以下条件：Ⅰ【□A. 执行以生效法律文书为根据　□B. 执行根据必须具备给付内容　□C. 执行必须由申请执行人提出申请　□D. 执行必须是人民法院作出的先予执行的裁定　□E. 执行必须以负有义务的一方当事人无故拒不履行义务为前提】。

2. 执行根据

执行根据是当事人申请执行，人民法院移交执行以及人民法院采取强制措施的依据。执行根据主要有：Ⅱ【□A. 人民法院制作的发生法律效力的民事判决书、裁定书以及生效的调解书等　□B. 人民法院作出的具有财产给付内容的发生法律效力的刑事判决书、裁定书　□C. 仲裁机构制作的依法由人民法院执行的仲裁裁决书、生效的仲裁调解书　□D. 公证机关依法作出的赋予强制执行效力的公证债权文书　□E. 当事人自愿达成的和解协议】；人民法院作出的先予执行的裁定、执行回转的裁定以及承认并协助执行外国判决、裁定或裁决的裁定；我国行政机关作出的法律明确规定由人民法院执行的行政决定。

3. 执行案件的管辖

发生法律效力的民事判决、裁定，以及刑事判决、裁定中的财产部分，由第一审人民法院或者与第一审人民法院同级的被执行的财产所在地人民法院执行。

4. 执行程序

（1）申请。人民法院作出的判决、裁定等法律文书，当事人必须履行。如果无故不履行，另一方当事人可向有管辖权的人民法院申请强制执行。申请强制执行应提交申请强制执行书，并附作为执行根据的法律文书。申请强制执行，还须遵守申请执行期限。申请执行的期间为Ⅲ【○A. 6 个月　○B. 1 年　○C. 2 年　○D. 3 年】。申请执行时效的中止、中断，适用法律有关诉讼时效中止、中断的规定。这里的期间，从法律文书规定履行期间的最后 1 日起计算；法律文书规定分期履行的，从规定的每次履行期间的最后 1 日起计算；法律文书未规定履行期间的，从法律文书生效之日起计算。

(2) 执行。人民法院的裁判生效后，由审判该案的审判人员将案件直接交付执行人员，随即开始执行程序。提交执行的案件有三类：判决、裁定具有交付赡养费、抚养费、医药费等内容的案件；具有财产执行内容的刑事判决书；审判人员认为涉及国家、集体或公民重大利益的案件。

(3) 再审请。人民法院自收到申请执行书之日起超过Ⅳ【○A. 3 个月　○B. 5 个月　○C. 6 个月　○D. 9 个月】未执行的，申请执行人可以向上一级人民法院申请执行。上一级人民法院经审查，可以责令原人民法院在一定期限内执行，也可以决定由本院执行或者指令其他人民法院执行。

5. 执行中的其他特殊问题

(1) 委托执行。根据我国《民事诉讼法》规定，被执行人或被执行的财产在外地的，负责执行的人民法院可以委托当地人民法院代为执行，也可以直接到当地执行。直接到当地执行的，负责执行的人民法院可以要求当地人民法院协助执行，当地人民法院应当根据要求协助执行。

(2) 执行异议。①当事人、利害关系人提出的异议。当事人、利害关系人认为执行行为违反法律规定的，可以向Ⅴ【○A. 原审　○B. 负责执行的　○C. 原告所在地　○D. 被告所在地】人民法院提出书面异议。当事人、利害关系人提出书面异议的，人民法院应当自收到书面异议之日起Ⅵ【○A. 5 日　○B. 10 日　○C. 15 日　○D. 20 日】内审查，理由成立的，裁定撤销或者改正；理由不成立的，裁定驳回。当事人、利害关系人对裁定不服的，可以自裁定送达之日起 10 日内向上一级人民法院申请复议。②案外人提出的异议。执行过程中，案外人对执行标的提出书面异议的，人民法院应当自收到书面异议之日起Ⅶ【○A. 5 日　○B. 7 日　○C. 15 日　○D. 30 日】内审查，理由成立的，裁定中止对该标的的执行；理由不成立的，裁定驳回。案外人、当事人对裁定不服，认为原判决、裁定错误的，依照审判监督程序办理；与原判决、裁定无关的，可以自裁定送达之日起 15 日内向人民法院提起诉讼。

(3) 执行和解。在执行中，双方当事人自行和解达成协议的，执行员应当将协议内容记入笔录，由双方当事人签名或者盖章。一方当事人不履行和解协议的，人民法院可以根据对方当事人的申请，恢复对原失效法律文书的执行。

6. 执行措施

执行措施是指人民法院依照法定程序强制执行生效法律文书的方法和手段。执行措施主要有：①查封、冻结、划拨被执行人的存款；②扣留、提取被执行人的收入；③查封、扣押、拍卖、变卖被执行人的财产；④对被执行人及其住所或财产隐匿地进行搜查；⑤强制被执行人交付法律文书指定的财物或票证；⑥强制被执行人迁出房屋或退出土地；⑦强制被执行人履行法律文书指定的行为；⑧办理财产权证照转移手续；⑨强制被执行人支付迟延履行期间的债务利息或迟延履行金；⑩债权人可以随时请求人民法院执行。

7. 执行中止和终结

(1) 执行中止。即在执行过程中，因发生特殊情况，需要暂时停止执行程序。有下列情况之一的，人民法院应裁定中止执行：Ⅷ【□A. 申请人表示可以延期执行的　□B. 申请人

撤销申请的　□C. 案外人对执行标的提出确有理由异议的　□D. 作为一方当事人的公民死亡，需要等待继承人继承权利或承担义务的　□E. 作为一方当事人的法人或其他组织终止，尚未确定权利义务承受人的】；人民法院认为应当中止执行的其他情形如被执行人确无财产可供执行等。中止的情形消失后，恢复执行。

（2）执行终结。即在执行过程中，由于出现某些特殊情况，执行工作无法继续进行或没有必要继续进行时，结束执行程序。

参考答案　Ⅰ ABE　Ⅱ ABCD　Ⅲ C　Ⅳ C　Ⅴ B(2010 年考试涉及)　Ⅵ C　Ⅶ C　Ⅷ ACDE (2007 年考试涉及)

第四节　仲　裁　法

考点 1：仲裁协议

重点等级：☆☆☆☆

1. 仲裁协议的概念

仲裁协议是指当事人自愿将他们之间已经发生或者可能发生的争议提交仲裁解决的协议。

2. 仲裁协议的内容

（1）请求仲裁的意思表示。因为当事人以仲裁方式解决纠纷的意愿正是通过请求仲裁的意思表示体现出来的。对仲裁协议中意思表示的要求是要明确、肯定。

（2）仲裁事项。仲裁事项是当事人提交仲裁的具体争议事项。仲裁庭只能在仲裁协议确定的仲裁事项的范围内进行仲裁，超出这一范围进行仲裁，所作的仲裁裁决，经一方当事人申请，法院可以不予执行或者撤销。按照我国《仲裁法》的规定，对仲裁事项没有约定或者约定不明的，当事人应就此达成补充协议，达不成补充协议的，仲裁协议无效。

（3）选定的仲裁委员会。仲裁委员会是受理仲裁案件的机构。由于仲裁没有法定管辖的规定，因此，仲裁委员会是由当事人自主选定的。如果当事人在仲裁协议中不选定仲裁委员会，仲裁就无法进行。

3. 仲裁协议效力的确认

（1）确认方式。当事人对仲裁协议效力有异议的，应当在仲裁庭Ⅰ【○A. 首次开庭前　○B. 答辩时　○C. 裁决前　○D. 执行前】提出。当事人既可以请求仲裁委员会作出决定，也可以请求人民法院裁定。一方请求仲裁委员会作出决定。另一方请求人民法院作出裁定的，由人民法院裁定。当事人协议选择国内的仲裁机构仲裁后，一方对仲裁协议的效力有异议请求人民法院裁定的，由Ⅱ【○A. 仲裁委员会决定　○B. 合同履行地中级人民法院裁定　○C. 被告所在地中级人民法院裁定　○D. 仲裁委员会所在地中级人民法院裁定】。当事人对仲裁委员会没有约定或者约定不明的，由被告所在地的中级人民法院管辖。当事人对仲裁协议的效力有异议，一方申请仲裁机构确认协议有效，另一方请求人民法院确认仲裁协议无效，如果仲裁机构先于人民法院接受申请并已作出决定，人民法院不予受理；如果仲裁机构接受申请后尚未作出决定的，人民法院应予受理，同时通知仲裁机构中止仲裁。

（2）仲裁协议无效的情形。仲裁协议在下列情形下无效。①以口头方式订立的仲裁协议无效。仲裁协议必须以书面方式订立，以口头方式订立的仲裁协议不受法律保护。②约定的仲裁事项超过法律规定的仲裁范围。根据法律规定，婚姻、收养、监护、扶养、继承纠纷以及依法应当由行政机关处理的行政争议不能仲裁。③无民事行为能力人或者限制行为能力人订立的仲裁协议无效。④一方采取胁迫手段。迫使对方订立仲裁协议的，该仲裁协议无效。⑤仲裁协议对仲裁事项、仲裁委员会没有约定或者约定不明确，当事人对此又达不成补充协议的，仲裁协议无效。

经典试题

(单选题) 1. 下列关于《仲裁法》中规定的仲裁制度的表述正确的是（ ）。

A. 仲裁委员会由当事人自主选定

B. 仲裁委员会是人民法院的下属事业单位

C. 仲裁审理以公开审理为原则

D. 对生效的仲裁裁决书请求上级仲裁委员会予以撤销

(多选题) 2. 关于仲裁协议的说法，正确的有（ ）。

A. 仲裁协议应当是书面形式

B. 仲裁协议可以是口头订立的，但需双方认可

C. 仲裁协议必须在争议发生前达成

D. 没有仲裁协议，也就无法进行仲裁

E. 仲裁协议排除了人民法院对合同争议的管辖权

参考答案 Ⅰ A Ⅱ D(2010 年考试涉及) 1. A(2009 年考试涉及) 2. ADE

考点 2：仲裁程序

重点等级：☆☆☆☆☆

1. 申请与受理

（1）申请仲裁。当事人申请仲裁必须符合下列条件：Ⅰ【□A. 存在有效的仲裁协议 □B. 存在和解协议 □C. 得到法院的许可 □D. 有具体的仲裁请求、事实和理由 □E. 属于仲裁委员会的受理范围】。当事人申请仲裁，应当向仲裁委员会递交仲裁协议、仲裁申请书及副本。

（2）审查与受理。仲裁委员会收到仲裁申请书之日起Ⅱ【○A. 3 日 ○B. 5 日 ○C. 7 日 ○D. 10 日】内经审查认为符合受理条件的，应当受理，并通知当事人；认为不符合受理条件的，应当书面通知当事人不予受理，并说明理由。如果仲裁委员会在审查中发现仲裁申请书有欠缺，应当让申请人予以完备；如果认为仲裁协议需要补充，也应当让当事人补充仲裁协议。仲裁委员会自当事人递交经完备的仲裁申请书或者补充仲裁协议之日起 5 日内予以受理。

2. 组成仲裁庭

仲裁庭是行使仲裁权的主体。在我国，仲裁庭的组成形式有两种，即合议仲裁庭和独任仲裁庭。仲裁庭的组成必须按照法定程序进行。

（1）仲裁庭形式的确定。当事人收到仲裁委员会的仲裁规则和仲裁员名册后，应约定仲裁庭的组成形式，并在仲裁规则规定的期间内加以确定。对于仲裁庭的组成形式，当事人既可以选择合议仲裁庭，也可以选择独任仲裁庭。如果当事人没有在仲裁规则规定的期限内约定仲裁庭形式，则由仲裁委员会主任指定。

（2）仲裁员的产生。①合议仲裁庭仲裁员的产生。根据《仲裁法》，当事人约定由 3 名仲裁员组成仲裁庭的，应当各自选定或者各自委托仲裁委员会主任指定 1 名仲裁员，第三名

仲裁员由Ⅲ【○A. 当事人共同选定或者共同委托仲裁委员会主任指定　○B. 仲裁委员会主任直接指定　○C. 已确定的2名仲裁员共同指定　○D. 仲裁委员会主任兼任】。第三名仲裁员是首席仲裁员。②独任仲裁庭仲裁员的产生。独任仲裁员应当由当事人共同选定或者共同委托仲裁委员会主任指定该独任仲裁员。当事人没有在规定期限内选定的，由仲裁委员会主任指定。

3. 仲裁审理

(1) 仲裁审理的方式。仲裁审理的方式可以分为开庭审理和书面审理两种。

(2) 开庭通知。仲裁委员会应当在仲裁规则规定的期限内将开庭日期通知双方当事人。

(3) 开庭审理程序

1) 开庭仲裁。由首席仲裁员或者独任仲裁员宣布开庭。随后，首席仲裁员或者独任仲裁员核对当事人，宣布案由，宣布仲裁庭组成人员和记录人员名单，告知当事人有关权利义务，询问是否提出回避申请。

2) 开庭调查。仲裁庭通常按照下列顺序进行开庭调查：Ⅳ【○A. 代理人陈述；证人作证；出示书证、物证和视听资料；宣读鉴定结论；宣读勘验笔录、现场笔录　○B. 当事人陈述；出示书证、物证和视听资料；证人作证；宣读勘验笔录、现场笔录；宣读鉴定结论　○C. 代理人陈述；证人作证；出示书证、物证和视听资料；宣读鉴定结论　○D. 当事人陈述；证人作证；出示书证、物证和视听资料；宣读勘验笔录、现场笔录；宣读鉴定结论】。

3) 当事人辩论。当事人在仲裁过程中有权辩论。辩论终结时，首席仲裁员或者独任仲裁员应当征询当事人的最后意见。当事人辩论是开庭审理的重要程序。辩论通常按照下列顺序进行：申请人及其代理人发言；被申请人及其代理人发言；双方相互辩论。

4) 仲裁和解、调解。仲裁和解是指仲裁当事人通过协商，自行解决已提交仲裁的争议事项的行为。《仲裁法》规定，当事人申请仲裁后，可以自行和解。当事人达成和解协议的，可以Ⅴ【□A. 请求仲裁庭根据和解协议制作调解书　□B. 请求仲裁庭根据和解协议制作裁决书　□C. 撤回仲裁申请书　□D. 请求强制执行　□E. 请求法院判决】。如果当事人撤回仲裁申请后反悔的，则可以仍根据原仲裁协议申请仲裁。仲裁调解是指在仲裁庭的主持下，仲裁当事人在自愿协商、互谅互让基础上达成协议从而解决纠纷的一种制度。《仲裁法》规定，在作出裁决前可以先行调解。当事人自愿调解的，仲裁庭应当调解。调解不成的，应当及时作出裁决。

5) 仲裁裁决。仲裁裁决是指仲裁庭对当事人之间所争议的事项进行审理后所作出的终局的权威性判定。仲裁裁决的作出，标志着当事人之间的纠纷的最终解决。仲裁裁决是由仲裁庭作出的。独任仲裁庭审理的案件由独任仲裁员作出仲裁裁决。合议仲裁庭审理的案件由3名仲裁员集体做出仲裁裁决。当仲裁庭成员不能形成一致意见时，Ⅵ【○A. 按首席仲裁员的意见作出仲裁裁决　○B. 按多数仲裁员的意见作出仲裁裁决　○C. 提请仲裁委员会作出仲裁裁决　○D. 提请仲裁委员会主任作出仲裁裁决】；在仲裁庭无法形成多数意见时，按首席仲裁员的意见作出裁决。

仲裁裁决从裁决书Ⅶ【○A. 签收之日　○B. 执行之日　○C. 作出之日　○D. 送达之日】起发生法律效力。其效力体现在以下几点：①当事人不得就已经裁决的事项再行申请仲裁，也不得就此提起诉讼；②仲裁机构不得随意变更已经生效的仲裁裁决；③其他任何机关或个人均不得变更仲裁裁决；④仲裁裁决具有执行力。

参考答案　Ⅰ ADE(2007年、2006年考试涉及)　Ⅱ B　Ⅲ A　Ⅳ D　Ⅴ BC(2010年考试涉及)
Ⅵ B(2008年考试涉及)　Ⅶ C(2008年、2007年考试涉及)

考点 3：仲裁裁决的撤销

重点等级：☆☆☆

1. 仲裁裁决撤销的概念

仲裁裁决撤销是指对符合法定应予撤销情形的仲裁裁决，当事人申请，Ⅰ【○A. 人民法院　○B. 仲裁庭　○C. 建设行政主管部门　○D. 上级仲裁委员会】裁定撤销仲裁裁决的行为。

2. 撤销仲裁裁决的条件

仲裁裁决作出后，撤销仲裁裁决必须符合下列条件：①提出撤销仲裁裁决申请的主体必须是仲裁当事人；②必须向有管辖权的人民法院提出撤销的申请，根据规定，当事人申请撤销仲裁裁决，必须向仲裁委员会所在地的中级人民法院提出；③必须在法定的期限内提出撤销申请，我国仲裁法规定，当事人申请撤销仲裁裁决的，应当自收到裁决书之日起Ⅱ【○A. 3 个月　○B. 6 个月　○C. 1 年　○D. 2 年】内提出；④必须有证据证明仲裁裁决有法律规定的应予撤销的情形。

3. 法律规定应当撤销仲裁裁决的情形

法律规定应当撤销仲裁裁决的情形有：①没有仲裁协议；②仲裁的事项不属于仲裁协议约定的范围或者仲裁委员会无权仲裁；③仲裁庭的组成或者仲裁的程序违反法定程序；④仲裁裁决所依据的证据是伪造的；⑤对方当事人隐瞒了足以影响公正裁决的证据；⑥仲裁员在仲裁该案时有索贿、徇私舞弊、枉法裁决的行为。

经典试题

（多选题）1. 当事人申请撤销仲裁裁决须符合的条件有（　　）。

A. 必须向仲裁委员会提出申请，由仲裁委员会提交给有管辖权的人民法院
B. 必须向被申请人住所地的中级人民法院提出
C. 必须向仲裁委员会所在地的中级人民法院提出
D. 必须有证据证明仲裁裁决有法律规定的应予撤销的情形
E. 应当自收到裁决书之日起 6 个月内提出

参考答案　Ⅰ A(2008 年考试涉及)　Ⅱ B(2010 年考试涉及)　1. ACDE

考点 4：仲裁裁决的执行

重点等级：☆☆☆

1. 仲裁裁决的执行

仲裁裁决的执行是指人民法院经当事人申请，采取强制措施将仲裁裁决书中的内容付诸实现的行为和程序。义务方在规定的期限内不履行仲裁裁决时，权利方在符合前述条件的情况下，有权请求Ⅰ【○A. 人民法院　○B. 仲裁庭　○C. 建设行政主管部门　○D. 公安部门】强制执行。当事人申请执行时应当向人民法院递交申请书，在申请书中应说明对方当事人的基本情况以及申请执行的事项和理由，并向法院提交作为执行依据的生效仲裁裁决书或仲裁调解书。受申请的人民法院应当根据民事诉讼法规定的执行程序予以执行。有关执行程序，参见民事诉讼部分。

2. 仲裁裁决的不予执行

人民法院接到当事人的执行申请后，应当及时按照仲裁裁决予以执行。但是，如果被申请执行人提出证据证明仲裁裁决有法定不予执行情形的，被申请执行人可以请求人民法院不

予执行该仲裁裁决，人民法院组成合议庭审查核实后，裁定不予执行。根据《仲裁法》和《民事诉讼法》的规定，对国内仲裁而言，不予执行仲裁裁决的情形包括：Ⅱ【□A. 当事人在合同中没有仲裁条款或者事后没有达成书面仲裁协议的　□B. 裁决的事项不属于仲裁协议的范围或者仲裁机构无权仲裁的　□C. 仲裁庭的组成或者仲裁的程序违反法定程序的　□D. 认定事实的主要证据不足的　□E. 没有书面仲裁协议，仅在合同中有仲裁条款的】；适用法律确有错误的；仲裁员在仲裁该案时有索贿受贿、徇私舞弊、枉法裁决行为的。

经典试题

(多选题) 1. 在执行仲裁裁决时，被申请人提出证据证明，经人民法院组成合议庭审查核实，裁定不予执行的情形包括（　　）。

A. 双方约定的仲裁事项仅涉及合同价款，裁决中包含了质量

B. 双方争议的款项是劳务工资

C. 仲裁庭成员应该回避而没有回避

D. 仲裁庭认定事实的主要证据不足

E. 没有书面仲裁协议，仅在合同中有仲裁条款

参考答案　Ⅰ A(2008 年考试涉及)　Ⅱ ABCD　1. BDE

第五节　行政复议法与行政诉讼法

考点 1：行政复议范围

重点等级：☆☆☆

行政复议是指行政机关根据上级行政机关对下级行政机关的监督权，在当事人的申请和参加下，按照行政复议程序对具体行政行为进行Ⅰ【□A. 合法性　□B. 适当性　□C. 稳定性　□D. 可行性　□E. 正确性】审查，并作出裁决解决行政侵权争议的活动。行政复议的基本法律依据是《中华人民共和国行政复议法》（以下简称《行政复议法》）。Ⅱ【○A. 行政诉讼　○B. 民事诉讼　○C. 公示催告　○D. 仲裁】是指人民法院应当事人的请求，通过审查行政行为合法性的方式，解决特定范围内行政争议的活动。行政诉讼的基本法律依据是《中华人民共和国行政诉讼法》（以下简称《行政诉讼法》）。行政诉讼和民事诉讼、刑事诉讼构成我国基本诉讼制度。

1. 可以申请行政复议的事项

根据《行政复议法》第 6 条的有关规定，当事人可以申请复议的情形通常包括：①行政处罚，即当事人对行政机关作出的警告、罚款、没收违法所得、没收非法财物、责令停产停业、暂扣或者吊销许可证、暂扣或者吊销执照、行政拘留等行政处罚决定不服的；②行政强制措施，即当事人对行政机关作出的限制人身自由或者查封、扣押、冻结财产等行政强制措施决定不服的；③行政许可，包括当事人对行政机关作出的有关许可证、执照、资质证、资格证等证书变更、中止、撤销的决定不服的，以及当事人认为符合法定条件，申请行政机关颁发许可证、执照、资质证、资格证等证书，或者申请行政机关审批、登记等有关事项，行政机关没有依法办理的；④认为行政机关侵犯其合法的经营自主权的；⑤认为行政机关违法集资、征收财物、摊派费用或者违法要求履行其他义务的；⑥认为行政机关的其他具体行政行为侵犯其合法权益的。

2. 不得申请行政复议的事项

下列事项应按规定的纠纷处理方式解决，而不能提起行政复议：Ⅲ【□A. 建设行政主管部门吊销建筑公司的资质证书　□B. 人民法院对保全财产予以查封　□C. 监察机关给予机关工作人员降级处分　□D. 建设行政主管部门对建设工程合同争议进行的调解　□E. 行政拘留】。

参考答案　Ⅰ AB　Ⅱ A　Ⅲ CD(2009 年考试涉及)

考点 2：行政复议程序

重点等级：☆☆☆

根据《行政复议法》的有关规定，行政复议应当遵守如下程序规则。

1. 行政复议申请

当事人认为具体行政行为侵犯其合法权益的，可以自知道该具体行政行为之日起Ⅰ【○A. 30 日　○B. 45 日　○C. 60 日　○D. 90 日】内提出行政复议申请，但法律规定的申请期限超过Ⅱ【○A. 30 日　○B. 45 日　○C. 60 日　○D. 90 日】的除外。因不可抗力或者其他正当理由耽误法定申请期限的，申请期限自障碍消除之日起继续计算。申请人对县级以上地方各级人民政府工作部门的具体行政行为不服的，申请人可以向该部门的本级人民政府申请行政复议，也可以向上一级主管部门申请行政复议。

2. 行政复议受理

行政复议机关收到复议申请后，应当在法定期限内进行审查。对不符合法律规定的行政复议申请，决定不予受理的，应书面告知申请人。行政复议期间具体行政行为不停止执行。但是，有下列情形之一的，可以停止执行：①被申请人认为需要停止执行的；②行政复议机关认为需要停止执行的；③申请人申请停止执行，行政复议机关认为其要求合理，决定停止执行的；④法律规定停止执行的。

3. 行政复议决定

根据《行政复议法》第 28 条的规定，行政复议机关负责法制工作的机构应当对被申请人作出的具体行政行为进行审查，提出意见，经行政复议机关的负责人同意或者集体讨论通过后，按照下列规定作出行政复议决定。①具体行政行为认定事实清楚，证据确凿，适用法律正确，程序合法，内容适当的，决定维持。②被申请人不履行法定职责的，决定其在一定期限内履行。③具体行政行为有下列情形之一的，决定撤销、变更或者确认该具体行政行为违法。决定撤销或者确认该具体行政行为违法的，可以责令被申请人在一定期限内重新作出具体行政行为：Ⅲ【□A. 主要事实不清、证据不足的　□B. 适用依据错误的　□C. 适用依据不充分的　□D. 违反法定程序的　□E. 超越或者滥用职权的】；具体行政行为明显不当的。④被申请人不按照法律规定提出书面答复，提交当初作出具体行政行为的证据、依据和其他材料的，视为该具体行政行为没有证据、依据，决定撤销该具体行政行为。

《行政复议法》还规定，申请人在申请行政复议时，可以一并提出行政赔偿请求。行政复议机关对于符合法律规定的赔偿要求，在作出行政复议决定时，应当同时决定被申请人依法给予赔偿。除非法律另有规定，行政复议机关一般应当自受理申请之日起Ⅳ【○A. 15 日　○B. 20 日　○C. 30 日　○D. 60 日】内作出行政复议决定。行政复议决定书一经送达，即发生法律效力。申请人不服行政复议决定的，除法律规定为最终裁决的行政复议决定外，可以根据《行政诉讼法》的规定，在法定期间内提起行政诉讼。

参考答案　Ⅰ C　Ⅱ C　Ⅲ ABDE　Ⅳ D

考点 3：行政诉讼受理范围

重点等级：☆☆

1. 应当受理的行政案件

人民法院受理公民、法人和其他组织对下列具体行政行为不服提起的诉讼：①对拘留、罚款、吊销许可证和执照、责令停产停业、没收财物等行政处罚不服的；②对限制人身自由或者对财产的查封、扣押、冻结财产等行政强制措施不服的；③认为行政机关侵犯法律规定的经营自主权的；④认为符合法定条件申请行政机关颁发许可证和执照，行政机关拒绝颁发或者不予答复的；⑤申请行政机关履行保护人身权、财产权的法定职责，行政机关拒绝履行或者不予答复的；⑥认为行政机关没有依法发给抚恤金的；⑦认为行政机关违法要求履行其他义务的；⑧认为行政机关侵犯其他人身权、财产权的。

2. 不予受理的行政案件

人民法院不予受理公民、法人或者其他组织对下列事项提起的诉讼：Ⅰ【□A. 国防、外交等国家行为　□B. 行政法规、规章或者行政机关制定、发布的具有普遍约束力的决定、命令　□C. 行政机关对行政机关工作人员的奖惩、任免等决定　□D. 行政机关没有依法发给抚恤金的行为　□E. 法律规定由行政机关最终裁决的具体行政行为】。

经典试题

(多选题) 1. 根据《行政诉讼法》的规定，人民法院对于以下起诉可不予受理的有（　　）。

A. 甲施工企业对于《建设工程质量管理条例》中关于施工单位法律责任的规定不服

B. 乙建设单位对于根据《建设工程安全生产条例》对其作出的罚款决定不服

C. 乙在刑事案件开庭审理过程中，扰乱法庭秩序，被罚款，乙表示不服

D. 丙公务员对于单位作出的免职决定不服

E. 丁建设单位对政府收取报建费的规定不服

参考答案　Ⅰ ABCE　1. ACD

考点 4：行政诉讼程序

重点等级：☆☆☆☆☆

1. 第一审程序

(1) 起诉

1) 起诉的条件。根据《行政诉讼法》第 41 条的规定，提起行政诉讼应符合以下条件：Ⅰ【□A. 原告是认为具体行政行为侵犯其合法权益的公民、法人或者其他组织　□B. 被告的行为确实侵了原告的合法权益　□C. 有明确的被告　□D. 有具体的诉讼请求和事实根据　□E. 属于人民法院受案范围和受诉人民法院管辖】。

2) 起诉的期限。申请人不服行政复议决定的，可以在收到行政复议决定书之日起Ⅱ【○A. 5 日　○B. 10 日　○C. 15 日　○D. 20 日】内向人民法院提起诉讼。复议机关逾期不作决定的，申请人可以在复议期满之日起 15 日内起诉，法律另有规定的从其规定。公民、法人或者其他组织直接向人民法院提起公诉的，应当在知道做出具体行政行为之日起Ⅲ【○A. 1 个月　○B. 2 个月　○C. 3 个月　○D. 5 个月】内提出，法律另有规定的除外。起诉应以书面形式进行。

(2) 受理。这是指人民法院对公民、法人或者其他组织的起诉进行审查，认为符合法律规定

的起诉条件而决定立案并予审理的诉讼行为。对起诉审查的内容包括：法定条件、法定起诉程序、法定起诉期限、是否重复起诉等。人民法院接到起诉状后应当在Ⅳ【○A. 3 日　○B. 5 日　○C. 7 日　○D. 10 日】内审查立案或者裁定不予受理。原告对裁定不服的可以提起上诉。

(3) 审理前的准备。人民法院审理行政案件，Ⅴ【□A. 由审判员独任　□B. 由审判员、书记员组成合议庭　□C. 合议庭中的审判员为 3 人以上单数　□D. 合议庭中的审判员、陪审员 3 人以上单数　□E. 合议庭中的陪审员 3 人以上单数】。人民法院应当在立案之日起 5 日内，将起诉状副本发送被告，被告应当在收到起诉状副本之日起 10 日内向人民法院提交做出具体行为的有关材料，并提交答辩状。人民法院应当在收到答辩状之日起 5 日内，将答辩状副本发送原告，被告不提出答辩状的不影响人民法院审理。

(4) 开庭审理。开庭审理是指在审判人员的主持下，在当事人和其他诉讼参与人的参加下，依法定程序对行政案件进行审理并作出裁判的诉讼活动。开庭审理分为：审理开始阶段、法庭调查阶段、法庭辩论阶段、合议庭评议阶段、判决裁定阶段。人民法院作出一审判决可分Ⅵ【□A. 维持原判　□B. 撤销判决　□C. 履行判决　□D. 中止判决　□E. 变更判决】。当事人对第一审判决不服的，有权在判决书送达之日起 15 日内向上一级人民法院提起上诉，逾期不上诉的，一审判决即发生法律效力。

2. 第二审程序

(1) 上诉期限。当事人不服人民法院第一审判决的，有权在判决书送达之日起 15 日内向上一级人民法院提起上诉。当事人不服人民法院第一审裁定的，有权在裁定书送达之日起 10 日内向上一级人民法院提起上诉。逾期不提起上诉的，人民法院的第一审判决或者裁定发生法律效力。

(2) 审理方式。人民法院对上诉案件，认为事实清楚的，可以实行书面审理。

(3) 上诉的判决。人民法院审理上诉案件，按照下列情形，分别处理：Ⅶ【□A. 原判决认定事实清楚，适用法律、法规正确的，判决驳回上诉，维持原判　□B. 原判决认定事实清楚，但是适用法律、法规错误的，依法改判　□C. 原判决认定事实基本清楚，引用法律、法规并无不当，依法履行判决　□D. 原判决认定事实不清，证据不足，裁定撤销原判，发回原审人民法院重审　□E. 由于违反法定程序可能影响案件正确判决的，裁定撤销原判，发回原审人民法院重审，也可以查清事实后改判】。

第二审判决、裁定是终审判决、裁定。当事人对已经发生法律效力的判决、裁定认为确有错误的，可以提出申诉，申请再审，但判决、裁定不停止执行。

3. 执行

《行政诉讼法》第 65 条规定，当事人必须履行人民法院发生法律效力的判决、裁定。原告拒绝履行判决、裁定的，被告行政机关可以向第一审法院申请强制执行，或者依法强制执行。被告行政机关拒绝履行判决、裁定的，第一审法院可以采取以下措施：①对应当归还的罚款或者应当给付的赔偿金，通知银行从该行政机关的账户内划拨；②在规定期限内不履行的，从期满之日起，对该行政机关按日处以罚款；③向该行政机关的上一级行政机关或者监察、人事机关提出司法建议，接受司法建议的机关，根据有关规定进行处理，并将处理情况告知人民法院；④拒不履行判决、裁定，情节严重构成犯罪的，依法追究主管人员和直接责任人员的刑事责任。

参考答案　Ⅰ ACDE　Ⅱ C　Ⅲ C　Ⅳ C　Ⅴ CD(2010 年考试涉及)　Ⅵ ABCE　Ⅶ ABDE (2005 年考试涉及)

下篇 模拟试卷

《建设工程法规及相关知识》模拟试卷（一）

一、单项选择题（共60题，每题1分，每题的备选项中，只有1个最符合题意）

1. 下列哪一项不属于我国建造师的注册类型（　　）。
   A. 变更注册　　B. 年检注册　　C. 初始注册　　D. 增项注册
2. 下列哪一项不属于企业法人（　　）。
   A. 股份有限公司　　B. 基金会　　C. 有限责任公司　　D. 集体企业法人
3. 下列哪一项不属于工程建设法律关系的构成要素（　　）。
   A. 主体　　B. 客体　　C. 内容　　D. 时间
4. 下列关于建筑工程发包方式和建筑工程承包方式的说法，错误的是（　　）。
   A. 建筑工程的发包方式可以分为招标发包与直接发包
   B. 未经发包方同意且无合同约定，承包方不得对专业工程进行分包
   C. 联合体各成员对承包合同的履行承担连带责任
   D. 发包方有权将单位工程的地基基础、主体结构及屋面等工程分别发包给符合资质的施工单位
5. 主体改变也称为（　　），民事法律关系的主体变更主要包括主体数目发生变化与主体的改变。
   A. 合同变更　　B. 合同转让　　C. 权力转移　　D. 义务移交
6. 下列哪一项不属于工程建设强制性标准（　　）。
   A. 工程建设通用的有关安全、卫生与环境保护的标准
   B. 工程建设勘察、规划、设计、施工（包括安装）与验收等通用的综合标准和重要的通用的质量标准
   C. 工程建设重要的通用的信息技术标准
   D. 工程建设的特殊技术术语
7. 下列关于建设单位质量责任和义务的说法，错误的是（　　）。
   A. 建设单位不得任意压缩合同工期
   B. 建设单位不得将建设工程肢解发包
   C. 建设工程发包方不得迫使承包方以低于成本的价格竞标
   D. 涉及承重结构变动的装修工程施工前，只能委托原设计单位提交设计方案
8. 周某原为甲建筑公司的采购员，辞职后与孙某合办一家乙建筑设备租赁公司。周某现以甲公司的名义与其长期负责的甲公司大客户丙公司签了3500吨钢材购销合同，丙公司对周某辞职并不知情。则对该合同承担付款义务的应是（　　）。
   A. 甲建筑公司　　B. 周某
   C. 乙建筑设备租赁公司　　D. 周某、孙某与乙建筑设备租赁公司
9. 下列哪一项不属于违法分包行为（　　）。
   A. 建设工程总承包合同中未有约定又未经建设单位认可，承包单位将其承包的部分建设工程交由其他单位完成
   B. 专业工程分包包单位将所包的部分建设工程再分包给具备相应资质条件的单位
   C. 施工总承包单位将建设工程主体结构的施工分包给其他单位
   D. 分包单位将其承包的建设工程劳务再分包给劳务承包单位
10. 某建筑工地发生了安全事故，造成5人死亡，按照生产安全事故报告和调查处理条例的规定，该事故应属于（　　）。

A. 特别重大事故　B. 重大事故　C. 较大事故　D. 一般事故

11. 下列选项中，属于委托代理行为的是（　　）。

A. 周某代理成年且智障的儿子处理继承事宜

B. 孙某代理在国外工作的儿子处理房产纠纷

C. 法院指定律师孙某代理王某处理有关子女抚养权问题

D. 某公司董事长指定财务经理完成年底结算工作

12. 按照《建筑法》的规定，下列说法正确的是（　　）。

A. 建筑企业集团公司可以允许所属法人公司以其名义承揽工程

B. 建筑企业可以在其资质等级之上承揽工程

C. 施工企业不允许将承包的全部建筑工程转包给他人

D. 联合体共同承包的，按照资质等级高的单位的业务许可范围承揽工程

13. 项目因故中止施工，在恢复施工前，建设单位应当（　　）。

A. 报发证机关核验施工许可证　B. 向发证机关报告

C. 请发证机关检查施工场地　D. 重新申领施工许可证

14. 下列哪一项不属于要式合同（　　）。

A. 建设工程设计合同　B. 企业与银行之间的借款合同

C. 自然人之间签订的借款合同　D. 法人之间签订的保证合同

15. 按照《工程建设项目施工招标投标办法》规定，下列哪一项不属于投标人之间串通投标行为（　　）。

A. 相互约定抬高或者降低投标报价

B. 约定在招标项目中分别以高、中、低价位报价

C. 相互探听对方投标标价

D. 先进行内部竞价，内定中标人后再参加投标

16. 下列纠纷、争议中，（　　）适用于《仲裁法》调整。

A. 财产继承纠纷　B. 劳动争议　C. 婚姻纠纷　D. 工程款纠纷

17. 政府对工程质量的监督管理主要以保证工程使用安全和环境质量为主要目的，以法律、法规和强制性标准为依据，以（　　）为主要内容。

A. 工程建设各方主体的质量行为

B. 主体结构　C. 环境质量

D. 地基基础、主体结构、环境质量和与此有关的工程建设各方主体质量行为

18. 按照我国《产品质量法》规定，建设工程不适用该法关于产品的规定，下列不属于产品质量法所指的产品的是（　　）。

A. 购买的电气材料　B. 购买的塔吊设备

C. 现场制作的预制板　D. 商品混凝土

19.《建设工程质量管理条例》规定，对于涉及（　　）的装修工程，建设单位要有设计方案。

A. 变更工程竣工日期　B. 建筑主体和承重结构变动

C. 增加工程造价总额　D. 改变建筑工程一般结构

20. 建设工程安全生产管理基本制度不包括（　　）。

A. 群防群治制度　B. 伤亡事故处理报告制度

C. 事故预防制度　D. 安全责任追究制度

21. 施工单位偷工减料，降低工程质量标准，导致整栋建筑倒塌，12 名工人被砸死。该行为涉嫌触犯了（　　）。

A. 重大责任事故罪　　B. 重大劳动安全事故罪
C. 工程重大安全事故罪　　D. 以其他方式危害公共安全罪

22. 施工单位应当将施工现场的办公、生活区与作业区分开设置，并保持安全距离；办公、生活区的选址应当符合（　　）；职工的膳食、饮水、休息场所等应当符合（　　）。
A. 安全性要求，卫生标准　　B. 强制性标准，生活标准
C. 建设单位要求，规定标准　　D. 安全标准，最低标准

23. 下列关于调解的说法，错误的是（　　）。
A. 当事人庭外和解的，可以请求法院制作调解书
B. 仲裁调解生效后产生执行效力
C. 仲裁裁决生效后可以进行仲裁调解
D. 法院在强制执行时不能制作调解书

24. 工程监理单位审查施工组织设计中安全技术措施时，主要审查该措施（　　）。
A. 是否保证施工进度要求　　B. 是否符合工程建设强制性标准
C. 是否符合工程经济性要求　　D. 是否达到建设单位意图

25. 甲委托乙代理采购生产设备相关事宜，由于委托合同授权范围不明确，导致乙扩大采购范围，给对方造成一定损失。下列关于乙的行为是否应该承担责任的说法，正确的是（　　）。
A. 乙不承担任何责任　　B. 乙承担全部责任
C. 乙承担连带责任　　D. 乙承担主要责任

26. 民事诉讼是解决建设工程合同纠纷的重要方式，下列选项中不属于民事诉讼参加人的是（　　）。
A. 当事人代表　　B. 第三人　　C. 鉴定人　　D. 代理律师

27. 下列选项中，（　　）可以导致施工单位免除违约责任。
A. 施工单位因严重安全事故隐患且拒不改正而被监理工程师责令暂停施工，致使工期延误
B. 因拖延民工工资，部分民工停工抗议导致工期延误
C. 地震导致已完工程被爆破拆除重建，造成建设单位费用增加
D. 由于为工人投保意外伤害险，因公致残工人的医疗等费用由保险公司支付

28. 监理工程师贾某，因过错造成重大质量事故，情节严重。对其的处罚应是（　　）。
A. 责令停止执业 1 年　　B. 责令停止执业 3 年
C. 吊销执业资格，5 年以内不予注册　　D. 终身不予注册

29. 下列哪一项不属于民事纠纷处理方式（　　）。
A. 当事人自行和解　　B. 行政复议
C. 商事仲裁　　D. 行政机关调解

30. 根据《物权法》的规定，以下关于抵押权的说法，错误的是（　　）。
A. 在建工程可以作为抵押物
B. 抵押权人应当在主债权诉讼时效期间行使抵押权
C. 建设用地使用权抵押后，该土地上新增的建筑物不属于抵押财产
D. 即使抵押物财产出租早于抵押，该租赁关系也不得对抗已经登记的抵押物

31. 仲裁委员会裁决作出后，一方当事人不履行裁决时（　　）。
A. 仲裁委员会可以强制执行
B. 另一方当事人可以向仲裁委员会重新提请仲裁
C. 另一方当事人可以向法院提起诉讼

D. 另一方当事人可以向法院申请强制执行

32. 建设单位申请领取施工许可证时，应当具备的前提条件不包括（　　）。

A. 已经办理该建筑工程用地批准手续

B. 已经取得规划许可证

C. 已经取得拆迁许可证

D. 有满足施工需要的施工图纸及技术资料

33. 下列选项中，属于建筑施工企业取得安全生产许可证应当具备的安全生产条件的是（　　）。

A. 在城市规划区的建筑工程已经取得建设工程规划许可证

B. 有保证工程质量和安全的具体措施

C. 施工场地已基本具备施工条件，需要拆迁的，其拆迁进度符合施工要求

D. 依法参加工伤保险，依法为施工现场从事危险作业人员办理意外伤害保险，为从业人员交纳保险费

34. 监理工程师发现施工现场料堆偏高，有可能滑塌，存在安全事故隐患，则监理工程师应当（　　）。

A. 要求施工单位整改　　B. 要求施工单位停止施工

C. 向安全生产监督行政主管部门报告　　D. 向建设工程质量监督机构报告

35. 根据施工合同，甲建设单位应于2009年9月30日支付乙建筑公司工程款。2010年6月1日，乙单位向甲单位提出支付请求，则就该项款额的诉讼时效（　　）。

A. 中断　　B. 中止　　C. 终止　　D. 届满

36. 建材供应商因销售合同变更而对货运公司的合同变更被称为（　　）。

A. 约定变更　　B. 法定变更　　C. 协商变更　　D. 判决变更

37. 河南甲公司欲购买深圳乙公司的产品，双方在上海签署了设备订购确认书，之后双方签署了具有电子签名盖章的电子版合同。该合同成立的地点是（　　）。

A. 深圳　　B. 河南　　C. 上海　　D. 不确定

38. 赵某跟随同乡的包工头周某进城务工3年。现赵某欲对拖欠其工资5万元的包工头周某提起诉讼，下列说法正确的是（　　）。

A. 此案应由中级人民法院管辖

B. 此案应由赵某住所地人民法院管辖

C. 此案应由周某所在地人民法院管辖

D. 此案应由周某租住房屋所在地人民法院管辖

39. 某建筑公司实施了以下行为，其中符合我国环境污染防治法律规范的是（　　）。

A. 将建筑垃圾倾倒在季节性干枯的河道里

B. 对已受污染的潜水和承压水混合开采

C. 冬季工地上工人燃烧沥青、油毡取暖

D. 直接从事收集、处置危险废物的人员必须接受专业培训

40. 根据《招标投标法》的规定，投标联合体（　　）。

A. 可以牵头人的名义提交投标保证金

B. 必须由相同专业的不同单位组成

C. 各方应在中标后签订共同投标协议

D. 是各方合并后组建的投标实体

41. 有著作权侵权行为的，应当根据具体情况承担停止侵害、消除影响、赔礼道歉、赔偿损失等民事责任；对于损害公共利益或情节严重的侵权行为，可以由（　　）依法追究其

行政责任；构成犯罪的，依法追究刑事责任。

A. 知识产权保护组织　B. 国家出版局

C. 政府相关管理部门　D. 著作权行政管理部门

42. 工程监理人员发现工程设计不符合建筑工程质量标准或者合同约定的质量要求的，应当报告（　　）要求设计单位改正。

A. 工商行政主管部门　B. 所在地人民政府

C. 建设项目投资单位　D. 建设单位

43. 职工李某因参与打架斗殴被判处有期徒刑1年，缓期3年执行，用人单位决定解除与李某的劳动合同。考虑到李某在单位工作多年，决定向其多支付1个月的额外工资，随后书面通知了李某。这种劳动合同解除的方式称为（　　）。

A. 随时解除　B. 预告解除　C. 经济性裁员　D. 刑事性裁员

44. 下列关于法人的说法，错误的是（　　）。

A. 具有民事行为能力　B. 具有民事权利能力

C. 是自然人和企事业单位的总称　D. 能够独立承担民事责任

45. 建设单位应将建设工程项目的消防设计图纸和有关资料报送（　　）审核，未经审核或经审核不合格的，不得发放施工许可证，建设单位不得开工。

A. 建设行政主管部门　B. 安全生产监管部门

C. 公安消防机构　D. 规划行政主管部门

46. 某建筑材料买卖合同被认定为无效合同，则其民事法律后果不可能是（　　）。

A. 返还财产　B. 赔偿损失　C. 罚金　D. 折价补偿

47. 下列哪一项不属于招标代理机构的工作事项（　　）。

A. 审查投标人资格　B. 编制标底　C. 组织开标　D. 进行评标

48. 下列哪一项不属于委托代理终止的原因（　　）。

A. 代理期限届满　B. 代理人辞去委托

C. 代理人死亡　D. 代理事务完成

49. 在债的发生根据中，（　　）是指既未受人之托，也不负有法律规定的义务，而是自觉为他人管理事务的行为。

A. 合同　B. 侵权行为　C. 不当得利　D. 无因管理

50. 下列关于民事法律行为分类的说法，错误的是（　　）。

A. 民事法律行为可分为要式法律行为和不要式法律行为

B. 订立建设工程合同应当采取要式法律行为

C. 建设单位向商业银行的借贷行为属于不要式法律行为

D. 自然人之间的借贷行为属于不要式法律行为

51. 依据《招标投标法》，下列能使招标行为发生法律效力，一旦有一方违约，应承担违约责任的行为是（　　）。

A. 招标人与中标人签订书面合同

B. 招标人向中标人发出中标通知书

C. 投标人收到招标人发出的中标通知书

D. 评标委员会在投标人中选出中标者

52. 无因管理行为一经发生，便会在管理人和其事务被管理人之间产生债权债务关系，其事务被管理者负有赔偿管理者在管理过程中所支付的（　　）的义务。

A. 合理费用及直接损失　B. 合理费用及间接损失

C. 一切费用及间接损失　D. 一切费用及直接损失

53. 下列选项中，属于当事人应承担侵权责任的是（　　）。

A. 某工程存在质量问题

B. 某施工单位未按照合同约定工期竣工

C. 因台风导致工程损害

D. 工地的塔吊倒塌造成临近的民房被砸塌

54. 甲施工单位由于施工需要大量钢材，逐向乙供应商发出要约，要求其在一个月内供货，但数量待定，乙供应商回函表示一个月内可供货 2000 吨，甲施工单位未作表示，下列表述正确的是（　　）。

A. 该供货合同成立　　B. 该供货合同已生效

C. 该供货合同效力待定　　D. 该供货合同未成立

55. 下列选项中，没有发生承诺撤回效力的情形的是（　　）。

A. 撤回承诺的通知在承诺通知到达要约人之前到达要约人

B. 撤回承诺的通知与承诺通知同时到达要约人

C. 撤回承诺的通知在承诺通知到达要约人之后到达要约人

D. 撤回承诺的通知于合同成立之前到达要约人

56. 对于一定规模的危险性较大的分部分项工程要编制专项施工方案，并附安全验算结果，经（　　）签字后方可实施。

A. 施工单位的项目负责人

B. 施工单位的项目负责人和技术工程师

C. 施工单位的项目负责人和总监理工程师

D. 施工单位的技术负责人和总监理工程师

57.《建设工程质量管理条例》规定，屋面防水工程和有防水要求的卫生间，最低保修期限为（　　）。

A. 1 年　　B. 3 年　　C. 4 年　　D. 5 年

58. 下列关于共同投标协议的说法，错误的是（　　）。

A. 共同投标协议为将来在联合体内部为所承揽的各自的责任发生纠纷提供了解决的必要依据

B. 没有附联合体各方共同投标协议的联合体投标确定为废标

C. 共同投标协议应当在提交投标文件前 10 天提交招标人

D. 联合体内部各方通过共同投标协议，明确约定各方在中标后要承担的工作范围和责任

59. 下列关于建筑节能的说法，错误的是（　　）。

A. 企业可以制定严于国家标准的企业节能标准

B. 国家实行固定资产项目节能评估和审查制度

C. 不符合强制性节能标准的项目不得开工建设

D. 省级人民政府建设主管部门可以制定低于行业标准的地方建筑节能标准

60. 某建设单位要新建一座大型综合写字楼，于 2010 年 3 月 20 日领到工程施工许可证。按照建筑法施工许可证制度的相关规定，该综合写字楼正常开工的最迟允许日期应为 2010 年（　　）。

A. 4 月 19 日　　B. 6 月 19 日　　C. 6 月 20 日　　D. 9 月 20 日

二、多项选择题（共 20 题，每题 2 分，每题的备选项中，有 2 个或 2 个以上符合题意。至少有 1 个错项。错选，本题不得分；少选，所选的每个选项得 0.5 分）

61. 建设工程安全生产管理条例是依据（　　）规定制定的。

A.《中华人民共和国安全生产法》　　B.《中华人民共和国合同法》
C.《中华人民共和国建筑法》　　D.《中华人民共和国安全法》
E.《中华人民共和国经济法》

62. 当事人一方不履行合同义务或者履行合同义务不符合约定的。在合同对违约责任没有具体约定的情况下，违约方应当承担的法定违约责任有（　　）。
A. 继续履行　B. 采取补救措施　C. 赔偿损失　D. 支付违约金
E. 定金

63. 建设工程竣工验收应当具备（　　）等条件。
A. 工程所用的主要建筑材料，建筑构配件和设备等进场试验报告
B. 完整的技术档案资料和施工管理资料
C. 勘察、设计、施工、监理等单位分别签署的质量合格文件
D. 有施工单位签署的工程保修书
E. 已付清所有款项

64. 法律关系终止可分为（　　）。
A. 依法终止　B. 强行终止　C. 自然终止　D. 协议终止
E. 违约终止

65. 民事法律行为的成立要件包括（　　）。
A. 法律行为主体具有相应的民事权利能力和行为能力
B. 行为人意思表示真实　C. 行为内容合法
D. 行为方式符合行为人意愿　E. 行为形式合法

66. 按照《招标投标法》及其相关规定，在建筑工程投标过程中，应当作为废标处理的情形有（　　）。
A. 联合体共同投标，投标文件中没有附共同投标协议
B. 交纳投标保证金超过规定数额
C. 投标人是响应招标、参加投标竞争的个人
D. 投标人在开标后修改补充投标文件
E. 投标人未对招标文件的实质内容和条件作出响应

67. 建设项目需要配套建设的环境保护设施，必须与主体工程同时（　　）。
A. 立项　B. 审批　C. 设计　D. 施工
E. 投产使用

68. 某律师接受当事人委托参加民事诉讼，以下属于委托代理权消灭的原因的有（　　）。
A. 诉讼终结　B. 当事人解除委托　C. 代理人辞去委托　D. 委托代理人死亡
E. 委托代理人有过错

69. 根据《行政复议法》的规定，下列选项中不可申请行政复议的有（　　）。
A. 建设行政主管部门吊销建筑公司的资质证书
B. 人民法院对保全财产予以查封
C. 监察机关给予机关工作人员降级处分
D. 建设行政主管部门对建设工程合同争议进行的调解
E. 行政拘留

70. 根据国务院《建设工程质量管理条例》规定，下列项目中必须实行监理的是（　　）。
A. 对国民经济和社会发展有重大影响的项目
B. 总投资2850万元的新能源项目
C. 总投资850万元的学校

D. 成片开发的总面积在 6.2 万平方米的住宅小区

E. 小型公用事业工程

71. 房地产开发公司申领施工许可证时，对建设资金落实情况的规定包括（　　）。

A. 到位资金不得少于 12000 万元

B. 到位资金不得少于 6000 万元

C. 银行付款保函或者其他第三方担保

D. 提供银行出具的到位资金证明

E. 公司资产证明

72. 下列工程中，可以在开工前不申请施工许可证的是（　　）。

A. 建设资金已经落实的工程投资额为 26 万元的工程

B. 作为文物保护的建筑工程

C. 施工工期不足 1 年的建设工程

D. 设计图纸已经经过审批的军用房屋工程

E. 施工企业自用的办公楼工程

73. 建设单位的安全责任包括（　　）。

A. 向施工单位提供地下管线资料

B. 依法履行合同

C. 提供安全生产费用

D. 不推销劣质材料设备

E. 对分包单位安全生产全面负责

74. 有（　　）情形之一的，用人单位可以解除劳动合同，但是应当提前 30 日以书面形式通知劳动者本人。

A. 劳动者患病或者非因工负伤，医疗期满后，不能从事原工作也不能从事由人单位另行安排工作的

B. 劳动者不能胜任工作，经过培训或者调整工作岗位，仍不能胜任工作的

C. 严重违反劳动纪律或者用人单位规章制度的

D. 严重失职，营私舞弊，对用人单位利益造成重大损害的

E. 劳动合同订立时所依据的客观情况发生重大变化，致使原劳动合同无法履行，经当事人协商不能就变更劳动合同达成协议的

75. 为了制止侵权行为，权利人在起诉前向人民法院申请保全证据。下列关于证据保全方法的说法，正确的有（　　）。

A. 对文书、物品等进行复制

B. 对文书、物品等进行录像、拍照、抄写

C. 对证据进行鉴定或勘验

D. 向证人进行询问调查、记录证人证言

E. 将获取的证据材料交给当事人保管

76. 下列属于民事法律关系客体的有（　　）。

A. 建设工程施工合同中的工程价款

B. 建设工程施工合同中的建筑物

C. 建材买卖合同中的建筑材料

D. 建设工程勘察合同中的勘察行为

E. 建设工程设计合同中的施工图纸

77. 保证担保的当事人包括（　　）。

A. 债权人　　B. 债务人　　C. 见证人　　D. 保证人

E. 公证人

78. 对于可撤销合同，具有撤销权的当事人（　　），撤销权消灭。

A. 自知道或者应当知道权利受到侵害之日起 1 年内没有行使撤销权的

B. 自知道或者应当知道撤销事由之日起半年内没有行使撤销权的

C. 自知道或者应当知道撤销事由之日起 1 年内没有行使撤销权的

D. 知道撤销事由后明确表示放弃撤销权的

E. 知道撤销事由后以自己的行为放弃撤销权的

79. 根据《招标投标法》的规定，下列选项中，(　　) 必须经过招标才能进行。

A. 铁路、公路、机场、港口等工程建设项目

B. 能源、交通运输、邮电通信等大型基础设施

C. 供水、供电、供气、科教等公用事业

D. 施工主要技术采用特定的专利或者专有技术的

E. 世界银行贷款的污水处理厂

80. 下列选项中，属于投标人之间串通投标行为的有 (　　)。

A. 招标人在开标前开启投标文件，并将投票情况告知其他投标情况告知其他投标人

B. 投标人之间相互约定，在招标项目中分别以高、中、低价位报价

C. 投标人在投标时递交虚假业绩证明

D. 投标人与招标人商定，在投票时压低标价，中标后再给投标人额外补偿

E. 投标人无进行内部竞价，内定中标人后再参加投标

《建设工程法规及相关知识》模拟试卷（一）参考答案及解析

一、单项选择题

1. B　本题考察重点是对“注册制度”的掌握。建造师的注册分为初始注册、延续注册、变更注册和增项注册四类。

2. B　本题考察重点是对“民事法律关系”的掌握。企业法人是指以从事生产、流通、科技等活动为内容，以获取利润和增加积累、创造社会财富为目的的营利性的社会经济组织。非企业法人是为了实现国家对社会的管理及其他公益目的而设立的国家机关、事业单位或者社会团体。包括：机关法人、事业单位法人、社会团体法人等基金会属非企业法人中的社会团体法人。

3. D　本题考察重点是对“民事法律关系”的掌握。法律关系是由法律关系主体、法律关系客体和法律关系内容三个要素构成，缺少其中一个要素就不能构成法律关系。

4. D　本题考察重点是对“工程发包制度、工程承包制度”的掌握。建设工程的发包方式主要有两种：招标发包和直接发包。因此，选项A的说法正确。《建筑法》第29条规定：“建筑工程总承包单位可以将承包工程中的部分工程发包给具有相应资质条件的分包单位”。《建筑法》第29条进一步规定：“除总承包合同中约定的分包外，必须经建设单位认可。”因此，选项B的说法正确。《建筑法》第27条规定：“大型建筑工程或者结构复杂的建筑工程，可以由两个以上的承包单位联合共同承包。”《建筑法》第27条同时规定：“共同承包的各方对承包合同的履行承担连带责任。”因此，选项C的说法正确。《建筑法》第24条规定，“禁止将建筑工程肢解发包”，“不得将应当由一个承包单位完成的建筑工程肢解成若干部分发包给几个承包单位”。肢解发包指的是建设单位将应当由一个承包单位完成的建设工程分解成若干部分发包给不同的承包单位的行为。选项D属于肢解发包。

5. B　本题考察重点是对“民事法律关系”的掌握。主体改变也称为合同转让，由另一个新主体代替了原主体享有权利、承担义务。

6. D　本题考察重点是对“工程建设标准的分类”的熟悉。根据《工程建设国家标准管理办法》第3条的规定，下列工程建设国家标准属于强制性标准：①工程建设勘察、规划、设计、施工（包括安装）及验收等通用的综合标准和重要的通用的质量标准；②工程建设通用的有关安全、卫生和环境保护的标准；③工程建设通用的术语、符号、代号、量与单位、建筑模数和制图方法标准；④工程建设重要的通用的试验、检验和评定方法等标准；⑤工程建设重要的通用的信息技术标准；⑥国家需要控制的其他工程建设通用的标准。根据《工程建设行业标准管理办法》第3条的规定，下列工程建设行业标准属于强制性标准：①工程建设勘察、规划、设计、施工（包括安装）及验收等行业专用的综合性标准和重要的行业专用的质量标准；②工程建设行业专用的有关安全、卫生和环境保护的标准；③工程建设重要的行业专用的术语、符号、代号、量与单位和制图方法等标准；④工程建设重要的行业专用的试验、检验和评定方法等标准；⑤工程建设重要的行业专用的信息技术标准；⑥行业需要控制的其他工程建设标准。

7. D　本题考察重点是对“建设单位的质量责任和义务”的掌握。建设单位也不得任意压缩合理工期，不得明示或者暗示设计单位或者施工单位违反工程建设强制性标准，降低建设工程质量。因此，选项A的说法正确。建设单位应当将工程发包给具有相应资质等级的单位，不得将建设工程肢解发包。因此，选项B的说法正确。建设工程发包单位不得迫使承包方以低于成本的价格竞标。因此，选项C的说法正确。《建设工程质量管理条例》规定，不得擅自改变主体和承重结构进行装修的责任。涉及建筑主体和承重结构变动的装修工程，建设单位应当在施工前委托原设计单位或者具有相应资质等级的设计单位提出设计方案；没有设计方案的，不得施工。

8. A 本题考察重点是对“效力待定合同”的掌握。《合同法》第49条规定，“行为人没有代理权、超越代理权或者代理权终止后以被代理人名义订立合同，相对人有理由相信行为人有代理权的，该代理行为有效。”本题中，周某的行为属于表见代理，其后果与有权代理相同，即应由甲建筑公司对该合同承担付款义务。

9. D 本题考察重点是对“工程分包制度”的掌握。《建设工程质量管理条例》将违法分包的情形界定为：①总承包单位将建设工程分包给不具备相应资质条件的单位的；②建设工程总承包合同中未有约定，又未经建设单位认可，承包单位将其承包的部分建设工程交由其他单位完成的；③施工总承包单位将建设工程主体结构的施工分包给其他单位的；④分包单位将其承包的建设工程再分包的。

10. C 本题考察重点是对“生产安全事故的应急救援与处理”的掌握。较大事故是指造成3人以上10人以下死亡，或者10人以上50人以下重伤，或者1000万元以上5000万元以下直接经济损失的事故。

11. B 本题考察重点是对“代理”的掌握。代理包括委托代理、法定代理和指定代理。委托代理是代理人根据被代理人授权而进行的代理。选项A属于家长代理无行为能力的人的法律行为，属于法定代理。选项B是代理完全行为能力的人的法律行为，必须有委托才是有效代理。选项C属于指定代理。选项D只是一般的工作安排，不属于代理范围。

12. C 本题考察重点是对“掌握工程承包制度”的掌握。转包指的是承包单位承包建设工程后，不履行合同约定的责任和义务，将其承包的全部建设工程转给他人或者将其承包的全部建设工程肢解以后以分包的名义分别转给其他单位承包的行为。禁止承包单位将其承包的全部建筑工程转包给他人，禁止承包单位将其承包的全部建筑工程肢解以后以分包的名义分别转包给他人。

13. A 本题考察重点是对“施工许可制度”的掌握。在建的建筑工程因故中止施工的，建设单位应当自中止施工之日起1个月内，向发证机关报告，并按照规定做好建筑工程的维护管理工作。建筑工程恢复施工时，应当向发证机关报告；中止施工满1年的工程恢复施工前，建设单位应当报发证机关核验施工许可证。

14. C 本题考察重点是对“合同的分类”的了解。要式合同是法律或当事人必须具备特定形式的合同，例如，建设工程合同应当采用书面形式，就是要式合同；自然人之间签订的借款合同不属于要式合同。不要式合同是指法律或当事人不要求必须具备一定形式的合同。实践中，以不要式合同居多。

15. C 本题考察重点是对“禁止投标人实施的不正当竞争行为的规定”的掌握。《工程建设项目施工招标投标办法》第46条规定，下列行为均属于投标人串通投标报价：①投标人之间相互约定抬高或降低投标报价；②投标人之间相互约定，在招标项目中分别以高、中、低价位报价；③投标人之间先进行内部竞价，内定中标人，然后再参加投标；④投标人之间其他串通投标报价行为。

16. D 本题考察重点是对“仲裁的特点”的掌握。在我国，《中华人民共和国仲裁法》（以下简称《仲裁法》）是调整和规范仲裁制度的基本法律，但《仲裁法》的调整范围仅限于民商事仲裁，即“平等主体的公民、法人和其他组织之间发生的合同纠纷和其他财产权纠纷”仲裁，劳动争议仲裁和农业承包合同纠纷仲裁不受《仲裁法》的调整。此外，根据《仲裁法》第3条的规定，下列纠纷不能仲裁：①婚姻、收养、监护、扶养、继承纠纷；②依法应当由行政机关处理的行政争议

17. D 本题考察重点是对“建设工程质量的监督管理”的熟悉。政府实行建设工程质量监督的主要目的是保证建设工程使用安全和环境质量，主要依据是法律、法规和强制性标准，主

要方式是政府认可的第三方强制监督，主要内容是地基基础、主体结构、环境质量和与此相关的工程建设各方主体的质量行为，主要手段是施工许可制度和竣工验收备案制度。

18. C　本题考察重点是对“生产者的产品质量责任和义务”的掌握。在工程施工活动中下列建筑材料、建筑构配件和设备不属于《产品质量法》的产品。①施工单位自有的建筑材料、建筑构配件和设备；②施工过程中产生的阶段性产品。

19. B　本题考察重点是对“建设单位的质量责任和义务”的掌握。不得擅自改变主体和承重结构进行装修的责任。涉及建筑主体和承重结构变动的装修工程，建设单位应当在施工前委托原设计单位或者具有相应资质等级的设计单位提出设计方案；没有设计方案的，不得施工。

20. C　本题考察重点是对“建设工程安全生产管理制度”的掌握。建设工程安全生产管理基本制度：①安全生产责任制度；②群防群治制度；③安全生产教育培训制度；④安全生产检查制度；⑤伤亡事故处理报告制度；⑥安全责任追究制度。

21. C　本题考察重点是对“工程建设领域犯罪构成”的熟悉。根据《刑法》第137条的规定，工程重大安全事故罪是指建设单位、设计单位、施工单位、工程监理单位违反国家规定，降低工程质量标准，造成重大安全事故的行为。

22. A　本题考察重点是对“施工单位的安全责任”的掌握。施工现场的布置应当符合安全和文明施工要求。施工单位应当将施工现场的办公、生活区与作业区分开设置，并保持安全距离；办公、生活区的选址应当符合安全性要求。职工的膳食、饮水、休息场所等应当符合卫生标准。施工单位不得在尚未竣工的建筑物内设置员工集体宿舍。

23. C　本题考察重点是对“仲裁程序”的掌握。仲裁调解，是指在仲裁庭的主持下，仲裁当事人在自愿协商、互谅互让基础上达成协议从而解决纠纷的一种制度。《仲裁法》规定，在作出裁决前可以先行调解。当事人自愿调解的，仲裁庭应当调解。调解不成的，应当及时作出裁决。经仲裁庭调解，双方当事人达成协议的，仲裁庭应当制作调解书，经双方当事人签收后即发生法律效力。如果在调解书签收前当事人反悔的，仲裁庭应当及时作出裁决。《仲裁法》规定，在作出裁决前可以先行调解。当事人自愿调解的，仲裁庭应当调解。调解不成的，应当及时作出裁决。仲裁裁决的作出，标志着当事人之间的纠纷的最终解决。

24. B　本题考察重点是对“工程监理单位的安全责任”的掌握。《建设工程安全生产管理条例》第14条规定：“工程监理单位应当审查施工组织设计中的安全技术措施或者专项施工方案是否符合工程建设强制性标准。”

25. C　本题考察重点是对“代理”的掌握。《民法通则》第65条规定：“委托书授权不明的，被代理人应当向第三人承担民事责任，代理人负连带责任。”

26. A　本题考察重点是对“民事诉讼的特点”的掌握。民事诉讼参与人包括原告、被告、第三人、证人、鉴定人、勘验人等。

27. C　本题考察重点是对“不可抗力及违约责任的免除”的掌握。违约责任免责是指在履行合同的过程中，因出现法定的免责条件或者合同约定的免责事由导致合同不履行的，合同债务人将被免除合同履行义务。①约定的免责；②法定的免责。法定的免责是指出现了法律规定的特定情形，即使当事人违约也可以免除违约责任。《合同法》第117条规定：“因不可抗力不能履行合同的，根据不可抗力的影响，部分或者全部免除责任，但法律另有规定的除外。当事人迟延履行后发生不可抗力的，不能免除责任。”

28. C　本题考察重点是对“工程监理单位的质量责任和义务”的掌握。监理工程师因过错造成质量事故的，责令停止执业1年；造成重大质量事故的，吊销执业资格证书，5年以内不予注册；情节特别恶劣的，终身不予注册。

29. B　本题考察重点是对“民事诉讼的特点”的掌握。建设工程民事纠纷的处理方式主要有四种，分别是和解、调解、仲裁、诉讼。

30. D　本题考察重点是对“抵押权”的掌握。《物权法》规定了可以在建工程作为抵押物。因此，选项A的说法正确。抵押权人应当在主债权诉讼时效期间行使抵押权；未行使的，人民法院不予保护。因此，选项B的说法正确。建设用地使用权抵押后，该土地上新增的建筑物不属于抵押财产。该建设用地使用权实现抵押权时，应当将该土地上新增的建筑物与建设用地使用权一并处分，但新增建筑物所得的价款，抵押权人无权优先受偿。因此，选项C的说法正确。订立抵押合同前抵押财产已出租的，原租赁关系不受该抵押权的影响。

31. D　本题考察重点是对“劳动争议的处理”的熟悉。当事人对发生法律效力的调解书和裁决书，应当依照规定的期限履行。一方当事人逾期不履行的，另一方当事人可以依照民事诉讼法的有关规定向人民法院申请强制执行。

32. C　本题考察重点是对“施工许可制度”的掌握。工程业绩《建筑法》规定建设单位申请领取施工许可证时，应当具备一系列前提条件：①已经办理该建筑工程用地批准手续；②在城市规划区的建筑工程，已经取得规划许可证；③需要拆迁的，其拆迁进度符合施工要求；④已经确定建筑施工企业；⑤有满足施工需要的施工图纸及技术资料；⑥有保证工程质量和安全的具体措施；⑦建设资金已经落实；⑧法律、行政法规规定的其他条件。

33. D　本题考察重点是对“安全生产许可证的取得条件”的掌握。《建筑施工企业安全生产许可证管理规定》在第4条，将建筑施工企业取得安全生产许可证应当具备的安全生产条件具体规定为：①建立、健全安全生产责任制，制定完备的安全生产规章制度和操作规程；②保证本单位安全生产条件所需资金的投入；③设置安全生产管理机构，按照国家有关规定配备专职安全生产管理人员；④依法参加工伤保险，依法为施工现场从事危险作业的人员办理意外伤害保险，为从业人员交纳保险费等。

34. A　本题考察重点是对“工程监理单位的安全责任”的掌握。工程监理单位在实施监理过程中，发现存在安全事故隐患的，应当要求施工单位整改。

35. A　本题考察重点是对“诉讼时效”的掌握。普通诉讼时效期间通常为2年。

36. B　本题考察重点是对“合同的变更”的掌握。《合同法》第308条规定：“在承运人将货物交付收货人之前，托运人可以要求承运人中止运输、返还货物、变更到达地或者将货物交给其他收货人，但应当赔偿承运人因此受到的损失。”此种变更即为法定变更。

37. C　本题考察重点是对“合同的生效”的掌握。确定合同成立地点，遵守如下规则：承诺生效的地点为合同成立的地点。采用数据电文形式订立合同的，收件人的主营业地为合同成立的地点；没有主营业地的，其经常居住地为合同成立的地点。当事人另有约定的，按照其约定。当事人采用合同书形式订立合同的，双方当事人签字或者盖章的地点为合同成立的地点。

38. D　本题考察重点是对“诉讼管辖与回避制度”的掌握。①一般地域管辖：一般地域管辖通常实行“原告就被告”原则，即以被告住所地作为确定管辖的标准。②特殊地域管辖：特殊地域管辖是指以被告住所地、诉讼标的所在地或法律事实所在地为标准确定的管辖。《民事诉讼法》第24条规定：“因合同纠纷提起的诉讼，由被告住所地或者合同履行地人民法院管辖。”《民事诉讼法》第25条规定：“合同的当事人可以在书面合同中协议选择被告住所地、合同履行地、合同签订地、原告住所地、标的物所在地人民法院管辖，但不得违反本法对级别管辖和专属管辖的规定。”③专属管辖：专属管辖是指法律规定某些特殊类型的案件专门由特定的法院管辖。专属管辖是排他性管辖，排除了诉讼当事人协议选择管辖法院的权利。因不动产纠纷提起的诉讼，由不动产所在地人民法院管辖。

39. D　本题考察重点是对“水、大气、噪声和固体废物环境污染防治”的熟悉。依据《固体废物污染环境防治法》，直接从事收集、贮存、运输、利用、处置危险废物的人员，应当接受专业培训，经考核合格，方可从事该项工作，选项D正确。

40. A　本题考察重点是对“联合体投标”的掌握。《招标投标法》第31条规定，两个以上法人或者其他组织可以组成一个联合体，以一个投标人的身份共同投标。联合体各方均应当具备承担招标项目的相应能力。联合体各方应当签订共同投标协议。明确约定各方拟承担的工作和责任，并将共同投标协议连同投标文件一并提交招标人。联合体各方必须指定牵头人，授权其代表所有联合体成员负责投标和合同实施阶段的主办、协调工作，并应当向招标人提交由所有联合体成员法定代表人签署的授权书。联合体投标的，应当以联合体各方或者联合体中牵头人的名义提交投标保证金。以联合体中牵头人名义提交的投标保证金，对联合体各成员具有约束力。

41. D 本题考察重点是对“债权、知识产权”的掌握。有著作权侵权行为的，应当根据具体情况承担停止侵害、消除影响、赔礼道歉、赔偿损失等民事责任；对于损害公共利益或情节严重的侵权行为，可以由著作权行政管理部门依法追究其行政责任；构成犯罪的，依法追究刑事责任。

42. D 本题考察重点是对“工程监理制度”的掌握。《建筑法》第 32 条第 2 款、第 3 款分别规定了工程监理人员的监理权限和义务：①工程监理人员认为工程施工不符合工程设计要求、施工技术标准和合同约定的，有权要求建筑施工企业改正；②工程监理人员发现工程设计不符合建筑工程质量标准或者合同约定的质量要求的，应当报告建设单位要求设计单位改正。

43. A 本题考察重点是对“劳动合同的解除和终止”的掌握。劳动者有下列情形之一的，用人单位可以解除劳动合同：①在试用期间被证明不符合录用条件的；②严重违反用人单位的规章制度的；③严重失职，营私舞弊，给用人单位造成重大损害的；④劳动者同时与其他用人单位建立劳动关系，对完成本单位的工作任务造成严重影响，或者经用人单位提出，拒不改正的；⑤因《劳动合同法》第 26 条第 1 款第 1 项（即以欺诈、胁迫的手段或者乘人之危，使对方在违背真实意思的情况下订立或者变更劳动合同的）规定的情形致使劳动合同无效的；⑥被依法追究刑事责任的。

44. C 本题考察重点是对“民事法律关系”的掌握。法人与自然人相对，它是具有民事权利能力和民事行为能力，依法独立享有民事权利和承担民事义务的组织。法人的存在必须具备以下几个条件：依法成立；有必要的财产或者经费；有自己的名称、组织机构和场所；能够独立承担民事责任。

45. C 本题考察重点是对“施工许可制度”的掌握。根据《中华人民共和国消防法》（以下简称《消防法》），对于按规定需要进行消防设计的建筑工程，建设单位应当将其消防设计图纸报送公安消防机构审核；未经审核或者经审核不合格的，建设行政主管部门不得发给施工许可证，工程不得施工。

46. C 本题考察重点是对“无效合同”的掌握。由于无效合同具有不得履行性，因此不发生当事人所期望的法律效果；但是，并非不产生任何法律效果，而是产生包括返还财产、损害赔偿以及其他法定效果。①返还财产；②折价补偿；③赔偿损失；④收归国库所有。

47. D 本题考察重点是对“招标组织形式和招标代理”的了解。招标代理机构可以承担的招标事宜。依据《工程建设项目施工招标投标办法》第 22 条的规定，招标代理机构应当在招标人委托的范围内承担招标事宜。招标代理机构可以在其资格等级范围内承担下列招标事宜：①拟订招标方案，编制和出售招标文件、资格预审文件；②审查投标人资格；③编制标底；④组织投标人踏勘现场；⑤组织开标、评标，协助招标人定标；⑥草拟合同；⑦招标人委托的其他事项。

48. B 本题考察重点是对“代理”的掌握。有下列情形之一的，委托代理终止：①代理期间届满或者代理事务完成；②被代理人取消委托或者代理人辞去委托；③代理人死亡；④代理人丧失民事行为能力；⑤作为被代理人或者代理人的法人终止。

49. D 本题考察重点是对“债权、知识产权”的掌握。无因管理是指既未受人之托，也不负有法律规定的义务，而是自觉为他人管理事务的行为。

50. C　本题考察重点是对“民事法律行为的成立要件”的掌握。民事法律行为是指公民或者法人设立、变更、终止民事权利和民事义务的合法行为，可分为要式法律行为和不要式法律行为。因此，选项A的说法正确。根据《合同法》第270条的规定，建设工程合同应当采用书面形式。因此，订立建设工程合同的行为，属于要式法律行为。因此，选项B的说法正确。不要式法律行为指法律没有规定特定形式，采用书面、口头或其他任何形式均可成立的民事法律行为。《合同法》第197条规定：“借款合同采用书面形式，但自然人之间借款另有约定的除外。”这个条款规定了自然人之间的借款属于不要式法律行为，有没有书面形式的合同均可，选项D的说法正确。选项C，建设单位向商业银行的借贷行为属于非自然人之间的借款，非自然人之间的借款则属于要式法律行为，必须采用书面形式。

51. B　本题考察重点是对“中标的要求”的掌握。《招标投标法》第45条第1款规定：“中标通知书对招标人和中标人具有法律效力。中标通知书发出后。招标人改变中标结果的，或者中标人放弃中标项目的，应当依法承担法律责任。”

52. A　本题考察重点是对“债权、知识产权”的掌握。无因管理行为一经发生，便会在管理人和其事务被管理人之间产生债权债务关系，其事务被管理者负有赔偿管理者在管理过程中所支付的合理的费用及直接损失的义务。

53. D　本题考察重点是对“民事责任的种类和承担民事责任的方式”的掌握。侵权责任是指由于侵权行为而应承担的民事责任。侵权行为可分为一般侵权行为与特殊侵权行为。一般侵权行为是指行为人基于主观过错实施的，应适用侵权责任一般构成要件和一般责任条款的致人损害的行为。例如故意侵占、毁损他人财物、诽谤他人名誉等诸如此类的行为。特殊侵权行为是指由法律直接规定，在侵权责任的主体、主观构成要件、举证责任的分配等方面不同于一般侵权行为，应适用民法上特别责任条款的致人损害的行为。《民法通则》第121条至第127条规定了特殊侵权行为。其中，与工程建设密切相关的有：①违反国家保护环境防止污染的规定，污染环境造成他人损害的，应当依法承担民事责任；②在公共场所、道旁或者通道上挖坑、修缮安装地下设施等，没有设置明显标志和采取安全措施造成他人损害的，施工人员应当承担民事责任；③建筑物或者其他设施以及建筑物上的搁置物、悬挂物发生倒塌、脱落、坠落造成他人损害的，它的所有人或者管理人应当承担民事责任，但能够证明自己没有过错的除外。

54. D　本题考察重点是对“合同的生效”的掌握。合同成立的一般要件包括：①存在订约当事人，合同成立首先应具备双方或者多方订约当事人，只有一方当事人不可能成立合同；②订约当事人对主要条款达成一致，合同成立的根本标志是订约双方或者多方经协商，就合同主要条款达成一致意见；③经历要约与承诺两个阶段。《合同法》第13条规定：“当事人订立合同，采取要约、承诺方式。”缔约当事人就订立合同达成合意，一般应经过要约、承诺阶段。若只停留在要约阶段，合同根本未成立。

55. C　本题考察重点是对“承诺”的掌握。撤回承诺的通知应当在承诺通知到达要约人之前或者与承诺通知同时到达要约人。

56. D　本题考察重点是对“施工单位的安全责任”的掌握。对于达到一定规模的危险性较大的分部分项工程编制专项施工方案，并附具安全验算结果，经施工单位技术负责人、总监理工程师签字后实施，由专职安全生产管理人员进行现场监督。

57. D　本题考察重点是对“建设工程质量保修制度”的掌握。《建设工程质量管理条例》第40条规定了保修范围及其在正常使用条件下各自对应的最低保修期限：①基础设施工程、房屋建筑的地基基础工程和主体结构工程，为设计文件规定的该工程的合理使用年限；②屋面防水工程、有防水要求的卫生间、房间和外墙面的防渗漏，为5年；③供热与供冷系统，为2个采暖期、供冷期；④电气管线、给排水管道、设备安装和装修工程。为2年。

58. C　本题考察重点是对“联合体投标”的掌握。共同投标协议也约定了组成联合体各成员单位在联合体中所承担的各自的责任，这也为将来可能引发的纠纷的解决提供了必要的依据。因此，选项A的说法正确。《工程建设项目施工招标投标办法》第50条将没有附有联合体各方共同投标协议的联合体投标确定为废标。因此，选项B的说法正确。《工程建设项目施工招标投标办法》规定，联合体各方应当签订共同投标协议。明确约定各方拟承担的工作和责任，并将共同投标协议连同投标文件一并提交招标人，而对于选项C的说法没有相关规定。共同投标协议约定了组成联合体各成员单位在联合体中所承担的各自的工作范围，这个范围的确定也为建设单位判断该成员单位是否具备“相应的资格条件”提供了依据。

59. D　本题考察重点是对“建设工程节能的规定”的了解。国家鼓励企业制定严于国家标准、行业标准的企业节能标准。国家实行固定资产投资项目节能评估和审查制度。不符合强制性节能标准的项目，依法负责项目审批或者核准的机关不得批准或者核准建设；建设单位不得开工建设；已经建成的，不得投入生产、使用。具体办法由国务院管理节能工作的部门会同国务院有关部门制定。省、自治区、直辖市人民政府建设主管部门可以根据本地实际情况，制定严于国家标准或者行业标准的地方建筑节能标准，并报国务院标准化主管部门和国务院建设主管部门备案。

60. B　本题考察重点是对“施工许可制度”的掌握。《建筑法》第9条规定：“建设单位应当自领取施工许可证之日起3个月内开工。因故不能按期开工的，应当向发证机关申请延期；延期以两次为限，每次不超过3个月。既不开工又不申请延期或者超过延期时限的，施工许可证自行废止。”根据本题的条件可知，该综合写字楼正常开工的最迟允许日期应为2010年6月19日。

二、多项选择题

61. AC　本题考察重点是对“建设工程安全生产管理制度”的掌握。2003年11月24日《建设工程安全生产管理条例》（国务院令第393号）颁布实施，该《条例》依据《中华人民共和国建筑法》和《中华人民共和国安全生产法》的规定进一步明确了建设工程安全生产管理基本制度。

62. ABC　本题考察重点是对“违约责任的承担方式”的掌握。《合同法》第107条规定：“当事人一方不履行合同义务或者履行合同义务不符合约定的，应当承担继续履行、采取补救措施或者赔偿损失等违约责任。”

63. ABCD　本题考察重点是对“建设单位的质量责任和义务”的掌握。建设工程竣工验收是施工全过程的最后一道程序，是建设投资成果转入生产或使用的标志，也是全面考核投资效益，检验设计和施工质量的重要环节，建设工程竣工验收应当具备的条件有：①完成建设工程设计和合同约定的各项内容；②有完整的技术档案和施工管理资料；③有工程使用的主要建筑材料，建筑构配件和设备的进场试验报告；④有勘察、设计、施工、工程监理等单位分别签署的质量合格文件；⑤有施工单位签署的工程保修书。

64. CDE　本题考察重点是对“民事法律关系”的掌握。法律关系的终止可以分为自然终止、协议终止和违约终止。

65. ABCE　本题考察重点是对“民事法律行为的成立要件”的掌握。根据《民法通则》第55条、第56条的规定，民事法律行为应当具备下列条件：①法律行为主体具有相应的民事权利能力和行为能力；②行为人意思表示真实；③行为内容合法，根据《民法通则》的规定，行为内容合法表现为不违反法律和社会公共利益、社会公德；④行为形式合法。

66. ACE　本题考察重点是对“评标委员会的规定和评标方法”的掌握。《工程建设项目施工招标投标办法》第50条规定，以下的情形将被作为废标处理：①无单位盖章并无法定代表人或法定代表人授权的代理人签字或盖章的；②未按规定的格式填写，内容不全或关键字迹模糊、无法辨认的；③投标人递交两份或多份内容不同的投标文件，或在一份投标文件中对同一招标项目报有两个或多个报价，且未声明哪一个有效，按招标文件规定提交备选投标方案的除外；④投标人名称或组织结构与资格预审时不一致的；⑤未按招标文件要求提交投标保证金的；⑥联合体投标未附联合体各方共同投标协议的。2005 年 3 月 1 日起施行的《工程建设项目货物招标投标办法》在《工程建设项目施工招标投标办法》的基础上进一步补充了应当作为废标的情形：①无法定代表人出具的授权委托书的；②投标人名称或组织结构与资格预审时不一致且未提供有效证明的；③投标有效期不满足招标文件要求的。

67. CDE 本题考察重点是对“环境保护‘三同时’制度”的掌握。所谓环境保护“三同时”制度是指建设项目需要配套建设的环境保护设施，必须与主体工程同时设计、同时施工、同时投产使用。

68. ABCD 本题考察重点是对“诉讼参加人的规定”的掌握。委托代理权可以因诉讼终结、当事人解除委托、代理人辞去委托、委托代理人死亡或丧失行为能力而消灭。

69. CD 本题考察重点是对“行政复议范围”的熟悉。下列事项应按规定的纠纷处理方式解决，而不能提起行政复议。①行政机关的行政处分或者其他人事处理决定。当事人不服行政机关作出的行政处分的，应当依照有关法律、行政法规的规定（如《中华人民共和国国家公务员法》等）提起申诉。②行政机关对民事纠纷作出的调解或者其他处理。当事人不服行政机关对民事纠纷作出的调解或者处理，如建设行政管理部门对有关建设工程合同争议进行的调解、劳动部门对劳动争议的调解、公安部门对治安争议的调解等，当事人应当依法申请仲裁或者向法院提起民事诉讼。

70. ACD 本题考察重点是对“工程监理制度”的掌握。必须实行监理的建设工程有以下几种。①国家重点建设项目。国家重点建设项目是指依据《国家重点建设项目管理办法》所确定的对国民经济和社会发展有重大影响的骨干项目。②大中型公用事业工程。大中型公用事业工程是指项目总投资额在 3000 万元以上的工程项目。③成片开发建设的住宅小区工程。建筑面积在 5 万平方米以上的住宅建设工程必须实行监理；5 万平方米以下的住宅建设工程，可以实行监理，具体范围和规模标准，由省、自治区、直辖市人民政府建设行政主管部门规定。④利用外国政府或者国际组织贷款、援助资金的工程。⑤国家规定必须实行监理的其他工程：项目总投资额在 3000 万元以上关系社会公共利益、公众安全的基础设施项目；学校、影剧院、体育场馆项目。

71. BCD 本题考察重点是对“施工许可制度”的掌握。建筑活动需要较多的资金投入，建设单位在建筑工程施工过程中必须拥有足够的建设资金。这是预防拖欠工程款，保证施工顺利进行的基本经济保障。对此，《建筑工程施工许可管理办法》第 4 条进一步具体规定为：①建设工期不足一年的，到位资金原则上不得少于工程合同价的 50%，建设工期超过一年的，到位资金原则上不得少于工程合同价的 30%；②建设单位应当提供银行出具的到位资金证明，有条件的可以实行银行付款保函或者其他第三方担保。

72. ABD 本题考察重点是对“施工许可制度”的掌握。在我国并不是所有的工程在开工前都需要办理施工许可证，有六类工程不需要办理：①国务院建设行政主管部门确定的限额以下的小型工程，根据 2001 年 7 月 4 日建设部发布的《建筑工程施工许可管理办法》第 2 条，所谓的限额以下的小型工程指的是工程投资额在 30 万元以下或者建筑面积在 300 平方米以下的建筑工程；②作为文物保护的建筑工程；③抢险救灾工程；④临时性建筑；⑤军用房屋建筑；⑥按照国务院规定的权限和程序批准开工报告的建筑工程。

73. ABCD 本题考察重点是对“建设单位的安全责任”的掌握。建设单位的安全责任包括：①向施工单位提供资料的责任，建设单位应当向施工单位提供施工现场及毗邻区域内供水、排水、供电、供气、供热、通信、广播电视等地下管线资料，气象和水文观测资料，相邻建筑物和构筑物、地下工程的有关资料，并保证资料的真实、准确、完整；②依法履行合同的责任；③提供安全生产费用的责任；④不得推销劣质材料设备的责任；⑤提供安全施工措施资料的责任；

⑥对拆除工程进行备案的责任。

74. ABE　本题考察重点是对“劳动合同的解除和终止”的掌握。有下列情形之一的，用人单位提前30日以书面形式通知劳动者本人或者额外支付劳动者1个月工资后，可以解除劳动合同，用人单位应当向劳动者支付经济补偿：①劳动者患病或者非因工负伤，在规定的医疗期满后不能从事原工作，也不能从事由用人单位另行安排的工作的；②劳动者不能胜任工作，经过培训或者调整工作岗位，仍不能胜任工作的；③劳动合同订立时所依据的客观情况发生重大变化，致使劳动合同无法履行，经用人单位与劳动者协商，未能就变更劳动合同内容达成协议的。

75. ABCD　本题考察重点是对“证据的保全和应用”的熟悉。根据最高人民法院《关于民事诉讼证据的若干规定》第24条的规定，人民法院进行证据保全，可以根据具体情况，采用查封、扣押、拍照、录音、录像，复制、鉴定、勘验、制作笔录等方法。

76. ABCE　本题考察重点是对“民事法律关系”的掌握。民事法律关系客体是指民事法律关系之间权利和义务所指向的对象。法律关系客体的种类包括以下几种。①财。财一般指资金及各种有价证券。在建设法律关系中，表现为财的客体主要是建设资金，如基本建设贷款合同的标的，即一定数量的货币。②物。物是指法律关系主体支配的、在生产上和生活上所需要的客观实体。例如：施工中使用的各种建筑材料、施工机械就都属于物的范围。③行为。作为法律关系客体的行为是指义务人所要完成的能满足权利人要求的结果。这种结果表现为两种：物化的结果与非物化的结果。物化的结果指的是义务人的行为凝结于一定的物体，产生一定的物化产品。④智力成果。智力成果是指通过某种物体或大脑记载下来并加以流传的思维成果。例如，文学作品就是这种智力成果。智力成果属于非物质财富，也称为精神产品。

77. ABD　本题考察重点是对“保证”的掌握。保证担保的当事人包括：债权人、债务人、保证人。

78. CDE　本题考察重点是对“可变更、可撤销合同”的掌握。《合同法》第55条规定，“有下列情形之一的，撤销权消灭：①具有撤销权的当事人自知道或者应当知道撤销事由之日起一年内没有行使撤销权；②具有撤销权的当事人知道撤销事由后明确表示或者以自己的行为放弃撤销权。”

79. ABCE　本题考察重点是对“招标投标活动原则及适用范围”的掌握。根据《招标投标法》第3条规定，在中华人民共和国境内进行下列工程建设项目包括项目的勘察、设计、施工、监理以及与工程建设有关的重要设备、材料等的采购，必须进行招标：①大型基础设施、公用事业等关系社会公共利益、公众安全的项目；②全部或者部分使用国有资金投资或者国家融资的项目；③使用国际组织或者外国政府贷款、援助资金的项目。

80. ADE　本题考察重点是对“禁止投标人实施的不正当竞争行为的规定”的掌握。《工程建设项目施工招标投标办法》第46条规定，下列行为均属于投标人串通投标报价：①投标人之间相互约定抬高或降低投标报价；②投标人之间相互约定，在招标项目中分别以高、中、低价位报价；③投标人之间先进行内部竞价，内定中标人，然后再参加投标；④投标人之间其他串通投标报价行为。

《建设工程法规及相关知识》模拟试卷（二）

一、单项选择题（共60题，每题1分，每题的备选项中，只有1个最符合题意）

1. 二级注册建造师注册证书的有效期为（　　）。

A. 1年　　B. 2年　　C. 3年　　D. 4年

2. 下列规范性文件中，效力最高的是（　　）。

A. 行政法规　　B. 地方性法规　　C. 行政规章

D. 最高人民法院司法解释规范性文件

3. 根据施工合同，甲建设单位应于2010年10月30日支付乙建筑公司工程款。2011年7月1日，乙单位向甲单位提出支付请求，则就该项款额的诉讼时效（　　）。

A. 中断　　B. 中止　　C. 终止　　D. 届满

4. 没有法定或者约定义务，为避免他人利益受损失进行管理或者服务而发生的债称为（　　）之债。

A. 合同　　B. 侵权　　C. 不当得利　　D. 无因管理

5. 某办公大楼建设工程，预计建设工期15个月，按照法律规定，建设单位的到位资金原则上不少于工程合同价的（　　）。

A. 20%　　B. 30%　　C. 40%　　D. 50%

6. 根据工程承包相关法律规定，建筑业企业（　　）承揽工程。

A. 可以另一个建筑施工企业的名义

B. 可以超越本企业资质等级许可的业务范围

C. 可以允许其他单位或者个人使用本企业的资质证书

D. 只能在本企业资质等级许可的业务范围内

7. 某建设项目因故于2010年3月15日中止施工，该建设单位向施工许可证发证机关报告的最后期限应是2010年（　　）。

A. 3月15日　　B. 3月22日　　C. 4月14日　　D. 5月14日

8. 《建设工程质量管理条例》中确定的建设工程质量监督管理制度，其主要手段不包括（　　）。

A. 工程质量保修制度　　B. 施工许可制度

C. 竣工验收备案制度　　D. 工程质量事故报告制度

9. 在诉讼时效期间的最后6个月，因不可抗力或者其他障碍不能行使请求权的，诉讼时效中止。从中止诉讼时效的原因消除之日起，诉讼时效期间（　　）计算。

A. 不再　　B. 重新　　C. 继续　　D. 单独

10. 某建筑工程施工段钢筋绑扎完毕后，监理工程师接到通知却未按时到场进行隐蔽检验，施工方即开始浇注。在该事件中，如果给建设方造成损失，监理公司应承担的是（　　）。

A. 主要的赔偿责任　B. 次要的赔偿责任　C. 相应的赔偿责任　D. 全部的赔偿责任

11. 下列关于合同变更后效力的说法，正确的是（　　）。

A. 未变更部分效力不确定　　B. 未变更部分继续原有的效力

C. 已履行部分应恢复原状　　D. 当事人丧失赔损请求权

12. 甲、乙两家为同一专业的工程承包公司，甲的资质等级为一级，乙的资质等级为二级。甲、乙两家组成联合体，共同投标一项建筑工程，该联合体资质等级应（　　）。

A. 以甲公司的资质为准　　B. 以乙公司的资质为准

C. 以该工程所要求的资质为准　　D. 由主管部门重新评定资质

13. 根据《招标投标法》的规定，投标人应该按照招标文件的要求（　　）。

A. 进行招标备案　　B. 编制投标文件

C. 进行资格预审　　D. 确定投标目标

14. 甲方与乙方签订了联合投标协议。联合投标协议约定：在施工的过程中，如果由于出现质量问题而遭遇业主的索赔，各自承担索赔额的50%。如果甲、乙双方组成的联合体中标，且在施工过程中由于乙公司所用施工技术不当出现了质量问题而遭到业主40万元索赔，则下列不符合法律规定的是（　　）。

A. 虽然质量事故是乙公司所用施工技术所致，但由于联合承包体双方对承包合同的履行承担连带责任，所以甲或乙无权拒绝业主单独向其提出的索赔要求

B. 如果乙方先行赔付业主40万元，乙方可以向甲方追偿20万元

C. 业主既可要求甲方承担赔偿责任，也可要求乙方承担赔偿责任

D. 共同投标协议约定，甲、乙双方各承担50%的责任，业主只能分别向甲方、乙方各索赔20万元

15. 某市水利工程项目进行招标，招标人在其行政主管部门领导的干预下选择了投标人甲建筑工程公司并与其签订了施工承包合同。招标人的做法违反了《合同法》中的（　　）。

A. 平等原则　　B. 自愿原则　　C. 公开原则　　D. 诚实信用原则

16. 根据我国《招标投标法》规定，该评标委员会的人数应不少于（　　）。

A. 3人　　B. 5人　　C. 7人　　D. 9人

17. 如果调查中发现，某企业曾因未依法对从业人员进行安全生产教育和培训而被责令限期改正，但在限期内未改正。根据我国《安全生产法》的规定，有关部门可责令其停产整顿并罚款，其限额是（　　）。

A. 1万元以下　　B. 2万元以上　　C. 2万元以下　　D. 5万元以下

18. 招标人与建筑公司签订的施工承包合同属于（　　）。

A. 双务合同　　B. 口头合同　　C. 担保合同　　D. 留置合同

19. 在施工过程中，必须经总监理工程师签字的事项是（　　）。

A. 建筑材料进场　　B. 建筑设备安装　　C. 隐蔽工程验收　　D. 工程竣工验收

20. 建设工程承包单位在向建设单位提交工程竣工验收报告时，应当出具（　　）。

A. 工程结算报告　　B. 质量保修书　　C. 工程施工图纸　　D. 工程施工方案

21. 建设工程监理单位在实施监理过程中，发现存在安全事故隐患，且情况严重的，应当（　　）。

A. 要求施工单位整改　　B. 要求施工单位暂时停止施工

C. 及时向有关主管部门报告

D. 要求施工单位暂时停止施工，并及时报告建设单位

22. 下列哪一项不属于投标人实施的不正当行为（　　）。

A. 招标者预先内定中标者，在确定中标者时以此决定取舍

B. 投标者之间进行内部竞价，内定中标人，然后再参加投标

C. 投标人以高于成本10%以上的报价竞标

D. 投标人以低于成本的报价竞标

23. 确定建设工程安全作业环境及安全施工措施所需费用应当包括在（　　）内。

A. 建设单位编制的工程概算　　B. 建设单位编制工程估算

C. 施工单位编制的工程概算　　D. 施工单位编制的工程预算

24. 根据《建设工程质量管理条例》的规定，（　　）应建立健全教育培训制度。

A. 施工单位　　B. 监理单位　　C. 勘察单位　　D. 设计单位

25. 根据《建设工程质量管理条例》规定，下列关于监理单位的说法，错误的是（　　）。

A. 应当依法取得相应等级的资质证书　　B. 不得转让工程监理业务

C. 可以是建设单位的子公司

D. 应与监理分包单位共同向建设单位承担责任

26. 某施工单位承建的某商业综合写字楼工程，于 2011 年 6 月 5 日通过了有关部门组织的竣工验收，建设单位于 6 月 20 日办理了竣工验收备案手续。该工程屋面防水工程、有防水要求的卫生间、房间和外墙面的防渗漏部位，最低保修期限截止日期是（　　）。

A. 2014 年 6 月 5 日　　B. 2014 年 6 月 20 日

C. 2016 年 6 月 5 日　　D. 2016 年 6 月 20 日

27. 建设单位有下列行为之一的，经责令限期改正后逾期未改正的，应责令该建设工程停止施工（　　）。

A. 建设单位未提供建设工程安全生产作业环境及安全施工措施所需费用的

B. 要求施工单位压缩合同约定的工期的

C. 对勘察、设计、施工、工程监理等单位提出不符合安全生产法律、法规和强制性标准规定的要求的

D. 将拆除工程发包给不具有相应资质等级的施工单位的

28. 某市第八建筑工程公司中标成为某项目的施工总承包单位，但未达到规定资质等级，对其相应的处罚应是（　　）。

A. 20 万元以上 50 万元以下的罚款　　B. 50 万元以上 100 万元以下的罚款

C. 工程合同价款 0.5%以上 1%以下的罚款　　D. 工程合同价款 1%以上 2%以下的罚款

29. 某建筑公司承包的建设工程发生质量事故后，有关单位应向当地建设行政主管部门和其他有关部门报告。时间从发生质量事故时起算，最晚不迟于（　　）。

A. 10 小时　　B. 12 小时　　C. 24 小时　　D. 48 小时

30. 下列关于《标准化法》的说法，正确的是（　　）。

A. 对于需要在全国某个行业范围内统一的技术要求，应当制定国家标准

B. 企业生产的产品没有国家标准、行业标准与地方标准的，可以制定相应的企业标准，作为阻止生产的依据

C. 对于没有国家标准、行业标准而又需要在省、自治区、直辖市范围内统一的工业产品的安全、卫生要求，应当制定地方标准

D. 按照标准的级别不同，标准可以分为国家标准、行业标准、地方标准与企业标准

31. 甲建筑材料公司聘请乙担任推销员，双方签订劳动合同，约定劳动试用期 6 个月，6 个月后再根据乙工作情况，确定劳动合同期限。下列选项中表述正确的是（　　）。

A. 劳动合同的试用期不得超过 6 个月，所以乙的试用期是成立的

B. 甲建筑材料公司与乙订立的劳动合同属于无固定期限合同

C. 乙的工作不满 1 年，试用期不得超过 1 个月

D. 试用期是不成立的，6 个月应为劳动合同期限

32. 王某原在一家建筑公司工作并与公司订了为期 6 年的劳动合同。在合同期内，王某以收入偏低为由，口头提出解除劳动合同，建筑公司未予答复。根据《劳动合同法》，下列说法，正确的是（　　）。

A. 劳动合同未解除，因为建筑公司没有同意

B. 劳动合同解除，因为收入偏低，劳动者可以随时解除劳动合同

C. 劳动合同解除，因为提前 30 日通知了用人单位

D. 劳动合同未解除，因为任何一方提出解除劳动合同，都应当提前30日以书面形式通知对方

33.《劳动法》规定，禁止安排女职工从事矿山井下、国家规定的（　）体力劳动强度的劳动和其他禁忌从事的劳动。

A. 第一级　B. 第二级　C. 第三级　D. 第四级

34. 根据《劳动合同法》的相关规定，劳动争议当事人对劳动仲裁委员会仲裁裁决不服的，自收到裁决书之日起（　）内，可以向人民法院起诉。

A. 5日　B. 7日　C. 10日　D. 15日

35. 下列哪一项不属于缔约过失责任构成的要件（　）。

A. 责任发生在履行合同的过程中

B. 责任发生在订立合同的过程中

C. 当事人违反了诚实信用原则所要求的义务

D. 受害方的信赖利益遭受损失

36. 某建设项目属于列入城建档案馆接收范围的工程，预计在2011年9月1日组织竣工验收，对该项目档案验收应在2011年（　）进行。

A. 8月1日前　B. 8月1日后　C. 11月31日前　D. 11月31日后

37. 项目档案验收组对一列入城建档案馆接收范围的工程档案进行验收，下列哪一项不属于项目档案验收意见内容（　）。

A. 项目建设概况

B. 项目档案管理情况

C. 项目档案使用情况

D. 存在问题、整改要求与建议

38. 某建筑公司延期纳税9.6万元的期限届满时，财务状况并未好转，仍未能按时缴纳税款。税务机关可责令该公司（　）。

A. 限期补交税款9.6万元

B. 除限期补交税款9.6万元外，从滞纳税款之日起，征收0.5‰的滞纳金

C. 除限期补交税款9.6万元外，还征收0.5‰的滞纳金

D. 除限期补交税款9.6万元外，从滞纳税款之日起，按日加收0.5‰的滞纳金

39. 某施工承包商甲与一租赁公司乙磋商欲签订钢模板租赁合同。由于价格问题不能达成一致，最终没有签订合同。此后，承包商甲擅自将租赁公司乙的一些保密信息泄露，致使租赁公司乙蒙受损失。承包商甲的做法（　）。

A. 违反了担保义务

B. 违反了合同义务

C. 违反了先合同义务

D. 未违反任何义务

40. 下列哪一项不属于委托代理关系终止的原因（　）。

A. 代理期限届满或代理事务完成

B. 被代理人取消委托或代理人辞去委托

C. 代理人丧失民事行为能力或代理人死亡

D. 被代理人取得或恢复民事行为能力

41. 甲公司欲购买乙公司的产品，乙公司于2010年6月30日向甲公司发出一份电子版的空白制式合同，双方于7月10日签署了设备订购确认书，7月12日甲公司向乙公司发出了甲公司电子签名盖章的电子版合同，乙公司收到后于7月15日以同样方式签署合同并发给甲公司，甲公司于当日收到。该合同成立的时间是（　）。

A. 2010年6月30日

B. 2010年7月10日

C. 2010年7月12日

D. 2010年7月15日

42. 在合同中，衡量合同当事人权利义务大小尺度的是（　）条款。

A. 标的　B. 数量　C. 质量　D. 价格

43. 根据《合同法》的规定，违约责任一般采取（ ）。
A. 公平合理原则 B. 全面履行原则 C. 过错责任原则 D. 严格责任原则
44. 若甲、乙两公司签署的订购合同的成立，则意味着（ ）。
A. 该合同符合法律规定 B. 甲公司和乙公司对合同内容达成一致
C. 该合同受到法律保护 D. 该合同已经具有法律效力
45. 根据《合同法》的规定，当事人一方违约后，对方应采取适当措施防止损失的扩大；没有采取适当措施致使损失扩大的，不得就（ ）的损失要求赔偿。
A. 扩大 B. 全部 C. 采取措施 D. 未约定
46. 下列适用于《产品质量法》的产品是（ ）。
A. 购买的电气材料
B. 施工单位自制的用于工程建设的建筑构配件
C. 施工单位生产的预制板
D. 施工单位自有材料
47. 代签工程建设合同必须采用（ ）。
A. 口头形式 B. 书面形式
C. 口头或书面形式 D. 口头或书面之外的形式
48. 根据标准的适用范围，下列哪一项不属于我国的工程建设标准（ ）。
A. 国家标准 B. 行业标准 C. 地方标准 D. 市场通行标准
49. 某建筑公司承揽了某住宅小区的施工任务，2011 年 9 月 30 日竣工。建设单位却没有按照合同约定及时支付工程款，该建筑公司应当选择向（ ）起诉。
A. 基层人民法院 B. 中级人民法院 C. 高级人民法院 D. 最高人民法院
50. 环境影响评价规定中，应当填报环境影响登记表的是（ ）。
A. 可能造成重大环境影响的 B. 可能造成轻度环境影响的
C. 对环境影响很小的 D. 没有环境影响的
51. 某开发公司与刘某签订的商品房买卖合同，因开发公司的虚假手续被确认为没有效力，但是合同中（ ）的条款是具有效力的。
A. 数量和质量 B. 付款方式 C. 违约责任 D. 解决争议
52. 下列选项中，《固体废物污染环境防治法》未作禁止规定的是（ ）。
A. 境外废物进境倾倒、堆放、处置 B. 进口不能用做原料的固体废物
C. 进口可以用做原料的废物 D. 经中国境内转移危险废物
53. 若某用人单位生产经营状况发生严重困难，需裁减人员，则应当提前（ ）向工会或者全体职工说明情况等。
A. 7 日 B. 10 日 C. 15 日 D. 30 日
54. 某建筑公司对省建设厅罚款 220 万元的处罚不服，只能向（ ）申请行政复议。
A. 国务院 B. 甲省会城市建委
C. 甲省建设厅 D. 甲省政府或者是建设部
55. 某建设项目施工单位拟采用的新技术与现行强制性标准规定不符，应由（ ）组织专题技术论证，并报批准该项标准的建设行政主管部门或国务院有关主管部门审定。
A. 建设单位 B. 施工单位 C. 监理单位 D. 设计单位
56. 下列哪一项不属于导致合同变更和撤销的原因（ ）。
A. 重大误解 B. 显失公平
C. 因欺诈、胁迫而订立的合同 D. 对合同条款没有理解
57. 采用欺诈、威胁等手段订立的劳动合同为（ ）。

A. 即行终止的劳动合同　　B. 需要协议解除的劳动合同

C. 无效劳动合同　　D. 可以解除的劳动合同

58. 根据《产品标识与标注规定》的规定，对所有产品或者包装上的标识均要求（　　）。

A. 必须有产品质量检验合格证明

B. 必须有中英文标明的产品名称、生产厂厂名和厂址

C. 应当有警示标志或者中英文警示说明

D. 应当在显著位置标明生产日期和安全使用期或失效日期

59. 工程监理企业在实施监理过程中，发现存在非常严重的安全事故隐患，而施工单位拒不整改的，应该（　　）。

A. 继续要求施工单位整改

B. 要求施工单位停工，及时报告建设单位

C. 及时向有关主管部门报告

D. 积极协助施工单位采取措施，消除隐患

60. 法院开庭审理某建筑公司拖欠材料供应商货款的诉讼后，在主审法官的主持下，建筑公司向材料供应商出具了还款计划。人民法院制作了调解书，则此欠款纠纷解决的方式是（　　）。

A. 诉讼　　B. 调解　　C. 和解　　D. 诉讼与调解相结合

二、多项选择题（共 20 题，每题 2 分，每题的备选项中，有 2 个或 2 个以上符合题意。至少有 1 个错项。错选，本题不得分；少选，所选的每个选项得 0.5 分）

61. 根据《劳动合同法》的规定，下列选项中，属于用人单位不得解除劳动合同的情形的有（　　）。

A. 在本单位患职业病被确认部分丧失劳动能力的

B. 在本单位连续工作 15 年，且距法定退休年龄不足 5 年的

C. 劳动者家庭无其他就业人员，有需要抚养的家属的

D. 某企业女职工在产期的

E. 因工负伤被确认丧失劳动能力的

62. 建设单位安全生产管理的主要责任和义务包括（　　）。

A. 向施工单位提供有关资料

B. 审查施工组织设计中的安全技术措施

C. 提供建设工程有关安全施工措施的资料

D. 在施工现场设置明显的安全警示标志

E. 将拆除工程发包给具有相应资质的施工单位

63. 某大型工程建设项目交付使用后，发现与审批的环境影响报告表内容不符，则建设单位应当（　　）。

A. 组织环境影响后评价　　B. 立即停止使用

C. 采取改进措施　　D. 填报环境影响报告书

E. 接受建设行政主管部门处罚

64. 根据合同中的规定，建筑施工合同中约定出现因（　　）时免除自己责任的条款，该免责条款无效。

A. 合同履行结果只有对方受益　　B. 不可抗力造成对方财产损失

C. 履行合同造成对方人身伤害　　D. 对方不履行合同义务造成损失

E. 故意或重大过失造成对方财产损失

65. 民事法律关系内容是指法律关系主体之间的法律权利和法律义务。这种法律权利和法律

义务的来源可以分为（　　）。

A. 法定的义务　B. 法定的权利、义务　C. 法定的权利
D. 约定的权利、义务　E. 约定的权利

66. 某设备租赁公司的经理钱某在 2011 年 9 月由于资金紧张将 1 台压路机抵押孙某，并签订了抵押合同，但该设备已于 2011 年 8 月租给了周某，租期为 1 年。2011 年 10 月，孙某找到周某，向周某说明该压路机已经作为抵押物被抵押了，他就是抵押权人。下面关于抵押权的说法，不正确的有（　　）。

A. 周某不可以继续租用该压路机了
B. 周某可以继续租用，但若在租期内孙某需要实现抵押权，就不可以租用了
C. 在租期内，孙某不可就此压路机实现抵押权
D. 在租期过后，孙某方可就此压路机实现抵押权
E. 租期过后，若孙某尚未实现抵押权，就不可以续租了

67. 下列关于开标程序的说法，正确的有（　　）。

A. 开标时，由投标人或者其推选的代表检查投标文件的密封情况，也可由招标人委托的公正机构检查并公正
B. 开标时，招标人可以有选择地宣读投标文件
C. 开标应当在招标文件确定的提交投标文件截止时间的同一时间公开进行
D. 开标由政府主管部门主持
E. 开标过程应当记录，并存档备查

68. 在我国，不需要办理施工许可证的工程是（　　）。

A. 地方政府确定的小型工程　B. 作为文物保护的建筑工程
C. 军用房屋建筑　D. 抢险救灾工程
E. 临时性建筑

69. 下列关于联合体投标的说法，正确的有（　　）。

A. 联合体各方均应该具备招标文件规定的投标人资格条件
B. 联合体各方均应当具备承担招标项目的相应能力
C. 由同一专业组成的联合体，按照资质等级较高的单位确定资质等级
D. 联合体各方应当签订共同投标协议
E. 联合体中标的，联合体各方应当共同与招标人签订合同

70. 下列属于《民事诉讼法》中规定的证据种类的是（　　）。

A. 书证　B. 证人证言　C. 律师代理意见　D. 鉴定结论
E. 当事人陈述

71. 下列属于行政处分的是（　　）。

A. 记过　B. 降级　C. 撤职　D. 开除
E. 责令停产停业

72. 房地产开发公司向工程所在地的区建设局提交的施工图纸及技术资料的规定包括（　　）。

A. 施工图设计文件已按规定进行了审查
B. 有满足施工需要的施工图纸及技术资料
C. 有满足施工单位要求的施工图纸及技术资料
D. 有满足公司要求的施工图纸及技术资料
E. 经过会审的施工图纸及技术资料

73. 依法必须进行招标的项目，其评标委员会专家组成人员应当包括（　　）。

A. 经济专家　　B. 技术人员　　C. 公正人员　　D. 法律专家
E. 招标人代表

74. 建设单位甲向其中意的承包商透露已获取招标文件的潜在投标人的名称，应得到的处罚包括（　　）。
A. 停止对该项目的资金拨付
B. 给予警告，可以并处 1 万元以上 10 万元以下的罚款
C. 对单位直接负责的主管人员和其他直接责任人员依法给予处分
D. 构成犯罪的，依法追究刑事责任
E. 该行为影响中标结果，中标无效

75. 周某向钱某发出要约，钱某如期收到并做了承诺。按照《合同法》的规定，下列选项中，能够使要约失效的情形有（　　）。
A. 钱某发出承诺前周某通知钱某撤销该要约
B. 钱某打电话给周某拒绝该要约
C. 周某依法撤回要约
D. 钱某对要约的内容作出实质性变更
E. 承诺期限届满，钱某未作承诺

76. 甲建筑公司员工存在以下情况：员工甲某与公司订立了无固定期限合同；员工乙某与公司定了 3 年期限劳动合同，并且其家庭无其他就业人员，还有需要扶养的未成年人；丙某在公司连续工作了 13 年，还有 3 年就到了法定退休年龄；丁某因工负伤，并丧失了部分劳动能力；女职工戊某刚来工作 2 年，并且正在孕期。依据《劳动合同法》，甲建筑公司不得与其解除劳动合同的有（　　）。
A. 甲某　　B. 乙某　　C. 丙某　　D. 丁某
E. 戊某

77. 甲公司购买乙公司设备欠付设备款 22 万元，而乙公司也拖欠甲公司 22 万元的咨询费用已近 3 年。下列说法正确的是（　　）。
A. 甲公司无权主张抵销　　B. 甲公司有权主张抵销
C. 甲公司主张抵销，乙公司无权拒绝　　D. 甲公司主张抵销需经乙公司同意
E. 双方债务性质不同，不得抵销

78. 发包人具有下列（　　）情形之一，致使承包人无法施工，且在催告的合理期限内仍未履行相应义务，承包人请求解除建设工程施工合同的，人民法院应予支持。
A. 未按约定支付工程价款的
B. 提供的主要建筑材料，建筑构配件和设备不符合强制性标准的
C. 施工现场安装摄像设备全程监控
D. 施工现场安排大量人员
E. 不履行合同约定的协助义务的

79. 保证的方式可以分为（　　）。
A. 一般保证　　B. 定金保证　　C. 抵押保证　　D. 连带责任保证
E. 部分连带责任保证

80. 甲公司与乙公司签署了购买设备合同，该合同权利义务终止的法定情形有（　　）。
A. 该合同解除　　B. 两公司的债务抵销
C. 两公司合二为一　　D. 乙公司部分履行
E. 双方按约定履行完毕

《建设工程法规及相关知识》模拟试卷（二）参考答案及解析

一、单项选择题

1. C　本题考察重点是对“注册管理”的掌握。建造师的注册分为初始注册、延续注册、变更注册和增项注册四类。初始注册证书与执业印章有效期为3年，延续注册的。注册证书与执业印章有效期也为3年，变更注册的、变更注册后的注册证书与执业印章仍延续原注册有效期。

2. A　本题考察重点是对“法的形式”的熟悉。选项A，行政法规是最高国家行政机关即国务院制定的规范性文件，其效力低于宪法和法律。选项B，地方性法规是指省、自治区、直辖市以及省、自治区人民政府所在地的市和经国务院批准的较大的市的人民代表大会及其常委会，在其法定权限内制定的法律规范性文件。地方性法规具有地方性，只在本辖区内有效，其效力低于法律和行政法规。选项C，行政规章是由国家行政机关制定的法律规范性文件，包括部门规章和地方政府规章。部门规章的效力低于法律、行政法规。地方政府规章的效力低于法律、行政法规，低于同级或上级地方性法规。选项D，最高人民法院对于法律的系统性解释文件和对法律适用的说明，对法院审判有约束力，具有法律规范的性质，在司法实践中具有重要的地位和作用。

3. A　本题考察重点是对“诉讼时效”的熟悉。《民法通则》第一百四十条规定，诉讼时效因提起诉讼。当事人一方提了要求或者同意履行义务而中断，从中断时起，诉讼时效时间重新计算。本题属于因乙单位向甲单位提出支付请求而中断的情形。

4. D　本题考察重点是对“债权、知识产权”的熟悉。无因管理是指既未受人之托，也不负有法律规定的义务，而是自觉为他人管理事务的行为。

5. B　本题考察重点是对“施工许可制度”的掌握。《建筑工程施工许可管理办法》第4条规定，建设工期不足一年的，到位资金原则上不得少于工程合同价的50%，建设工期超过一年的，到位资金原则上不得少于工程合同价的30%。本题的建设工期为15个月，所以建设单位的到位资金原则上不少于工程合同价的30%。

6. D　本题考察重点是对“工程承包制度”的掌握。承包建筑工程的单位应当持有依法取得的资质证书，并在其资质等级许可的业务范围内承担工程，禁止建筑施工企业超越本企业资质等级许可的业务范围或者以任何形式用其他建筑施工企业的名义承担工程，禁止建筑施工企业以任何形式允许其他单位或者个人使用本企业的资质证书，营业执照，以本企业的名义承担工程。

7. C　本题考察重点是对“施工许可制度”的掌握。在建的建筑工程因故中止施工的，建设单位应当自中止施工之日起一个月内，向发证机关报告，并按照规定做好建筑工程的维护管理工作。根据本题的条件，该建设单位向施工许可证发证机关报告的最后期限应是2010年4月14日。

8. A　本题考察重点是对“建设工程质量的监督管理”的熟悉。《建设工程质量管理条例》规定，国家实行建设工程质量监督管理制度。政府实行建设工程质量监督的主要目的是保证建设工程使用安全和环境质量，主要依据是法律、法规和强制性标准，主要方式是政府认可的第三方强制监督，主要内容是地基基础、主体结构、环境质量和与此相关的工程建设各方主体的质量行为，主要手段有施工许可制度、竣工验收备案制度、工程质量事故报告制度，不包括工程质量保修制度。

9. C　本题考察重点是对“诉讼时效”的掌握。《民法通则》第139条规定，在诉讼时效期间的最后6个月，因不可抗力或者其他障碍不能行使请求权的，诉讼时效中止。从中止诉讼时效的原因消除之日起，诉讼时效期间继续计算。

10.C　本题考察重点是对“工程监理制度”的掌握。监理单位必须要按照委托监理合同的约定去履行监理义务，对应当监督检查的项目不检查或者不按照规定检查，给建设单位造成损失的，应当承担相应的赔偿责任。

11.B　本题考察重点是对“合同的变更”的掌握。合同的变更效力仅及于发生变更的部分，已经发生变更的部分以变更后的为准；已经履行的部分不因合同变更而失去法律依据；未变更部分继续原有的效力。同时，合同变更不影响当事人要求赔偿损失的权利。

12.B　本题考察重点是对“工程承包制度”的掌握。《建筑法》第27条对如何认定联合体资质作出了原则性规定：两个以上不同资质等级的单位实行联合共同承包的，应当按照资质等级较低的单位的业务许可范围承揽工程。

13.B　本题考察重点是对“投标的要求”的掌握。根据《招标投标法》第27条的规定，投标人应当按照招标文件的要求编制投标文件。

14.D　本题考察重点是对“联合体投标”的掌握。如果联合体中的一个成员单位没能按照合同约定履行义务，招标人可以要求联合体中任何一个成员单位承担不超过总债务的任何比例的债务。而该单位不得拒绝。该成员单位承担了被要求的责任后，有权向其他成员单位追偿其按照共同投标协议不应当承担的债务。

15.D　本题考察重点是对“合同法原则及调整范围”的熟悉。《合同法》第4条规定：“当事人依法享有自愿订立合同的权利，任何单位和个人不得非法干预。”自愿原则是合同法的重要基本原则，合同当事人通过协商，自愿决定和调整相互权利义务关系。自愿原则体现了民事活动的基本特征，是民事关系区别于行政法律关系。自愿原则是贯彻合同活动全过程的，包括：①订不订立合同自愿，当事人依自己意愿自主决定是否签订合同；②与谁订合同自愿，在签订合同时，有权选择对方当事人；③合同内容由当事人在不违法的情况下自愿约定；④在合同履行过程中，当事人可以协议补充、协议变更有关内容；⑤双方也可以协议解除合同；⑥可以约定违约责任，在发生争议时，当事人可以自愿选择解决争议的方式。

16.B　本题考察重点是对“评标委员会的规定和评标方法”的掌握。根据《招标投标法》第37条的规定，评标由招标人依法组建的评标委员会负责。依法必须进行招标的项目，其评标委员会由招标人的代表和有关技术、经济等方面的专家组成，成员为五人以上单数，其中技术、经济等方面的专家不得少于成员总数的三分之二。

17.C　本题考察重点是对“生产经营单位的安全生产保障”的掌握。生产经营单位有下列行为之一的，责令限期改正；逾期未改正的，责令停产停业整顿，可以并处2万元以下的罚款：①未按照规定设立安全生产管理机构或者配备安全生产管理人员的；②危险物品的生产、经营、储存单位以及矿山、建筑施工单位的主要负责人和安全生产管理人员未按照规定经考核合格的；③未依法对从业人员进行安全生产教育和培训，或者未依法如实告知从业人员有关的安全生产事项的；④特种作业人员未按照规定经专门的安全作业培训并取得特种作业操作资格证书，上岗作业的。

18.A　本题考察重点是对“合同的分类”的了解。依当事人双方是否互负对待给付义务为标准，合同可以分为双务合同与单务合同。双务合同是当事人之间互负义务的合同。例如买卖合同、租赁合同、借款合同、加工承揽合同与建设工程合同等。

19.D　本题考察重点是对“工程监理单位的质量责任和义务”的掌握。工程监理单位应当选派具备相应资格的总监理工程师和监理工程师进驻施工现场。未经监理工程师签字，建筑材料、建筑构配件和设备不得在工程上使用或者安装，施工单位不得进行下一道工序的施工。未经总监理工程师签字，建设单位不拨付工程款，不进行竣工验收。

20.B　本题考察重点是对“建设工程质量保修制度”的掌握。《建设工程质量管理条例》第39条第2款规定，“建设工程承包单位在向建设单位提交工程竣工验收报告时，应当向建设单位出具质量保修书。

21. D　本题考察重点是对“工程监理单位的安全责任”的掌握。工程监理单位在实施监理过程中，发现存在安全事故隐患的，应当要求施工单位整改；情况严重的，应当要求施工单位暂时停止施工，并及时报告建设单位。

22. C　本题考察重点是对“禁止投标人实施的不正当竞争行为的规定”的掌握。根据《招标投标法》第32条、第33条的规定，投标人不得实施以下不正当竞争行为：①投标人相互串通投标；②投标人与招标人串通投标；③以行贿的手段谋取中标；④以低于成本的报价竞标；⑤以他人名义投标或以其他方式弄虚作假，骗取中标。

23. A　本题考察重点是对“建设单位的安全责任”的掌握。《安全生产管理条例》第8条规定：“建设单位在编制工程概算时，应当确定建设工程安全作业环境及安全施工措施所需费用。”

24. A　本题考察重点是对“施工单位的安全责任”的掌握。根据《建设工程安全生产管理条例》的有关规定，施工单位主要负责人的安全生产方面的主要职责包括：①建立健全安全生产责任制度和安全生产教育培训制度；②制定安全生产规章制度和操作规程；③保证本单位安全生产条件所需资金的投入；④对所承建的建设工程进行定期和专项安全检查，并做好安全检查记录。

25. D　本题考察重点是对“工程监理单位的质量责任和义务”的掌握。《建设工程质量管理条例》第34条规定，工程监理单位应当依法取得相应等级的资质证书，并在其资质等级许可的范围内承担工程监理业务。禁止工程监理单位超越本单位资质等级许可的范围或者以其他工程监理单位的名义承担工程监理业务。禁止工程监理单位允许其他单位或者个人以本单位的名义承担工程监理业务。工程监理单位不得转让工程监理业务。因此，选项A、B的说法正确，选项D的说法错误。监理单位可以是建设单位的子公司。

26. C　本题考察重点是对“建设工程质量保修制度”的掌握。《建设工程质量管理条例》第40条规定了保修范围及其在正常使用条件下各自对应的最低保修期限：①基础设施工程、房屋建筑的地基基础工程和主体结构工程，为设计文件规定的该工程的合理使用年限；②屋面防水工程、有防水要求的卫生间、房间和外墙面的防渗漏，为5年；③供热与供冷系统，为2个采暖期、供冷期；④电气管线、给排水管道、设备安装和装修工程，为2年。

27. A　本题考察重点是对“劳动争议的处理”的熟悉。未提供安全生产作业环境及安全施工措施所需费用的法律责任。建设单位未提供建设工程安全生产作业环境及安全施工措施所需费用的，责令限期改正；逾期未改正的，责令该建设工程停止施工。

28. B　本题考察重点是对“建设单位的质量责任和义务”的掌握。建设单位将建设工程发包给不具有相应资质等级的勘察、设计、施工单位或者委托给不具有相应资质等级的工程监理单位的，责令改正，处50万元以上100万元以下的罚款。

29. C　本题考察重点是对“建设工程质量的监督管理”的熟悉。建设工程发生质量事故，有关单位应当在24小时内向当地建设行政主管部门和其他有关部门报告。

30. D　本题考察重点是对“工程建设标准的分类”的熟悉。《标准化法》按照标准的级别不同，把标准分为国家标准、行业标准、地方标准和企业标准。

31. D　本题考察重点是对“劳动合同的订立”的掌握。试用期的时间长度限制。劳动合同期限3个月以上不满1年的，试用期不得超过1个月；劳动合同期限1年以上不满3年的，试用期不得超过2个月；3年以上固定期限和无固定期限的劳动合同，试用期不得超过6个月。

32. D　本题考察重点是对“劳动合同的解除和终止”的掌握。具备下列情形之一的，劳动者可以与用人单位解除固定期限劳动合同、无固定期限劳动合同或者以完成一定工作任务为期限的劳动合同：①劳动者与用人单位协商一致的；②劳动者提前30日以书面形式通知用人单位的；③劳动者在试用期内提前3日通知用人单位的；④用人单位在劳动合同中免除自己的法定责任、排除劳动者权利的；⑤用人单位违反法律、行政法规强制性规定的。

33.D 本题考察重点是对“劳动保护的规定”的掌握。禁止安排女职工从事矿山井下、国家规定的第四级体力劳动强度的劳动和其他禁忌从事的劳动。

34.D 本题考察重点是对“劳动争议的处理”的熟悉。人民法院受理劳动争议案件的条件：其一是争议案件已经过劳动争议仲裁委员会仲裁；其二是争议案件的当事人在接到仲裁决定书之日起15日内向法院提起。

35.A 本题考察重点是对“缔约过失责任”的掌握。构成缔约过失责任应具备如下条件：①该责任发生在订立合同的过程中；②当事人违反了诚实信用原则所要求的义务；③受害方的信赖利益遭受损失。

36.A 本题考察重点是对“建设工程档案的移交程序”的掌握。项目档案验收应在项目竣工验收3个月之前完成。

37.C 本题考察重点是对“建设工程档案的移交程序”的掌握。项目档案验收意见的主要内容包括：①项目建设概况；②项目档案管理情况，包括项目档案工作的基础管理工作，项目文件材料的形成、收集、整理与归档情况，竣工图的编制情况及质量，档案的种类、数量，档案的完整性、准确性、系统性及安全性评价，档案验收的结论性意见；③存在问题、整改要求与建议。

38.D 本题考察重点是对“纳税人的权利和义务”的熟悉。纳税人未按照规定期限缴纳税款的，扣缴义务人未按照规定期限解缴税款的，税务机关除责令限期缴纳外，从滞纳税款之日起，按日加收滞纳税款万分之五的滞纳金。

39.C 本题考察重点是对“缔约过失责任”的掌握。由于合同未成立，因此当事人并不承担合同义务。但是，在订约阶段，依据诚实信用原则，当事人负有保密、诚实等法定义务，这种义务也称先合同义务。

40.D 本题考察重点是对“诉讼时效”的掌握。委托代理权可以因诉讼终结、当事人解除委托、代理人辞去委托、委托代理人死亡或丧失行为能力而消灭。

41.B 本题考察重点是对“合同的生效”的掌握。确定合同成立时间，遵守如下规则：当事人采用合同书形式订立合同的，自双方当事人签字或者盖章时合同成立；各方当事人签字或者盖章的时间不在同一时间的，最后一方签字或者盖章时合同成立；当事人采用信件、数据电文等形式订立合同的，可以在合同成立之前要求签订确认书；签订确认书时合同成立。此时，确认书具有最终正式承诺的意义。

42.B 本题考察重点是对“合同的一般条款”的掌握。合同标的的数量是衡量合同当事人权利义务大小的尺度。以物为标的的合同，其数量主要表现为一定的长度、体积或者重量；以行为为标的的合同，其数量主要表现为一定的工作量；以智力成果为标的的合同，其数量主要表现为智力成果的多少、价值。

43.D 本题考察重点是对“违约责任的承担方式”的掌握。根据《合同法》规定，违约责任采取严格责任原则，严格责任原则是指有违约行为即构成违约责任，只有存在免责事由的时候才可以免除违约责任。

44.B 本题考察重点是对“合同的生效”的掌握。合同成立是指当事人完成了签订合同过程，并就合同内容协商一致。

45.A 本题考察重点是对“不可抗力及违约责任的免除”的掌握。根据《合同法》，当事人一方因不可抗力不能履行合同的，应当及时通知对方，以减轻可能给对方造成的损失，并应当在合理期限内提供证明。当事人一方违约后，对方应当采取适当措施防止损失的扩大；没有采取适当措施致使损失扩大的，不得就扩大的损失要求赔偿。

46.A 本题考察重点是对“生产者的产品质量责任和义务”的掌握。《产品质量法》第2条规定：本法所称产品是指经过加工、制作，用于销售的产品。建设工程不适用本法规定；但是，建设工程使用的建筑材料、建筑构配件和设备，属于前款规定的产品范围的，适用本法规定。这里的产品强调的是"用于销售的"产品。施工单位自有的建筑材料、建筑构配件和设备并非通过对方的"销售"得来，其用于施工项目的过程也并非属于销售行为，所以，此建筑材料、建筑构配件和设备不属于《产品质量法》调整范围。施工单位在施工生产过程中也经常生产预制板等建筑构配件，但是由于这些建筑构配件并不是"用于销售"的产品，而仅仅属于建设活动过程中的阶段性建筑产品，因此，其质量不由《产品质量法》规范。

47. B　本题考察重点是对"代理"的掌握。民事法律行为的委托代理，可以用书面形式，也可以用口头形式。法律规定用书面形式的，应当用书面形式。如代签工程建设合同就必须采用书面形式。

48. D　本题考察重点是对"工程建设标准的分类"的熟悉。根据《工程建设标准规范管理办法》中有关规定，标准根据其适用范围可以分为国家标准、行业标准、地方标准和企业标准四级。

49. A　本题考察重点是对"诉讼管辖与回避制度"的掌握。基层人民法院管辖第一审民事案件。本题的情况属于第一审民事案件，所以该建筑公司应当选择向基层人民法院起诉。

50. C　本题考察重点是对"建设工程项目的环境影响评价制度"的掌握。根据规定，可能造成重大环境影响的，编制环境影响报告书；可能造成轻度环境影响的，编制环境影响报告表；对环境影响很小的，应当填报环境影响登记表。

51. D　本题考察重点是对"无效合同"的掌握。合同无效，不影响合同中独立存在的有关解决争议方法的条款的效力。

52. C　本题考察重点是对"水、大气、噪声和固体废物环境污染防治"的熟悉。《固体废物污染环境防治法》规定，禁止中国境外的固体废物进境倾倒、堆放、处置；国家禁止进口不能用作原料的固体废物；限制进口可以用作原料的固体废物；转移固体废物出省、自治区、直辖市行政区域贮存、处置的，应当向固体废物移出地的省级人民政府环境保护行政主管部门报告，并经固体废物接受地的省级人民政府环境保护行政主管部门许可。选项C进口可以用做原料的废物，《固体废物污染环境防治法》未对其作禁止规定。

53. D　本题考察重点是对"无效合同"的掌握。有下列情形之一，需要裁减人员20人以上或者裁减不足20人但占企业职工总数10%以上的，用人单位提前30日向工会或者全体职工说明情况，听取工会或者职工的意见后，裁减人员方案经向劳动行政部门报告，可以裁减人员，用人单位应当向劳动者支付经济补偿：①依照企业破产法规定进行重整的；②生产经营发生严重困难的；③企业转产、重大技术革新或者经营方式调整，经变更劳动合同后，仍需裁减人员的；④其他因劳动合同订立时所依据的客观经济情况发生重大变化，致使劳动合同无法履行的。

54. D　本题考察重点是对"行政复议程序"的熟悉。申请人对县级以上地方各级人民政府工作部门的具体行政行为不服的，申请人可以向该部门的本级人民政府申请行政复议，也可以向上一级主管部门申请行政复议。

55. A　本题考察重点是对"工程建设强制性标准的实施"的掌握。工程建设中拟采用的新技术、新工艺、新材料，不符合现行强制性标准规定的，应当由拟采用单位提请建设单位组织专题技术论证，报批准标准的建设行政主管部门或者国务院有关主管部门审定。

56. D　本题考察重点是对"可变更、可撤销合同"的掌握。导致合同变更与撤销的原因有：①重大误解；②显失公平；③因欺诈、胁迫而订立的合同；④乘人之危而订立的合同未损害国家利益。

57. C　本题考察重点是对"无效合同"的掌握。根据《劳动法》规定：违反法律、行政法规的劳动合同；采用欺诈、威胁等手段订立的劳动合同均为无效的劳动合同。

58. A　本题考察重点是对“生产者的产品质量责任和义务”的掌握。产品或者其包装上的标识必须真实，并符合下列要求：①有产品质量检验合格证明；②有中文标明的产品名称、生产厂厂名和厂址；③根据产品的特点和使用要求，需要标明产品规格、等级、所含主要成分的名称和含量的，用中文相应予以标明；需要事先让消费者知晓的，应当在外包装上标明，或者预先向消费者提供有关资料；④限期使用的产品，应当在显著位置清晰地标明生产日期和安全使用期或者失效日期；⑤使用不当，容易造成产品本身损坏或者可能危及人身、财产安全的产品，应当有警示标志或者中文警示说明。

59. C　本题考察重点是对“工程监理单位的安全责任”的掌握。工程监理单位在实施监理过程中，发现存在安全事故隐患的，应当要求施工单位整改；情况严重的，应当要求施工单位暂时停止施工，并及时报告建设单位。施工单位拒不整改或者不停止施工的，工程监理单位应当及时向有关主管部门报告。

60. B　本题考察重点是对“和解与调解”的熟悉。调解是指第三人（即调解人）应纠纷当事人的请求，依法或依合同约定，对双方当事人进行说服教育，居中调停，使其在互相谅解、互相让步的基础上解决其纠纷的一种途径。

二、多项选择题

61. ABDE　本题考察重点是对“劳动合同的解除和终止”的掌握。劳动者有下列情形之一的，用人单位不得依照本法第 40 条、第 41 条的规定解除劳动合同：①从事接触职业病危害作业的劳动者未进行离岗前职业健康检查，或者疑似职业病病人在诊断或者医学观察期间的；②在本单位患职业病或者因工负伤并被确认丧失或者部分丧失劳动能力的；③患病或者非因工负伤，在规定的医疗期内的；④女职工在孕期、产期、哺乳期的；⑤在本单位连续工作满 15 年，且距法定退休年龄不足 5 年的；⑥法律、行政法规规定的其他情形。

62. ACE　本题考察重点是对“建设单位的安全责任”的掌握。本题解析请参照“《建设工程法规及相关知识》模拟试卷（一）”多项选择题第 73 题。

63. AC　本题考察重点是对“建设工程项目的环境影响评价制度”的掌握。在项目建设、运行过程中产生不符合经审批的环境影响评价文件的情形的，建设单位应当组织环境影响的后评价，采取改进措施，并报原环境影响评价文件审批部门和建设项目审批部门备案；原环境影响评价文件审批部门也可以责成建设单位进行环境影响的后评价，采取改进措施。

64. CE　本题考察重点是对“无效合同”的掌握。免责条款是当事人在合同中确立的排除或限制其未来责任的条款。合同中的下列免责条款无效：①造成对方人身伤害的，生命健康权是不可转让、不可放弃的权利，因此不允许当事人以免责条款的方式事先约定免除这种责任；②因故意或者重大过失造成对方财产损失的，财产权是一种重要的民事权利，不允许当事人预先约定免除一方故意或重大过失而给对方造成损失，否则会给一方当事人提供滥用权利的机会。

65. BD　本题考察重点是对“民事法律关系”的掌握。民事法律关系内容是指法律关系主体之间的法律权利和法律义务。这种法律权利和法律义务的来源可以分为法定的权利、义务和约定的权利、义务。

66. ABE　本题考察重点是对“抵押权”的掌握。订立抵押合同前抵押财产已出租的，原租赁关系不受该抵押权的影响。

67. ACE　本题考察重点是对“开标程序”的掌握。开标由招标人主持，邀请所有投标人参加。开标时，由投标人或者其推选的代表检查投标文件的密封情况，也可以由招标人委托的公证机构检查并公证；经确认无误后，由工作人员当众拆封，宣读投标人名称、投标价格和投标的其他主要内容。开标过程应当记录，并存档备查。

68. BCDE　本题考察重点是对“施工许可制度”的掌握。本题解析请参照“《建设工程法规及相关知识》模拟试卷（一）”多项选择题第 72 题。

69. ABDE　本题考察重点是对“联合体投标”的掌握。联合体各方均应当具备承担招标项目的相应能力；国家有关规定或者招标文件对投标人资格条件有规定的，联合体各方均应当具备规定的相应资格条件；由同一专业组成的联合体，按照资质等级较低的单位确定资质等级。联合体各方应当签订共同投标协议，明确约定各方拟承担的工作和责任，并将共同投标协议连同投标文件一并提交招标人；联合体中标的，联合体各方应当共同与招标人签订合同，就中标项目向招标人承担连带责任。

70. ABDE　本题考察重点是对“证据的种类”的掌握。民事诉讼证据的种类是指七种证据形式，即书证、物证、视听资料、证人证言、当事人陈述、鉴定结论、勘验笔录。

71. ABCD　本题考察重点是对“工程建设领域常见行政责任种类和行政处罚程序”的掌握。行政处分分为：警告、记过、记大过、降级、撤职、开除。

72. AB　本题考察重点是对“施工许可制度”的掌握。《建筑工程施工许可管理办法》第4条进一步规定，建设单位在申请领取施工许可证时，除了应当“有满足施工需要的施工图纸及技术资料”，还应满足“施工图设计文件已按规定进行了审查”。

73. ABE　本题考察重点是对“评标委员会的规定和评标方法”的掌握。依法必须进行招标的项目，其评标委员会由招标人的代表和有关技术、经济等方面的专家组成，成员为五人以上单数，其中技术、经济等方面的专家不得少于成员总数的三分之二。

74. BCDE　本题考察重点是对“投标的要求”的掌握。依法必须进行招标的项目的招标人向他人透露已获取招标文件的潜在投标人的名称、数量或者可能影响公平竞争的有关招标投标的其他情况的，或者泄露标底的，给予警告，可以并处1万元以上10万元以下的罚款；对单位直接负责的主管人员和其他直接责任人员依法给予处分；构成犯罪的。依法追究刑事责任。

75. ABDE　本题考察重点是对“要约”的掌握。要约因如下原因而消灭。①要约人依法撤销要约。要约因要约人依法撤销而丧失效力。②拒绝要约的通知到达要约人。受要约人拒绝要约的方式通常有通知和保持沉默。要约因被拒绝而消灭，一般发生在受要约人为特定的情况下。对不特定人所作的要约（如内容确定的悬赏广告），并不因某特定人表示拒绝而丧失效力。③承诺期限届满，受要约人未作出承诺。若要约人在要约中确定了承诺期间，则该期间届满要约丧失效力；若要约人未确定承诺期间，则在经过合理期间后要约丧失效力。④受要约人对要约内容作出实质性变。在受要约人回复时，对要约的内容作实质性变更的，视为新要约，原要约失效。

76. CDE　本题考察重点是对“劳动合同的解除和终止”的掌握。本题解析请参照“《建设工程法规及相关知识》模拟试卷（二）”多项选择题第61题。

77. BC　本题考察重点是对“债权、知识产权”的掌握。债因抵销而消灭。抵销是指同类已到履行期限的对等债务，因当事人相互抵充其债务而同时消灭。用抵销方法消灭债务应符合下列的条件：必须是对等债务；必须是同一种类的给付之债，同类的对等之债都已到履行期限。

78. ABE　本题考察重点是对“合同履行的规定”的掌握。发包人具有下列情形之一，致使承包人无法施工，且在催告的合理期限内仍未履行相应义务，承包人请求解除建设工程施工合同的，应予支持：①未按约定支付工程价款的；②提供的主要建筑材料、建筑构配件和设备不符合强制性标准的；③不履行合同约定的协助义务的。

79. AD　本题考察重点是对“保证”的掌握。保证的方式分为：一般保证和连带责任保证。当事人对保证方式没有约定或者约定不明确的，按照连带责任保证承担保证责任。

80. ABDE　本题考察重点是对“合同的权利义务终止”的掌握。其他的合同终止的原因主要有：①合同因履行而终止；②合同因抵销而终止；③合同因提存而终止；④合同因免除债务而终止；⑤合同因混同而终止。